线性代数

过静 王亚辉 / 编著

LINEAR ALGEBRA

北京大学出版社
PEKING UNIVERSITY PRESS

图书在版编目（CIP）数据

线性代数 / 过静，王亚辉编著 . —北京：北京大学出版社，2018. 8
ISBN 978-7-301-29642-4

Ⅰ. ①线… Ⅱ. ①过… Ⅲ. ①线性代数—高等学校—教材
Ⅳ. ① O151.2

中国版本图书馆 CIP 数据核字（2018）第 125652 号

书　　名	线性代数 XIANXING DAISHU
著作责任者	过静　王亚辉　编著
责任编辑	尹照原
标准书号	ISBN 978-7-301-29642-4
出版发行	北京大学出版社
地　　址	北京市海淀区成府路 205 号　100871
网　　址	http://www.pup.cn　新浪微博：@ 北京大学出版社
电子信箱	zpup@pup.cn
电　　话	邮购部 62752015　发行部 62750672　编辑部 62752021
印 刷 者	北京市科星印刷有限责任公司
经 销 者	新华书店
	787 毫米 × 960 毫米　16 开本　10.5 印张　220 千字
	2018 年 8 月第 1 版　2022 年 1 月第 4 次印刷
定　　价	28.00 元

内容简介

本书为高等院校的非数学专业公共课“线性代数”的配套教材，其内容选择依据教育部高等学校“线性代数”课程教学大纲要求，同时参考了硕士研究生入学考试大纲的基本要求。

本教材的主要内容有：行列式、矩阵、线性方程组的理论、向量及向量间的线性关系、矩阵的特征值和特征向量、二次型，共六章.每章均配有习题及自测题，书后附有参考答案.

本教材可作为高等院校非数学专业“线性代数”课程的教材及高等专科学校、高职院校相应课程教材或教学参考书，也可作为各类成人教育相应课程教材或教学参考书.

前　言

本书是为高等院校非数学专业学生编写的“线性代数”教材，其内容选择依据教育部高等学校线性代数课程教学大纲要求，同时参考硕士研究生入学考试大纲的基本要求。

本书是在2008年出版的《线性代数》的基础上进行修正和改编的，在近十年来的使用中，编者不断地吸取一线教师和学生的意见和建议，力争做到删繁就简，加强基础知识，以使内容更科学、更完善、更新颖。

本教材的主要内容有：行列式、矩阵、线性方程组的理论、向量及向量间的线性关系、矩阵的特征值和特征向量、二次型，共六章.每章均配有习题及自测题，书后附有参考答案.

本教材可作为高等院校经济管理类、理工类等相关专业及高等专科学校、高职院校相应课程教材或教学参考书，也可作为各类成人教育相应课程教材或教学参考书.

本教材的编写得到江西科技师范大学的大力支持，同时得到江西科技师范大学数学与计算机科学学院领导和教师的帮助与支持，作者由衷地对他们表示最诚挚的感谢.

本书如有不妥之处，敬请读者指正.

编　者

2017年11月

目　　录

第 1 章 行列式

行列式的概念最早是由 17 世纪日本数学家关孝和提出的. 1693 年德国数学家莱布尼兹给法国数家洛必达的信中也使用并给出了行列式定义. 1750 年瑞士数学家克拉默在其著作《线性代数分析引导》中,对行列式定义和展开法则给出了比较完整、明确的阐述.

最初行列式只是作为解线性方程组的一种工具使用,经过深入研究,现在行列式已经独立于线性方程组,单独形成一门理论进行研究.

本章主要介绍行列式的定义、行列式的性质、行列式的计算以及克拉默法则.

§1.1 二阶、三阶行列式

一、二阶行列式

用消元法解二元一次方程组

$$\begin{cases} a_{11}x_1 + a_{12}x_2 = b_1, \\ a_{21}x_1 + a_{22}x_2 = b_2. \end{cases}$$

当 $a_{11}a_{22} - a_{21}a_{12} \neq 0$ 时,方程组有唯一解

$$x_1 = \frac{b_1a_{22} - b_2a_{12}}{a_{11}a_{22} - a_{21}a_{12}}, \quad x_2 = \frac{b_2a_{11} - b_1a_{21}}{a_{11}a_{22} - a_{21}a_{12}}.$$

这就是二元一次方程组的公式解,为了便于记住这个公式,引入了二阶行列式的概念.

定义 1 由 2^2 个数组成的式子 $\begin{vmatrix} a_{11} & a_{12} \\ a_{21} & a_{22} \end{vmatrix}$ 称为**二阶行列式**,并且规定二阶行列式的值为 $a_{11}a_{22} - a_{21}a_{12}$,即

$$\begin{vmatrix} a_{11} & a_{12} \\ a_{21} & a_{22} \end{vmatrix} = a_{11}a_{22} - a_{21}a_{12}.$$

例 1 求二阶行列式 $\begin{vmatrix} 1 & 2 \\ 3 & 4 \end{vmatrix}$ 的值.

解 $\begin{vmatrix} 1 & 2 \\ 3 & 4 \end{vmatrix} = 1\times 4 - 2\times 3 = -2.$

在定义二阶行列式之后,二元一次方程组的解就可以用方程组中未知数系数组成的二阶行列式来表示,即

$$x_1 = \frac{\begin{vmatrix} b_1 & a_{12} \\ b_2 & a_{22} \end{vmatrix}}{\begin{vmatrix} a_{11} & a_{12} \\ a_{21} & a_{22} \end{vmatrix}}, \quad x_2 = \frac{\begin{vmatrix} a_{11} & b_1 \\ a_{21} & b_2 \end{vmatrix}}{\begin{vmatrix} a_{11} & a_{12} \\ a_{21} & a_{22} \end{vmatrix}}.$$

二、三阶行列式

同样的,用消元法解三元一次方程组

$$\begin{cases} a_{11}x_1 + a_{12}x_2 + a_{13}x_3 = b_1, \\ a_{21}x_1 + a_{22}x_2 + a_{23}x_3 = b_2, \\ a_{31}x_1 + a_{32}x_2 + a_{33}x_3 = b_3. \end{cases}$$

当

$$a_{11}a_{22}a_{33} + a_{12}a_{23}a_{31} + a_{13}a_{21}a_{32} - a_{13}a_{22}a_{31} - a_{12}a_{21}a_{33} - a_{11}a_{23}a_{32} \neq 0$$

时,方程组有唯一解

$$x_1 = \frac{b_1a_{22}a_{33} + a_{12}a_{23}b_3 + a_{13}b_2a_{32} - a_{13}a_{22}b_3 - a_{12}b_2a_{33} - b_1a_{23}a_{32}}{a_{11}a_{22}a_{33} + a_{12}a_{23}a_{31} + a_{13}a_{21}a_{32} - a_{13}a_{22}a_{31} - a_{12}a_{21}a_{33} - a_{11}a_{23}a_{32}},$$

$$x_2 = \frac{a_{11}b_2a_{33} + b_1a_{23}a_{31} + a_{13}a_{21}b_3 - a_{13}b_2a_{31} - b_1a_{21}a_{33} - a_{11}a_{23}b_3}{a_{11}a_{22}a_{33} + a_{12}a_{23}a_{31} + a_{13}a_{21}a_{32} - a_{13}a_{22}a_{31} - a_{12}a_{21}a_{33} - a_{11}a_{23}a_{32}},$$

$$x_3 = \frac{a_{11}a_{22}b_3 + a_{12}b_2a_{31} + b_1a_{21}a_{32} - b_1a_{22}a_{31} - a_{12}a_{21}b_3 - a_{11}b_2a_{32}}{a_{11}a_{22}a_{33} + a_{12}a_{23}a_{31} + a_{13}a_{21}a_{32} - a_{13}a_{22}a_{31} - a_{12}a_{21}a_{33} - a_{11}a_{23}a_{32}}.$$

这就是三元一次方程组的公式解,为了便于记住,引入三阶行列式的概念.

定义 2 由 3^2 个数组成的式子

$$\begin{vmatrix} a_{11} & a_{12} & a_{13} \\ a_{21} & a_{22} & a_{23} \\ a_{31} & a_{32} & a_{33} \end{vmatrix}$$

称为**三阶行列式**. 规定三阶行列式值为

$$a_{11}a_{22}a_{33} + a_{12}a_{23}a_{31} + a_{13}a_{21}a_{32} - a_{13}a_{22}a_{31} - a_{12}a_{21}a_{33} - a_{11}a_{23}a_{32},$$

即

$$\begin{vmatrix} a_{11} & a_{12} & a_{13} \\ a_{21} & a_{22} & a_{23} \\ a_{31} & a_{32} & a_{33} \end{vmatrix} = a_{11}a_{22}a_{33} + a_{12}a_{23}a_{31} + a_{13}a_{21}a_{32} - a_{13}a_{22}a_{31} - a_{12}a_{21}a_{33} - a_{11}a_{23}a_{32}.$$

例 2 求三阶行列式$\begin{vmatrix} 1 & 2 & 0 \\ 2 & 2 & 1 \\ 3 & 0 & 3 \end{vmatrix}$的值.

解 $\begin{vmatrix} 1 & 2 & 0 \\ 2 & 2 & 1 \\ 3 & 0 & 3 \end{vmatrix} = 1\times2\times3+2\times1\times3+0\times2\times0-0\times2\times3-1\times1\times0-2\times2\times3=0.$

在定义三阶行列式概念之后,三元一次方程组的解就可以用三阶行列式表示为

$$x_1 = \frac{\begin{vmatrix} b_1 & a_{12} & a_{13} \\ b_2 & a_{22} & a_{23} \\ b_3 & a_{32} & a_{33} \end{vmatrix}}{\begin{vmatrix} a_{11} & a_{12} & a_{13} \\ a_{21} & a_{22} & a_{23} \\ a_{31} & a_{32} & a_{33} \end{vmatrix}}, \quad x_2 = \frac{\begin{vmatrix} a_{11} & b_1 & a_{13} \\ a_{21} & b_2 & a_{23} \\ a_{31} & b_3 & a_{33} \end{vmatrix}}{\begin{vmatrix} a_{11} & a_{12} & a_{13} \\ a_{21} & a_{22} & a_{23} \\ a_{31} & a_{32} & a_{33} \end{vmatrix}}, \quad x_1 = \frac{\begin{vmatrix} a_{11} & a_{12} & b_1 \\ a_{21} & a_{22} & b_2 \\ a_{31} & a_{32} & b_3 \end{vmatrix}}{\begin{vmatrix} a_{11} & a_{12} & a_{13} \\ a_{21} & a_{22} & a_{23} \\ a_{31} & a_{32} & a_{33} \end{vmatrix}}.$$

例 3 求解三元一次方程组

$$\begin{cases} x_1 - x_2 - x_3 = 2, \\ 3x_1 + 2x_2 + x_3 = -1, \\ -x_1 + 2x_2 + x_3 = 1. \end{cases}$$

解 根据上述结论,有

$$\begin{vmatrix} 1 & -1 & -1 \\ 3 & 2 & 1 \\ -1 & 2 & 1 \end{vmatrix} = -4, \begin{vmatrix} 2 & -1 & -1 \\ -1 & 2 & 1 \\ 1 & 2 & 1 \end{vmatrix} = 2, \begin{vmatrix} 1 & 2 & -1 \\ 3 & -1 & 1 \\ -1 & 1 & 1 \end{vmatrix} = -12,$$

$$\begin{vmatrix} 1 & -1 & 2 \\ 3 & 2 & -1 \\ -1 & 2 & 1 \end{vmatrix} = 22.$$

解得
$$x_1 = \frac{2}{-4} = -\frac{1}{2}, \quad x_2 = \frac{-12}{-4} = 3, \quad x_3 = \frac{22}{-4} = -\frac{11}{2}.$$

从以上定义可以看出,二阶、三阶行列式实际上表示的是一个数,这个数称为行列式的**值**.

§1.2 n 阶行列式

一、排列及其逆序数

为了定义 n 阶行列式,我们先介绍排列的概念和排列的一些基本性质.

定义 3 由 n 个整数 $1,2,\cdots,n$ 组成的有序数组 $i_1,i_2,\cdots,i_n$ 称为一个 **n 级排列.**

n 级排列实际上就是由 $1,2,\cdots,n$ 这 n 个数任意排列组成的.

例如,3412 是一个 4 级排列,35124 是一个 5 级排列.

由排列组合知有 $n!$ 个不同的 n 级排列. 例如 3 级排列总共有 $3!=6$ 个,它们是

$$123,132,213,231,312,321.$$

定义 4 在一个 n 级排列 $i_1,i_2,\cdots,i_n$ 中,如果较大的数 i_s 排在较小的数 i_t 前面,则称这一对数 i_s,i_t 构成一个**逆序**.

一个排列中的逆序的总数称为这个排列的**逆序数**. 排列 $i_1,i_2,\cdots,i_n$ 的逆序数记为 $\tau(i_1i_2\cdots i_n)$.

如果排列 $i_1,i_2,\cdots,i_n$ 的逆序数 $\tau(i_1i_2\cdots i_n)$ 为偶数,则称排列 $i_1,i_2,\cdots,i_n$ 为**偶排列**;如果 $\tau(i_1i_2\cdots i_n)$ 为奇数,则称排列 $i_1,i_2,\cdots,i_n$ 为**奇排列**. 特别地,排列 $1,2,\cdots,n$ 的逆序数为零,是偶排列.

例 4 在 4 级排列 3421 中,3,4,2 在 1 的前面,构成 3 个逆序,3,4 在 2 的前面构成 2 个逆序,共有 5 个逆序,因此 $\tau(3421)=5$,排列 3421 为奇排列.

定义 5 在一个排列 $i_1,\cdots,i_s,\cdots,i_t,\cdots,i_n$ 中,如果交换其中某两个数 i_s,i_t 的位置,而其余各数的位置不变,就得到一个新的排列 $i_1,\cdots,i_t,\cdots,i_s,\cdots,i_n$. 这样的变换称为一个**对换**,记为对换 (i_s,i_t).

例如对 4 级排列 3421 施以对换 $(1,2)$ 得到排列 3412.

定理 1 任意 n 级排列经过一次对换后,其奇偶性改变.

证 先证对换的两个数相邻的情况. 已知排列

$$(1)\ a_1\cdots a_l ab b_1\cdots b_m,$$

对排列(1)做对换 (a,b) 得到排列

$$(2)\ a_1\cdots a_l ba b_1\cdots b_m.$$

若 $a<b$,那么 $\tau(1)$ 比 $\tau(2)$ 少 1;若 $a>b$,那么 $\tau(1)$ 比 $\tau(2)$ 多 1.

所以排列(1)与(2)的奇偶性相反.

再证对换的两个数不相邻的情况. 设排列

$$(1)\ a_1\cdots a_l a b_1\cdots b_m b c_1\cdots c_n.$$

对(1)作 m 次相邻数的对换得到排列

$$(2)\ a_1\cdots a_l b_1\cdots b_m abc_1\cdots c_n.$$

对(2)作 $m+1$ 相邻数的对换得到排列

$$(3)\ a_1\cdots a_l bb_1\cdots b_m ac_1\cdots c_n.$$

(1)→(3)经过 $2m+1$ 次相邻数对换，所以 $\tau(3)$ 与 $\tau(1)$ 的奇偶性相反.

所以排列(1)与(3)奇偶性相反. □

定理 2 在全部 $n(n\geqslant 2)$ 级排列中，奇偶排列各占一半，各为 $\frac{n!}{2}$ 个.

二、n 阶行列式

为了给出 n 阶行列式的定义，我们先来分析一下三阶行列式

$$\begin{vmatrix} a_{11} & a_{12} & a_{13} \\ a_{21} & a_{22} & a_{23} \\ a_{31} & a_{32} & a_{33} \end{vmatrix} = a_{11}a_{22}a_{33} + a_{12}a_{23}a_{31} + a_{13}a_{21}a_{32} - a_{13}a_{22}a_{31} - a_{12}a_{21}a_{33} - a_{11}a_{23}a_{32}.$$

可以看出上式右端有下列特点：

(1) 右端是 6 项的代数和；

(2) 每一项是三个数相乘，这三个数是位于行列式中不同行、不同列的三个数；

(3) 将每一项行标按自然顺序排，发现每一项的列标恰好对应一个 3 级排列，有 6 种 3 级排列，对应右端有 6 项，这样各项除符号外我们可以表示为 $a_{1i_1}a_{2i_2}a_{3i_3}$，其中 i_1,i_2,i_3 表示任一 3 级排列；

(4) 当列标为偶排列时，该项符号为正，列标为奇排列时，该项符号为负，每一项符号可以表示为 $(-1)^{\tau(i_1i_2i_3)}$.

所以三阶行列式可以写成

$$\begin{vmatrix} a_{11} & a_{12} & a_{13} \\ a_{21} & a_{22} & a_{23} \\ a_{31} & a_{32} & a_{33} \end{vmatrix} = \sum_{i_1i_2i_3}(-1)^{\tau(i_1i_2i_3)}a_{1i_1}a_{2i_2}a_{3i_3},$$

其中 $\sum\limits_{i_1i_2i_3}$ 表示对所有的 3 级排列求和.

定义 6 由 n^2 个元素组成的式子

$$\begin{vmatrix} a_{11} & a_{12} & \cdots & a_{1n} \\ a_{21} & a_{22} & \cdots & a_{2n} \\ \vdots & \vdots & & \vdots \\ a_{n1} & a_{n2} & \cdots & a_{nn} \end{vmatrix}$$

称为 n **阶行列式**，其中 a_{ij} 为行列式的第 i 行第 j 列的**元素**，i 称为**行指标**，j 称为**列指标**. 行列式的值为 $n!$ 项的代数和，每一项是取自不同行、不同列的 n 个数的乘积. 当这一项元素行

标按自然顺序排列后，若列标的逆序数为偶数则这一项取正，若为奇数则这一项取负，即

$$\begin{vmatrix} a_{11} & a_{12} & \cdots & a_{1n} \\ a_{21} & a_{22} & \cdots & a_{2n} \\ \vdots & \vdots & & \vdots \\ a_{n1} & a_{n2} & \cdots & a_{nn} \end{vmatrix} = \sum_{j_1,j_2,\cdots,j_n} (-1)^{\tau(j_1j_2\cdots j_n)} a_{1j_1}a_{2j_2}\cdots a_{nj_n},$$

其中 $j_1,j_2,\cdots,j_n$ 为 n 级排列，$\sum\limits_{j_1j_2\cdots j_n}$ 表示对所有的 n 级排列求和.

从定义可以看出：

(1) 由于在行列式中取 n 个不同行不同列的数有 $n!$ 种取法，所以行列式为 $n!$ 项的代数和；

(2) 当每一项行标按自然顺序排列时，列标对应一个 n 级排列，列标逆序数的奇偶性决定这一项的正负，因此 $a_{1j_1}a_{2j_2}\cdots a_{nj_n}$ 称为 n 阶行列式的一般项，它的符号为 $(-1)^{\tau(j_1j_2\cdots j_n)}$；

(3) 行列式本质上是一个数，这个数称为行列式的值，求行列式值的过程称为计算行列式；

(4) 当 $n=1$ 时，1 阶行列式的值就是数 a_{11}，即 $|a_{11}|=a_{11}$（$|a_{11}|$ 不能理解成 a_{11} 的绝对值）.

例 5 4 阶行列式

$$\begin{vmatrix} a_{11} & a_{12} & a_{13} & a_{14} \\ a_{21} & a_{22} & a_{23} & a_{24} \\ a_{31} & a_{32} & a_{33} & a_{34} \\ a_{41} & a_{42} & a_{43} & a_{44} \end{vmatrix}$$

表示的是 $4!=24$ 项的代数和，每一项都是取自不同行、不同列的四个元素的乘积. 例如 $a_{11}a_{24}a_{32}a_{43}$ 是其中的一项，由于 $\tau(1423)=1+1=2$，故它的符号是正号；$a_{11}a_{23}a_{32}a_{44}$ 是其中的一项，由于 $\tau(1324)=1$，故它的符号是负号；而 $a_{12}a_{24}a_{32}a_{41}$ 不是其中的一项，因为第二列取了二个元素 a_{12} 和 a_{32}.

例 6 计算 n 阶上三角行列式

$$D=\begin{vmatrix} a_{11} & a_{12} & \cdots & a_{1n} \\ 0 & a_{22} & \cdots & a_{2n} \\ \vdots & \vdots & & \vdots \\ 0 & 0 & \cdots & a_{nn} \end{vmatrix}.$$

解 根据 n 阶行列式的定义，有

$$D=\sum_{j_1j_2\cdots j_n} (-1)^{\tau(j_1j_2\cdots j_n)} a_{1j_1}a_{2j_2}\cdots a_{nj_n},$$

每一项的 n 个数中有一个数为 0，则该项为 0. 这个行列式中，只有当 $j_1=1,j_2=2,\cdots,j_n=n$，时，$a_{1j_1}a_{2j_2}\cdots a_{nj_n}$ 才不为 0，而 $1,2,\cdots,n$ 为偶排列，所以该项符号为正. 因此

$$D=\begin{vmatrix} a_{11} & a_{12} & \cdots & a_{1n} \\ 0 & a_{22} & \cdots & a_{2n} \\ \vdots & \vdots & & \vdots \\ 0 & 0 & \cdots & a_{nn} \end{vmatrix}=a_{11}a_{22}\cdots a_{nn}.$$

同理,有 n 阶下三角行列式

$$D=\begin{vmatrix} a_{11} & 0 & \cdots & 0 \\ a_{21} & a_{22} & \cdots & 0 \\ \vdots & \vdots & & \vdots \\ a_{n1} & a_{n2} & \cdots & a_{nn} \end{vmatrix}=a_{11}a_{22}\cdots a_{nn}.$$

特别地

$$D=\begin{vmatrix} a_{11} & 0 & \cdots & 0 \\ 0 & a_{22} & \cdots & 0 \\ \vdots & \vdots & & \vdots \\ 0 & 0 & \cdots & a_{nn} \end{vmatrix}=a_{11}a_{22}\cdots a_{nn},$$

这个行列式称为**对角形行列式**.

行列式中从左上角到右下角的对角线称为**主对角线**.

例 7 计算行列式

$$D=\begin{vmatrix} 0 & \cdots & 0 & a_{1n} \\ 0 & \cdots & a_{2,n-1} & 0 \\ \vdots & & \vdots & \vdots \\ a_{n1} & \cdots & 0 & 0 \end{vmatrix}.$$

解 在 D 的一般项 $a_{1j_1}a_{2j_2}\cdots a_{nj_n}$ 中,只有当 $j_1=n,j_2=n-1,\cdots,j_n=1$ 时不为零,而排列 $n(n-1)\cdots 1$ 的逆序数为 $1+2+\cdots+(n-1)=\dfrac{n(n-1)}{2}$,所以

$$D=(-1)^{\frac{n(n-1)}{2}}a_{1n}a_{2(n-1)}\cdots a_{n1}.$$

§ 1.3 行列式的性质

当行列式的阶数较高时,利用定义来计算行列式,显然很麻烦,为了简化行列式的计算,需要研究行列式的性质,这些性质对行列式理论本身有着重要的意义.

定义 7 将行列式 D 的行写成列,列写成行所得的行列式称为 D 的**转置行列式**,记作 D^{T},即若

$$D=\begin{vmatrix} a_{11} & a_{12} & \cdots & a_{1n} \\ a_{21} & a_{22} & \cdots & a_{2n} \\ \vdots & \vdots & & \vdots \\ a_{n1} & a_{n2} & \cdots & a_{nn} \end{vmatrix}, \quad \text{那么} \quad D^{\mathrm{T}}=\begin{vmatrix} a_{11} & a_{21} & \cdots & a_{n1} \\ a_{12} & a_{22} & \cdots & a_{n2} \\ \vdots & \vdots & & \vdots \\ a_{1n} & a_{2n} & \cdots & a_{nn} \end{vmatrix}.$$

性质1 行列式与其转置行列式相等,即 $D=D^{\mathrm{T}}$.

由此性质可知,行列式的行具有的性质,它的列也具有同样的性质.

性质2 互换行列式的两行(列),行列式反号,即

$$\begin{vmatrix} a_{11} & a_{12} & \cdots & a_{1n} \\ \vdots & \vdots & & \vdots \\ a_{i1} & a_{i2} & \cdots & a_{in} \\ \vdots & \vdots & & \vdots \\ a_{j1} & a_{j2} & \cdots & a_{jn} \\ \vdots & \vdots & & \vdots \\ a_{n1} & a_{n2} & \cdots & a_{nn} \end{vmatrix}=-\begin{vmatrix} a_{11} & a_{12} & \cdots & a_{1n} \\ \vdots & \vdots & & \vdots \\ a_{j1} & a_{j2} & \cdots & a_{jn} \\ \vdots & \vdots & & \vdots \\ a_{i1} & a_{i2} & \cdots & a_{in} \\ \vdots & \vdots & & \vdots \\ a_{n1} & a_{n2} & \cdots & a_{nn} \end{vmatrix}.$$

推论 行列式有两行(列)完全相同,则行列式等于零.

性质3 行列式的某一行(列)的公因子可以提到行列式的符号外面,即

$$D=\begin{vmatrix} a_{11} & a_{12} & \cdots & a_{1n} \\ \vdots & \vdots & & \vdots \\ ka_{i1} & ka_{i2} & \cdots & ka_{in} \\ \vdots & \vdots & & \vdots \\ a_{n1} & a_{n2} & \cdots & a_{nn} \end{vmatrix}=k\begin{vmatrix} a_{11} & a_{12} & \cdots & a_{1n} \\ \vdots & \vdots & & \vdots \\ a_{i1} & a_{i2} & \cdots & a_{in} \\ \vdots & \vdots & & \vdots \\ a_{n1} & a_{n2} & \cdots & a_{nn} \end{vmatrix}.$$

推论1 当行列式中有一行(列)的元素全为零时,则此行列式的值为零.

推论2 如果行列式有两行(列)的对应元素成比例,则此行列式的值为零.

性质4 如果行列式的某一行(列)的所有元素都是两个数的和,则此行列式的值等于两个行列式的和:这两个行列式的这一行(列)的元素分别为对应的两个加数之一,其余各行(列)的元素与原行列式相同,即

$$\begin{vmatrix} a_{11} & a_{12} & \cdots & a_{1n} \\ \vdots & \vdots & & \vdots \\ b_{i1}+c_{i1} & b_{i2}+c_{i2} & \cdots & b_{in}+c_{in} \\ \vdots & \vdots & & \vdots \\ a_{n1} & a_{n2} & \cdots & a_{nn} \end{vmatrix}=\begin{vmatrix} a_{11} & a_{12} & \cdots & a_{1n} \\ \vdots & \vdots & & \vdots \\ b_{i1} & b_{i2} & \cdots & b_{in} \\ \vdots & \vdots & & \vdots \\ a_{n1} & a_{n2} & \cdots & a_{nn} \end{vmatrix}+\begin{vmatrix} a_{11} & a_{12} & \cdots & a_{1n} \\ \vdots & \vdots & & \vdots \\ c_{i1} & c_{i2} & \cdots & c_{in} \\ \vdots & \vdots & & \vdots \\ a_{n1} & a_{n2} & \cdots & a_{nn} \end{vmatrix}.$$

性质5 把行列式的某一行(列)的所有元素乘以数 k 后加到另一行(列)的对应元素上,行列式的值不变,即

$$\begin{vmatrix} a_{11} & a_{12} & \cdots & a_{1n} \\ \vdots & \vdots & & \vdots \\ a_{i1} & a_{i2} & \cdots & a_{in} \\ \vdots & \vdots & & \vdots \\ a_{s1} & a_{s2} & \cdots & a_{sn} \\ \vdots & \vdots & & \vdots \\ a_{n1} & a_{n2} & \cdots & a_{nn} \end{vmatrix} = \begin{vmatrix} a_{11} & a_{12} & \cdots & a_{1n} \\ \vdots & \vdots & & \vdots \\ a_{i1} & a_{i2} & \cdots & a_{in} \\ \vdots & \vdots & & \vdots \\ a_{s1}+ka_{i1} & a_{s2}+ka_{i2} & \cdots & a_{sn}+ka_{in} \\ \vdots & \vdots & & \vdots \\ a_{n1} & a_{n2} & \cdots & a_{nn} \end{vmatrix}.$$

以上性质都可以由行列式的定义得到证明.

为了表示方便,用 $r_i \leftrightarrow r_j$ 表示行列式第 i 行与第 j 行进行交换,kr_i 表示行列式第 i 行乘以数 k,r_i+kr_j 表示行列式第 i 行加第 j 行的 k 倍,类似地列变换有 $c_i \leftrightarrow c_j$,kc_i,c_i+kc_j.

例 8 计算行列式

$$D=\begin{vmatrix} 0 & -1 & -1 & 2 \\ 1 & -1 & 0 & 2 \\ -1 & 2 & -1 & 0 \\ 2 & 1 & 1 & 0 \end{vmatrix}.$$

解 利用行列式的性质,有

$$D \xlongequal{r_1 \leftrightarrow r_2} -\begin{vmatrix} 1 & -1 & 0 & 2 \\ 0 & -1 & -1 & 2 \\ -1 & 2 & -1 & 0 \\ 2 & 1 & 1 & 0 \end{vmatrix} \xlongequal[r_4+(-2)r_1]{r_3+r_1} -\begin{vmatrix} 1 & -1 & 0 & 2 \\ 0 & -1 & -1 & 2 \\ 0 & 1 & -1 & 2 \\ 0 & 3 & 1 & -4 \end{vmatrix}$$

$$\xlongequal[r_4+3r_2]{r_3+r_2} -\begin{vmatrix} 1 & -1 & 0 & 2 \\ 0 & -1 & -1 & 2 \\ 0 & 0 & -2 & 4 \\ 0 & 0 & -2 & 2 \end{vmatrix} \xlongequal{r_4+(-1)r_3} -\begin{vmatrix} 1 & -1 & 0 & 2 \\ 0 & -1 & -1 & 2 \\ 0 & 0 & -2 & 4 \\ 0 & 0 & 0 & -2 \end{vmatrix} = 4.$$

例 9 证明

$$\begin{vmatrix} a^2 & (a+1)^2 & (a+2)^2 & (a+3)^2 \\ b^2 & (b+1)^2 & (b+2)^2 & (b+3)^2 \\ c^2 & (c+1)^2 & (c+2)^2 & (c+3)^2 \\ d^2 & (d+1)^2 & (d+2)^2 & (d+3)^2 \end{vmatrix}=0.$$

证明 利用行列式的性质,有

$$左边 \xlongequal[i=2,3,4]{c_i-c_1} \begin{vmatrix} a^2 & 2a+1 & 4a+4 & 6a+9 \\ b^2 & 2b+1 & 4b+4 & 6b+9 \\ c^2 & 2c+1 & 4c+4 & 6c+9 \\ d^2 & 2d+1 & 4d+4 & 6d+9 \end{vmatrix}$$

$$\xlongequal[c_4-3c_2]{c_3-2c_2}\begin{vmatrix} a^2 & 2a+1 & 2 & 6 \\ b^2 & 2b+1 & 2 & 6 \\ c^2 & 2c+1 & 2 & 6 \\ d^2 & 2d+1 & 2 & 6 \end{vmatrix}$$

$=0=$右边.

例 10　计算行列式

$$D_n=\begin{vmatrix} x & a & \cdots & a \\ a & x & \cdots & a \\ \vdots & \vdots & & \vdots \\ a & a & \cdots & x \end{vmatrix}.$$

解　利用行列式的性质,有

$$D_n \xlongequal[i=2,3\cdots,n]{r_1+r_i} \begin{vmatrix} x+(n-1)a & x+(n-1)a & \cdots & x+(n-1)a \\ a & x & \cdots & a \\ \vdots & \vdots & & \vdots \\ a & a & \cdots & x \end{vmatrix}$$

$$=[x+(n-1)a]\begin{vmatrix} 1 & 1 & \cdots & 1 \\ a & x & \cdots & a \\ \vdots & \vdots & & \vdots \\ a & a & \cdots & x \end{vmatrix}$$

$$\xlongequal[i=2,3,\cdots,n]{r_i+(-a)r_1}[x+(n-1)a]\begin{vmatrix} 1 & 1 & \cdots & 1 \\ 0 & x-a & \cdots & 0 \\ \vdots & \vdots & & \vdots \\ 0 & 0 & \cdots & x-a \end{vmatrix}$$

$$=[x+(n-1)a](x-a)^{n-1}.$$

例 11　计算行列式

$$D_n=\begin{vmatrix} 1 & 2 & 3 & \cdots & n \\ 2 & 1 & 0 & \cdots & 0 \\ 3 & 0 & 1 & \cdots & 0 \\ \vdots & \vdots & \vdots & & \vdots \\ n & 0 & 0 & \cdots & 1 \end{vmatrix}.$$

解　利用行列式的性质,有

$$D_n \xlongequal[j=2,\cdots,n]{c_1-jc_j} \begin{vmatrix} 1-(2^2+\cdots+n^2) & 2 & 3 & \cdots & n \\ 0 & 1 & 0 & \cdots & 0 \\ 0 & 0 & 1 & \cdots & 0 \\ \vdots & \vdots & \vdots & & \vdots \\ 0 & 0 & 0 & \cdots & 1 \end{vmatrix}$$

$$=1-(2^2+\cdots+n^2).$$

例 12 解方程

$$\begin{vmatrix} 1 & 2 & 3 & \cdots & n \\ 1 & x+1 & 3 & \cdots & n \\ 1 & 2 & x+1 & \cdots & n \\ \vdots & \vdots & \vdots & & \vdots \\ 1 & 2 & 3 & \cdots & x+1 \end{vmatrix}=0.$$

解 利用行列式的性质,有

$$\begin{vmatrix} 1 & 2 & 3 & \cdots & n \\ 1 & x+1 & 3 & \cdots & n \\ 1 & 2 & x+1 & \cdots & n \\ \vdots & \vdots & \vdots & & \vdots \\ 1 & 2 & 3 & \cdots & x+1 \end{vmatrix} \xlongequal[i=2,3,\cdots,n]{r_i+(-1)r_1} \begin{vmatrix} 1 & 2 & 3 & \cdots & n \\ 0 & x-1 & 0 & \cdots & 0 \\ 0 & 0 & x-2 & \cdots & 0 \\ \vdots & \vdots & \vdots & & \vdots \\ 0 & 0 & 0 & \cdots & x-(n-1) \end{vmatrix}$$

$$=(x-1)(x-2)\cdots[x-(n-1)]=0,$$

则方程的解为 $x=1,2,\cdots,n-1$.

§1.4 行列式按行(列)展开

我们在计算行列式时,有时希望将高阶行列式转化为一些较低阶的行列式,在这一节将介绍一种降阶的方法,行列式的按行(列)展开.

定义 8 在 n 阶行列式

$$D=\begin{vmatrix} a_{11} & a_{12} & \cdots & a_{1n} \\ a_{21} & a_{22} & \cdots & a_{2n} \\ \vdots & \vdots & & \vdots \\ a_{n1} & a_{n2} & \cdots & a_{nn} \end{vmatrix}$$

中,划去元素 a_{ij} 所在的第 i 行和第 j 列($i,j=1,2,\cdots,n$),余下的元素按原来的顺序构成的 $n-1$ 阶行列式,称为元素 a_{ij} 的**余子式**,记作 M_{ij},即

$$M_{ij}=\begin{vmatrix} a_{11} & \cdots & a_{1,j-1} & a_{1,j+1} & \cdots & a_{1n} \\ \vdots & & \vdots & \vdots & & \vdots \\ a_{i-1,1} & \cdots & a_{i-1,j-1} & a_{i-1,j+1} & \cdots & a_{i-1,n} \\ a_{i+1,1} & \cdots & a_{i+1,j-1} & a_{i+1,j+1} & \cdots & a_{i+1,n} \\ \vdots & & \vdots & \vdots & & \vdots \\ a_{n1} & \cdots & a_{n,j-1} & a_{n,j+1} & \cdots & a_{nn} \end{vmatrix}.$$

如果记 $A_{ij}=(-1)^{i+j}M_{ij}$，称 A_{ij} 为元素 a_{ij} 的**代数余子式**.

例 13 设 4 阶行列式

$$D=\begin{vmatrix} 0 & 1 & 0 & 2 \\ 1 & -1 & 0 & 3 \\ 1 & 4 & -1 & 0 \\ 2 & 1 & 0 & 0 \end{vmatrix},$$

那么，元素 $a_{12}=1$ 的余子式

$$M_{12}=\begin{vmatrix} 1 & 0 & 3 \\ 1 & -1 & 0 \\ 2 & 0 & 0 \end{vmatrix}=-3\times(-1)\times 2=6,$$

代数余子式 $A_{12}=(-1)^{1+2}M_{12}=-6$.

下面，我们来分析三阶行列式的定义，可以发现

$$\begin{aligned}\begin{vmatrix} a_{11} & a_{12} & a_{13} \\ a_{21} & a_{22} & a_{23} \\ a_{31} & a_{32} & a_{33} \end{vmatrix} &= a_{11}a_{22}a_{33}+a_{12}a_{23}a_{31}+a_{13}a_{21}a_{32}-a_{13}a_{22}a_{31}-a_{12}a_{21}a_{33}-a_{11}a_{23}a_{32} \\ &= a_{11}(a_{22}a_{33}-a_{23}a_{32})-a_{12}(a_{21}a_{33}-a_{23}a_{31})+a_{13}(a_{21}a_{32}-a_{22}a_{31}) \\ &= a_{11}\begin{vmatrix} a_{22} & a_{23} \\ a_{32} & a_{33} \end{vmatrix}-a_{12}\begin{vmatrix} a_{21} & a_{23} \\ a_{31} & a_{33} \end{vmatrix}+a_{13}\begin{vmatrix} a_{21} & a_{22} \\ a_{31} & a_{32} \end{vmatrix} \\ &= a_{11}M_{11}-a_{12}M_{12}+a_{13}M_{13} \\ &= a_{11}A_{11}+a_{12}A_{12}+a_{13}A_{13}.\end{aligned}$$

同样分析得

$$\begin{aligned}\begin{vmatrix} a_{11} & a_{12} & a_{13} \\ a_{21} & a_{22} & a_{23} \\ a_{31} & a_{32} & a_{33} \end{vmatrix} &= a_{i1}A_{i1}+a_{i2}A_{i2}+a_{i3}A_{i3} \\ &= a_{1j}A_{1j}+a_{2j}A_{2j}+a_{3j}A_{3j} \quad (i,j=1,2,3).\end{aligned}$$

三阶行列式的值等于其任意一行(列)元素与其对应的代数余子式乘积之和. 同理，对 n 阶行列式有以下定理：

定理 3 n 阶行列式

$$D=\begin{vmatrix} a_{11} & a_{12} & \cdots & a_{1n} \\ a_{21} & a_{22} & \cdots & a_{2n} \\ \vdots & \vdots & & \vdots \\ a_{n1} & a_{n2} & \cdots & a_{nn} \end{vmatrix}$$

的值等于它的任意一行(列)的元素与其对应的代数余子式的乘积之和,即

$$D=a_{i1}A_{i1}+a_{i2}A_{i2}+\cdots+a_{in}A_{in}\quad (i=1,2,\cdots,n)$$

或

$$D=a_{1j}A_{1j}+a_{2j}A_{2j}+\cdots+a_{nj}A_{nj}\quad (j=1,2,\cdots,n).$$

定理 3 称为**行列式的按行(列)展开定理**.

推论 行列式某一行(列)的各元素与另一行(列)对应元素的代数余子式的乘积之和等于零.

证明 将行列式 D 的第 s 行元素换成 D 的第 i 行元素($s\neq i$),其他元素不变,得到行列式 D_1,将 D_1 按第 s 行展开得

$$D_1=a_{i1}A_{s1}+a_{i2}A_{s2}+\cdots+a_{in}A_{sn}.$$

又由于 D_1 的第 s 行元素与第 i 行元素完全相同,因此 $D_1=0$,所以

$$a_{i1}A_{s1}+a_{i2}A_{s2}+\cdots+a_{in}A_{sn}=0\quad (s\neq i).$$ □

综合定理 3 和它的推论得到

$$a_{i1}A_{s1}+a_{i2}A_{s2}+\cdots+a_{in}A_{sn}=\begin{cases} D, & i=s, \\ 0, & i\neq s; \end{cases}$$

$$a_{1j}A_{1t}+a_{2j}A_{2t}+\cdots+a_{nj}A_{nt}=\begin{cases} D, & j=t, \\ 0, & j\neq t. \end{cases}$$

例 14 利用展开定理计算

$$D=\begin{vmatrix} 16 & 0 & -2 & 7 \\ 2 & 0 & 1 & -1 \\ 3 & 1 & -1 & 2 \\ 1 & 0 & 4 & -3 \end{vmatrix}.$$

解 根据定理 3,有

$$D=\begin{vmatrix} 16 & 0 & -2 & 7 \\ 2 & 0 & 1 & -1 \\ 3 & 1 & -1 & 2 \\ 1 & 0 & 4 & -3 \end{vmatrix} \xlongequal{\text{按第二列展开}} (-1)^{3+2}\begin{vmatrix} 16 & -2 & 7 \\ 2 & 1 & -1 \\ 1 & 4 & -3 \end{vmatrix}$$

$$=(-1)\begin{vmatrix} 20 & 0 & 5 \\ 2 & 1 & -1 \\ -7 & 0 & 1 \end{vmatrix}=(-1)(-1)^{2+2}\begin{vmatrix} 20 & 5 \\ -7 & 1 \end{vmatrix}=-55.$$

注 由定理3可知任意一行(列)展开计算都等于行列式的值,因此尽量选择0多的行(列)展开计算.

例 15 设行列式

$$D=\begin{vmatrix}3&0&4&0\\2&2&2&2\\0&5&0&0\\4&1&3&-1\end{vmatrix},$$

求 $A_{41}+A_{42}+A_{43}+A_{44}$.

解 构造行列式

$$D_1=\begin{vmatrix}3&0&4&0\\2&2&2&2\\0&5&0&0\\1&1&1&1\end{vmatrix}\xlongequal{\text{按第 4 行展开计算}}A_{41}+A_{42}+A_{43}+A_{44}.$$

由于 D_1 的第4行第2行对应成比例,所以 $D_1=0$.从而

$$A_{41}+A_{42}+A_{43}+A_{44}=0.$$

例 16 计算行列式

$$D_n=\begin{vmatrix}a&0&0&\cdots&0&1\\0&a&0&\cdots&0&0\\0&0&a&\cdots&0&0\\\vdots&\vdots&\vdots&&\vdots&\vdots\\0&0&0&\cdots&a&0\\1&0&0&\cdots&0&a\end{vmatrix}.$$

解 根据行列式的按行(列)展开定理,有

$$D_n\xlongequal{\text{按第 }n\text{ 行展开}}a_{n1}A_{n1}+a_{nn}A_{nn}=1\times(-1)^{n+1}M_{n1}+a\times(-1)^{n+n}M_{nn}$$

$$=(-1)^{n+1}\begin{vmatrix}0&0&0&\cdots&0&1\\a&0&0&\cdots&0&0\\0&a&0&\cdots&0&0\\\vdots&\vdots&\vdots&&\vdots&\vdots\\0&0&0&\cdots&a&0\end{vmatrix}_{n-1}+(-1)^{2n}\cdot a\begin{vmatrix}a&0&\cdots&0&0\\0&a&\cdots&0&0\\\vdots&\vdots&&\vdots&\vdots\\0&0&\cdots&a&0\\0&0&\cdots&0&a\end{vmatrix}_{n-1}$$

$$\xlongequal{\text{前一个行列式按第一行展开}}(-1)^{n+1}(-1)^{1+(n-1)}\begin{vmatrix} a & 0 & \cdots & 0 \\ 0 & a & \cdots & 0 \\ \vdots & \vdots & & \vdots \\ 0 & 0 & \cdots & a \end{vmatrix}_{n-2}+a^n$$

$$=a^n-a^{n-2}.$$

例 17 证明范德蒙(Van der monde)行列式

$$D_n=\begin{vmatrix} 1 & 1 & 1 & \cdots & 1 \\ x_1 & x_2 & x_3 & \cdots & x_n \\ x_1^2 & x_2^2 & x_3^2 & \cdots & x_n^2 \\ \vdots & \vdots & \vdots & & \vdots \\ x_1^{n-1} & x_2^{n-1} & x_3^{n-1} & \cdots & x_n^{n-1} \end{vmatrix}=\prod_{1\leqslant j<i\leqslant n}(x_i-x_j)\quad (n\geqslant 2),$$

其中 $\prod\limits_{1\leqslant j<i\leqslant n}(x_i-x_j)$ 表示所有可能的$(x_i-x_j)(i>j)$的乘积,即

$$\prod_{1\leqslant j<i\leqslant n}(x_i-x_j)=(x_2-x_1)(x_3-x_1)\cdots(x_n-x_1)\cdot(x_3-x_2)\cdots(x_n-x_2)\cdots(x_n-x_{n-1}).$$

证 对行列式的阶数用数学归纳法.当 $n=2$ 时,有

$$D_2=\begin{vmatrix} 1 & 1 \\ x_1 & x_2 \end{vmatrix}=x_2-x_1,$$

即 $n=2$ 时结论成立.假设对于 $n-1$ 阶范德蒙行列式结论成立,下面证明于 n 阶范德蒙行列式结论也成立.

对于 D_n,将第 $n-1$ 行的 $-x_n$ 倍加到第 n 行,第 $n-2$ 行的 $-x_n$ 倍加到第 $n-1$ 行,…,第一行的 $-x_n$ 倍加到第二行,得到

$$D_n=\begin{vmatrix} 1 & 1 & \cdots & 1 & 1 \\ x_1-x_n & x_2-x_n & \cdots & x_{n-1}-x_n & 0 \\ x_1(x_1-x_n) & x_2(x_2-x_n) & \cdots & x_{n-1}(x_{n-1}-x_n) & 0 \\ \vdots & \vdots & & \vdots & \vdots \\ x_1^{n-3}(x_1-x_n) & x_2^{n-3}(x_2-x_n) & \cdots & x_{n-1}^{n-3}(x_{n-1}-x_n) & 0 \\ x_1^{n-2}(x_1-x_n) & x_2^{n-2}(x_2-x_n) & \cdots & x_{n-1}^{n-2}(x_{n-1}-x_n) & 0 \end{vmatrix}$$

$$\xlongequal[\text{按第 } n \text{ 列展开}]{}(-1)^{n+1}\begin{vmatrix} (x_1-x_n) & (x_2-x_n) & \cdots & (x_{n-1}-x_n) \\ x_1(x_1-x_n) & x_2(x_2-x_n) & \cdots & x_{n-1}(x_{n-1}-x_n) \\ \vdots & \vdots & & \vdots \\ x_1^{n-3}(x_1-x_n) & x_2^{n-3}(x_2-x_n) & \cdots & x_{n-1}^{n-3}(x_{n-1}-x_n) \\ x_1^{n-2}(x_1-x_n) & x_2^{n-2}(x_2-x_n) & \cdots & x_{n-1}^{n-2}(x_{n-1}-x_n) \end{vmatrix}$$

$$\xlongequal{\text{提出各列公因子}}(-1)^{n+1}(x_1-x_n)(x_2-x_n)\cdots(x_{n-1}-x_n)\begin{vmatrix}1 & 1 & \cdots & 1\\ x_1 & x_2 & \cdots & x_{n-1}\\ x_1^2 & x_2^2 & \cdots & x_{n-1}^2\\ \vdots & \vdots & & \vdots\\ x_1^{n-3} & x_2^{n-3} & \cdots & x_{n-1}^{n-3}\\ x_1^{n-2} & x_2^{n-2} & \cdots & x_{n-1}^{n-2}\end{vmatrix}$$

$$=[(-1)^{n+1}(-1)^{n-1}(x_n-x_1)(x_n-x_2)\cdots(x_n-x_{n-1})]D_{n-1}$$

$$=D_{n-1}\prod_{j=1}^{n-1}(x_n-x_j).$$

由归纳法假设,有 $D_{n-1}=\prod\limits_{1\leqslant j<i\leqslant n-1}(x_i-x_j)$,从而

$$D_n=\prod_{j=1}^{n-1}(x_n-x_j)\prod_{1\leqslant j<i\leqslant n-1}(x_i-x_j)=\prod_{1\leqslant j<i\leqslant n}(x_i-x_j).$$

故由归纳法原理,对一切正整数 $n\geqslant 2$ 结论成立.

§1.5 克拉默法则

在§1.1 中,我们曾经讨论过二元一次方程组

$$\begin{cases}a_{11}x_1+a_{12}x_2=b_1,\\ a_{21}x_1+a_{22}x_2=b_2,\end{cases}$$

当系数行列式 $\begin{vmatrix}a_{11} & a_{12}\\ a_{21} & a_{22}\end{vmatrix}\neq 0$ 时,方程组存在唯一解,并且方程组的解可以表示为下列形式:

$$x_1=\frac{\begin{vmatrix}b_1 & a_{12}\\ b_2 & a_{22}\end{vmatrix}}{\begin{vmatrix}a_{11} & a_{12}\\ a_{21} & a_{22}\end{vmatrix}},\quad x_2=\frac{\begin{vmatrix}a_{11} & b_1\\ a_{21} & b_2\end{vmatrix}}{\begin{vmatrix}a_{11} & a_{12}\\ a_{21} & a_{22}\end{vmatrix}}.$$

对于三元一次方程组

$$\begin{cases}a_{11}x_1+a_{12}x_2+a_{13}x_3=b_1,\\ a_{21}x_1+a_{22}x_2+a_{23}x_3=b_2,\\ a_{31}x_1+a_{32}x_2+a_{33}x_3=b_3,\end{cases}$$

当系数行列式 $\begin{vmatrix}a_{11} & a_{12} & a_{13}\\ a_{21} & a_{22} & a_{23}\\ a_{31} & a_{32} & a_{33}\end{vmatrix}\neq 0$ 时,方程组存在唯一解,并且方程组的解可以表示为下列

形式：

$$x_1=\frac{\begin{vmatrix} b_1 & a_{12} & a_{13} \\ b_2 & a_{22} & a_{23} \\ b_3 & a_{32} & a_{33}\end{vmatrix}}{\begin{vmatrix} a_{11} & a_{12} & a_{13} \\ a_{21} & a_{22} & a_{23} \\ a_{31} & a_{32} & a_{33}\end{vmatrix}},\quad x_2=\frac{\begin{vmatrix} a_{11} & b_1 & a_{13} \\ a_{21} & b_2 & a_{23} \\ a_{31} & b_3 & a_{33}\end{vmatrix}}{\begin{vmatrix} a_{11} & a_{12} & a_{13} \\ a_{21} & a_{22} & a_{23} \\ a_{31} & a_{32} & a_{33}\end{vmatrix}},\quad x_1=\frac{\begin{vmatrix} a_{11} & a_{12} & b_1 \\ a_{21} & a_{22} & b_2 \\ a_{31} & a_{32} & b_3\end{vmatrix}}{\begin{vmatrix} a_{11} & a_{12} & a_{13} \\ a_{21} & a_{22} & a_{23} \\ a_{31} & a_{32} & a_{33}\end{vmatrix}}.$$

这一结果可以推广到一般的 n 元一次方程组.

定理 4(克拉默法则) 如果含有 n 个未知数和 n 个方程的 n 元一次方程组

$$\begin{cases} a_{11}x_1+a_{12}x_2+\cdots+a_{1n}x_n=b_1, \\ a_{21}x_1+a_{22}x_2+\cdots+a_{2n}x_n=b_2, \\ \cdots\cdots\cdots\cdots \\ a_{n1}x_1+a_{n2}x_2+\cdots+a_{nn}x_n=b_n \end{cases} \tag{1.1}$$

的系数行列式

$$D=\begin{vmatrix} a_{11} & a_{12} & \cdots & a_{1n} \\ a_{21} & a_{22} & \cdots & a_{2n} \\ \vdots & \vdots & & \vdots \\ a_{n1} & a_{n2} & \cdots & a_{nn}\end{vmatrix}\neq 0.$$

则方程组(1.1)有唯一解,且解为

$$x_j=\frac{D_j}{D}\quad (j=1,2,\cdots,n),$$

其中 D_j 是将系数行列式 D 的第 j 列元素 $a_{1j},a_{2j},\cdots,a_{nj}$ 换成常数项 $b_1,b_2,\cdots,b_n$ 后得到的行列式.

证 我们用行列式的按行按列展开定理证明.

用 $A_{1j},A_{2j},\cdots,A_{nj}$ 依次乘以方程组的第 $1,2,\cdots,n$ 个方程两端,然后将这 n 个方程加到一起得

$$\begin{aligned}&(a_{11}x_1+a_{12}x_2+\cdots+a_{1n}x_n)A_{1j}+(a_{21}x_1+a_{22}x_2+\cdots+a_{2n}x_n)A_{2j} \\ &\quad+\cdots+(a_{n1}x_1+a_{n2}x_2+\cdots+a_{nn}x_n)A_{nj}=b_1A_{1j}+b_2A_{2j}+\cdots+b_nA_{nj}.\end{aligned}$$

按未知数顺序再整理得

$$\begin{aligned}&(a_{11}A_{1j}+a_{21}A_{2j}+\cdots+a_{n1}A_{nj})x_1+\cdots\cdots+(a_{1j}A_{1j}+a_{2j}A_{2j}+\cdots+a_{nj}A_{nj})x_j \\ &\quad+\cdots+(a_{1n}A_{1j}+a_{2n}A_{2j}+\cdots+a_{nn}A_{nj})x_n=b_1A_{1j}+b_2A_{2j}+\cdots+b_nA_{nj}.\end{aligned}$$

由行列式的按行按列展开定理知,x_j 的系数为 D,其他未知数的系数为 0,等号的右端等于 D_j,则方程组为

$$Dx_j=D_j.$$

所以,如果 $D\neq 0$,那么方程组有唯一解,且

$$x_j=\frac{D_j}{D}\quad(j=1,2,\cdots,n).$$ □

例 18 用克拉默法则解线性方程组

$$\begin{cases}x_1-x_2-x_3-2x_4=-1,\\ x_1+x_2-2x_3+x_4=1,\\ x_1+x_2+x_4=2,\\ x_2+x_3-x_4=1.\end{cases}$$

解 方程组的系数行列式

$$D=\begin{vmatrix}1&-1&-1&-2\\1&1&-2&1\\1&1&0&1\\0&1&1&-1\end{vmatrix}=-10\neq 0,$$

所以,方程组有唯一解. 又

$$D_1=\begin{vmatrix}-1&-1&-1&-2\\1&1&-2&1\\2&1&0&1\\1&1&1&-1\end{vmatrix}=-9,\quad D_2=\begin{vmatrix}1&-1&-1&-2\\1&1&-2&1\\1&2&0&1\\0&1&1&-1\end{vmatrix}=-8,$$

$$D_3=\begin{vmatrix}1&-1&-1&-2\\1&1&1&1\\1&1&2&1\\0&1&1&-1\end{vmatrix}=-5,\quad D_4=\begin{vmatrix}1&-1&-1&-1\\1&1&-2&1\\1&1&0&2\\0&1&1&1\end{vmatrix}=-3,$$

所以,方程组的解为 $x_j=\dfrac{D_j}{D}(j=1,2,3,4)$,即

$$x_1=\frac{9}{10},\quad x_2=\frac{4}{5},\quad x_3=\frac{1}{2},\quad x_4=\frac{3}{10}.$$

习 题 1

1. 计算下列二阶、三阶行列式:

(1) $\begin{vmatrix}\cos\alpha&-\sin\alpha\\ \sin\alpha&\cos\alpha\end{vmatrix}$;　　(2) $\begin{vmatrix}2&0&1\\1&-4&-1\\-1&8&3\end{vmatrix}$;

(3) $\begin{vmatrix} a & b & c \\ b & c & a \\ c & a & b \end{vmatrix}$；　　(4) $\begin{vmatrix} 1 & 1 & 1 \\ a & b & c \\ a^2 & b^2 & c^2 \end{vmatrix}$.

2. 解下列方程：

(1) $\begin{vmatrix} x & x & 2 \\ 0 & -1 & 1 \\ 1 & 2 & x \end{vmatrix}=0$；　　(2) $\begin{vmatrix} x+1 & -1 & 0 \\ 4 & x-3 & 0 \\ -1 & 0 & x-2 \end{vmatrix}=0$.

3. 求下列各排列的逆序数：

(1) 1　3　4　2；

(2) 3　5　4　2　1；

(3) n　$n-1$　$n-2$　…　3　2　1；

(4) 1　3　…　$2n-1$　$2n$　$2n-2$　…　2.

4. 确定 i,j 的值，使 7 级排列 $1i57j43$ 为奇排列.

5. 写出四阶行列式中含有因子 $a_{11}a_{23}$ 的项，并确定每一项的符号.

6. 利用行列式的定义计算下列行列式：

(1) $\begin{vmatrix} 0 & 0 & 0 & 4 \\ 0 & 0 & 4 & 3 \\ 0 & 4 & 3 & 2 \\ 4 & 3 & 2 & 1 \end{vmatrix}$；　　(2) $\begin{vmatrix} a & 0 & 0 & b \\ 0 & c & d & 0 \\ 0 & e & f & 0 \\ g & 0 & 0 & h \end{vmatrix}$；

(3) $\begin{vmatrix} 0 & 0 & \cdots & 0 & 1 & 0 \\ 0 & 0 & \cdots & 2 & 0 & 0 \\ \vdots & \vdots & & \vdots & \vdots & \vdots \\ 0 & 8 & \cdots & 0 & 0 & 0 \\ 9 & 0 & \cdots & 0 & 0 & 0 \\ 0 & 0 & \cdots & 0 & 0 & 10 \end{vmatrix}$；　　(4) $\begin{vmatrix} 1 & 2 & 0 & 0 \\ 3 & 4 & 0 & 0 \\ 0 & 0 & 1 & 1 \\ 0 & 0 & 2 & 1 \end{vmatrix}$.

7. 利用行列式的性质计算下列行列式：

(1) $\begin{vmatrix} 2015 & 2115 \\ 2017 & 2117 \end{vmatrix}$；　　(2) $\begin{vmatrix} 1 & 1 & 1 & 1 \\ 1 & -1 & 1 & 1 \\ 1 & 1 & -1 & 1 \\ 1 & 1 & 1 & -1 \end{vmatrix}$；

(3) $\begin{vmatrix} -ab & ac & ae \\ bd & -cd & de \\ bf & cf & -ef \end{vmatrix}$；　　(4) $\begin{vmatrix} 3 & 1 & 1 & 1 \\ 1 & 3 & 1 & 1 \\ 1 & 1 & 3 & 1 \\ 1 & 1 & 1 & 3 \end{vmatrix}$.

8. 证明下列等式：

(1) $\begin{vmatrix} a^2 & ab & b^2 \\ 2a & a+b & 2b \\ 1 & 1 & 1 \end{vmatrix}=(a-b)^3$；

(2) $\begin{vmatrix} b_1+c_1 & c_1+a_1 & a_1+b_1 \\ b_2+c_2 & c_2+a_2 & a_2+b_2 \\ b_3+c_3 & c_3+a_3 & a_3+b_3 \end{vmatrix}=2\begin{vmatrix} a_1 & b_1 & c_1 \\ a_2 & b_2 & c_2 \\ a_3 & b_3 & c_3 \end{vmatrix}$.

9. 计算下列行列式：

(1) $\begin{vmatrix} x-a & a & \cdots & a \\ a & x-a & \cdots & a \\ \vdots & \vdots & & \vdots \\ a & a & \cdots & x-a \end{vmatrix}$；

(2) $\begin{vmatrix} a_0 & 1 & 1 & \cdots & 1 & 1 \\ 1 & a_1 & 0 & \cdots & 0 & 0 \\ 1 & 0 & a_2 & \cdots & 0 & 0 \\ \vdots & \vdots & \vdots & & \vdots & \vdots \\ 1 & 0 & 0 & \cdots & a_{n-1} & 0 \\ 1 & 0 & 0 & \cdots & 0 & a_n \end{vmatrix}$ $(a_1a_2\cdots a_n\neq 0)$；

(3) $\begin{vmatrix} -a_1 & a_1 & 0 & \cdots & 0 & 0 \\ 0 & -a_2 & a_2 & \cdots & 0 & 0 \\ \vdots & \vdots & \vdots & & \vdots & \vdots \\ 0 & 0 & 0 & \cdots & -a_{n-1} & a_{n-1} \\ 1 & 1 & 1 & \cdots & 1 & 1 \end{vmatrix}$；

(4) $\begin{vmatrix} 1 & 2 & 3 & \cdots & n-1 & n \\ 1 & -1 & 0 & \cdots & 0 & 0 \\ 0 & 2 & -2 & \cdots & 0 & 0 \\ \vdots & \vdots & \vdots & & \vdots & \vdots \\ 0 & 0 & 0 & \cdots & -(n-2) & 0 \\ 0 & 0 & 0 & \cdots & n-1 & -(n-1) \end{vmatrix}$.

10. 按行(列)展开计算下列行列式：

(1) $\begin{vmatrix} a+b & ab & 0 & \cdots & 0 & 0 \\ 1 & a+b & ab & \cdots & 0 & 0 \\ 0 & 1 & a+b & \cdots & 0 & 0 \\ \vdots & \vdots & \vdots & & \vdots & \vdots \\ 0 & 0 & 0 & \cdots & a+b & ab \\ 0 & 0 & 0 & \cdots & 1 & a+b \end{vmatrix}$;

(2) $D_{2n}=\begin{vmatrix} a_n & & & & & b_n \\ & \ddots & & & \iddots & \\ & & a_1 & b_1 & & \\ & & c_1 & d_1 & & \\ & \iddots & & & \ddots & \\ c_n & & & & & d_n \end{vmatrix}$.

11. 设 $D=\begin{vmatrix} 1 & 3 & -1 & 0 \\ 1 & 0 & -1 & 2 \\ 1 & 2 & 1 & 0 \\ 1 & -3 & 4 & 3 \end{vmatrix}$,求 $A_{13}+A_{23}+A_{33}+A_{43}$.

12. 用克拉默法则解下列方程组:

(1) $\begin{cases} 2x_1 - x_2 - x_3 = 1, \\ 3x_1 + 4x_2 - 2x_3 = 1, \\ 3x_1 - 2x_2 + 4x_3 = 2; \end{cases}$

(2) $\begin{cases} ax_1 + ax_2 + bx_3 = 1, \\ ax_1 + bx_2 + ax_3 = 1, \\ bx_1 + ax_2 + ax_3 = 1 \end{cases}$ $\left(a\neq b, a\neq -\dfrac{b}{2}\right)$.

自 测 题 1

一、填空题

1. 设 $f(x)=\begin{vmatrix} x & 1 & 2 \\ 1 & 1 & x \\ 3 & 2 & 1 \end{vmatrix}$,则 $f(x)$ 一次项的系数为________.

2. 五阶行列式中项 $a_{23}a_{42}a_{55}a_{14}a_{31}$ 的符号是________.

3. 设 $D=\begin{vmatrix} 1 & -1 & 2 \\ 1 & 2 & 3 \\ 0 & 1 & -1 \end{vmatrix}$,那么 $M_{23}=$________,$A_{23}=$________.

4. 设 a,b,c 两两互不相同，则 $\begin{vmatrix} b+c & c+a & a+b \\ a & b & c \\ a^2 & b^2 & c^2 \end{vmatrix}=0$ 的充分必要条件是________.

5. 行列式 $\begin{vmatrix} a_{11} & a_{12} & a_{13} \\ a_{21} & a_{22} & a_{23} \\ a_{31} & a_{32} & a_{33} \end{vmatrix}=k$，那么 $\begin{vmatrix} 2a_{11} & 2a_{12} & 2a_{13} \\ 3a_{21} & 3a_{22} & 3a_{23} \\ a_{31} & a_{32} & a_{33} \end{vmatrix}=$________.

二、选择题

1. n 阶行列式 D 的值非零的必要条件是(　　).

A. D 的所有元素非零；

B. D 至少有 n 个元素非零；

C. D 的任意两行元素之间不成比例；

D. D 的主对角线上的元素不全为零.

2. 下列行列式的值为零的是(　　).

A. $\begin{vmatrix} 3 & 2 & 1 \\ -3 & 2 & 1 \\ 0 & 0 & 1 \end{vmatrix}$；　B. $\begin{vmatrix} 0 & 0 & 3 \\ 0 & -1 & 0 \\ 1 & 3 & 0 \end{vmatrix}$；　C. $\begin{vmatrix} 0 & -1 & 0 \\ 3 & 0 & 0 \\ 0 & 0 & 1 \end{vmatrix}$；　D. $\begin{vmatrix} 3 & -1 & 6 \\ 2 & 2 & 4 \\ 1 & 6 & 2 \end{vmatrix}$.

3. 以下乘积中(　　)是 4 阶行列式 $D=|a_{ij}|$ 中取负号的项.

A. $a_{11}a_{23}a_{33}a_{44}$；　B. $a_{14}a_{23}a_{31}a_{42}$；　C. $a_{12}a_{23}a_{31}a_{44}$；　D. $a_{23}a_{41}a_{32}a_{11}$.

4. 行列式 $\begin{vmatrix} 4 & 1 & 0 \\ 3 & -2 & a \\ 6 & 5 & -7 \end{vmatrix}$ 中，元素 a 的代数余子式是(　　).

A. $\begin{vmatrix} 4 & 0 \\ 6 & -7 \end{vmatrix}$；　B. $\begin{vmatrix} 4 & 1 \\ 6 & 5 \end{vmatrix}$；　C. $-\begin{vmatrix} 4 & 0 \\ 6 & -7 \end{vmatrix}$；　D. $-\begin{vmatrix} 4 & 1 \\ 6 & 5 \end{vmatrix}$.

5. 行列式 $\begin{vmatrix} 1 & 1 & 1 \\ 1 & 2 & 3 \\ 1 & 4 & 9 \end{vmatrix}$ 的余子式 $M_{21}+M_{22}+M_{23}$ 的值为________.

A. 16；　B. 3；　C. -3；　D. -16.

三、解答题

计算下列行列式：

(1) $D_4=\begin{vmatrix} b_1 & b_2 & b_3 & b_4 \\ -a_1 & a_2 & 0 & 0 \\ 0 & -a_2 & a_3 & 0 \\ 0 & 0 & -a_3 & a_4 \end{vmatrix}$；

(2) $\begin{vmatrix} x & -1 & 0 & \cdots & 0 & 0 \\ 0 & x & -1 & \cdots & 0 & 0 \\ \vdots & \vdots & \vdots & & \vdots & \vdots \\ 0 & 0 & 0 & \cdots & x & -1 \\ a_n & a_{n-1} & a_{n-2} & \cdots & a_2 & x+a_1 \end{vmatrix}$；

(3) $\begin{vmatrix} a & 0 & 0 & \cdots & 0 & 1 \\ 0 & a & 0 & \cdots & 0 & 0 \\ 0 & 0 & a & \cdots & 0 & 0 \\ \vdots & \vdots & \vdots & & \vdots & \vdots \\ 0 & 0 & 0 & \cdots & a & 0 \\ 1 & 0 & 0 & \cdots & 0 & a \end{vmatrix}$；

(4) $\begin{vmatrix} 1 & x_2 & \cdots & x_n \\ x_2 & 1 & \cdots & 0 \\ \vdots & \vdots & & \vdots \\ x_n & 0 & \cdots & 1 \end{vmatrix}$.

四、求实数 x, y **的值，使** $\begin{vmatrix} 1+x & 1 & 1 & 1 \\ 1 & 1-x & 1 & 1 \\ 1 & 1 & 1+y & 1 \\ 1 & 1 & 1 & 1-y \end{vmatrix}=0$.

五、当 λ **为何值时方程组** $\begin{cases} (1+\lambda)x_1+x_2+x_3=1, \\ x_1+(1+\lambda)x_2+x_3=\lambda, \\ x_1+x_2+(1+\lambda)x_3=\lambda^2 \end{cases}$ 有唯一解？

第 2 章 矩阵

矩阵在各学科中都有着十分广泛的应用，并且大多数线性代数问题都可以用矩阵来描述，并借助矩阵的运算来解决. 因此，矩阵是线性代数的主要研究对象之一，也是研究线性代数问题的一个重要工具.

矩阵作为解方程组的工具在《九章算术》中就有体现，但是矩阵的概念是 19 世纪由英格兰数学家西尔维斯特在解线性方程时最早提出的，而英国数学家凯莱被认为是矩阵理论的奠基人. 现在矩阵已由最初的一种工具发展为一门独立数学分支——矩阵论.

在这一章里，我们将介绍矩阵的定义、矩阵的运算、可逆矩阵、矩阵的初等变换、分块矩阵等关于矩阵的基本理论. 这些内容是学习后续知识的重要基础.

§2.1 矩阵的概念

在生活中许多方面都涉及矩阵的概念. 下面我们先看几个例子.

例 1 设四种食品在三家超市中价格不同，可以用一个表格表示为

	甲	乙	丙	丁
A	2	5	9	12
B	3	4	8	10
C	2	5	10	13

其中甲、乙、丙、丁表示食品，A，B，C 表示三个超市，从表中很快可以查出每一种食品在不同超市的价格. 为了研究的方便常常将以上表格简单表示为

$$\begin{pmatrix} 2 & 5 & 9 & 12 \\ 3 & 4 & 8 & 10 \\ 2 & 5 & 10 & 13 \end{pmatrix}.$$

例 2 四个城市间的单向航线如图所示

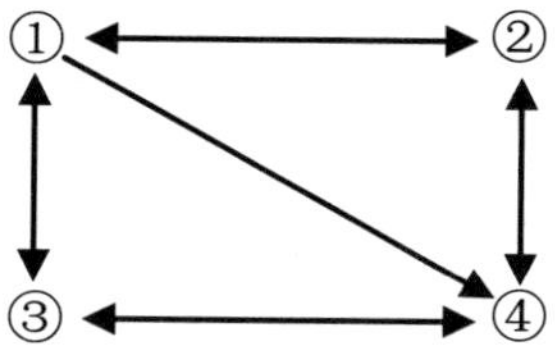

若令

$$a_{ij}=\begin{cases}1, & \text{从 } i \text{ 市到 } j \text{ 市有一条单向航线}, \\ 0, & \text{从 } i \text{ 市到 } j \text{ 市没有航线},\end{cases}$$

那么图可以用表格表示为

$$\begin{pmatrix} a_{11} & a_{12} & a_{13} & a_{14} \\ a_{21} & a_{22} & a_{23} & a_{24} \\ a_{31} & a_{32} & a_{33} & a_{34} \\ a_{41} & a_{42} & a_{43} & a_{44} \end{pmatrix}=\begin{pmatrix} 0 & 1 & 1 & 1 \\ 1 & 0 & 0 & 1 \\ 1 & 0 & 0 & 1 \\ 0 & 1 & 1 & 0 \end{pmatrix}.$$

许多问题都可以表示成一个这样的表格，这就是我们要介绍的矩阵，

一、矩阵的定义

定义 1 由 $m\times n$ 个数 $a_{ij}(i=1,2,\cdots,m,j=1,2,\cdots,n)$ 排成的一个 m 行 n 列的数表

$$\begin{pmatrix} a_{11} & a_{12} & \cdots & a_{1n} \\ a_{21} & a_{22} & \cdots & a_{2n} \\ \vdots & \vdots & & \vdots \\ a_{m1} & a_{m2} & \cdots & a_{mn} \end{pmatrix}$$

称为一个 $m\times n$ **矩阵**，其中 a_{ij} 称为矩阵的第 i 行第 j 列的元素.

通常用大写的英文字母 $\boldsymbol{A},\boldsymbol{B},\boldsymbol{C}$ 等表示矩阵. 有时为了指明矩阵的行数和列数，也可以将 m 行 n 列的矩阵记作 $\boldsymbol{A}_{m\times n}$ 或 $\boldsymbol{A}=(a_{ij})_{m\times n}$.

元素都是实数的矩阵称为**实矩阵**，元素都是复数的矩阵称为**复矩阵**. 本书中的矩阵基本都是实矩阵.

元素全为零的 $m\times n$ 矩阵称为**零矩阵**，记作 $\boldsymbol{O}_{m\times n}$，或简记作 $\boldsymbol{O}$.

当 $m=1$ 时，称矩阵 $\boldsymbol{\alpha}=(a_1,a_2,\cdots,a_n)$ 为**行矩阵**；当 $n=1$ 时，称矩阵 $\boldsymbol{\beta}=\begin{pmatrix} b_1 \\ b_2 \\ \vdots \\ b_n \end{pmatrix}$ 为**列矩阵**.

当 $m=n$ 时，称 $\boldsymbol{A}=\boldsymbol{A}_{n\times n}=(a_{ij})_{n\times n}$ 为 n **阶矩阵**或 n **阶方阵**，此时将 $\boldsymbol{A}_{n\times n}$ 记为 $\boldsymbol{A}_n$.

二、几种特殊的方阵

方阵中从左上角到右下角的对角线称为**主对角线**.

1. 上三角形矩阵与下三角形矩阵

形如

$$\begin{pmatrix} a_{11} & a_{12} & \cdots & a_{1n} \\ 0 & a_{22} & \cdots & a_{2n} \\ \vdots & \vdots & & \vdots \\ 0 & 0 & \cdots & a_{nn} \end{pmatrix}$$

的矩阵，即主对角线左下方的元素全为零的 n 阶矩阵，称为**上三角形矩阵**. 类似地，主对角线右上方的元素全为零的 n 阶矩阵

$$\begin{pmatrix} a_{11} & 0 & \cdots & 0 \\ a_{21} & a_{22} & \cdots & 0 \\ \vdots & \vdots & & \vdots \\ a_{n1} & a_{n2} & \cdots & a_{nn} \end{pmatrix}$$

称为**下三角形矩阵**.

2. 对角矩阵

形如

$$\begin{pmatrix} a_{11} & 0 & \cdots & 0 \\ 0 & a_{22} & \cdots & 0 \\ \vdots & \vdots & & \vdots \\ 0 & 0 & \cdots & a_{nn} \end{pmatrix}$$

的 n 阶矩阵，称为**对角矩阵**，主对角线以外的元素 $a_{ij}(i\neq j)$ 全为零的 n 阶矩阵. 对角矩阵可以记作

$$\mathrm{diag}(a_{11},a_{22},\cdots,a_{nn}).$$

例如
$$\mathrm{diag}(1,2,3)=\begin{pmatrix} 1 & 0 & 0 \\ 0 & 2 & 0 \\ 0 & 0 & 3 \end{pmatrix}.$$

3. 数量矩阵

主对角线上的元素都相同的对角矩阵称为**数量矩阵**，即

$$\mathrm{diag}(a,a,\cdots,a)=\begin{pmatrix} a & 0 & \cdots & 0 \\ 0 & a & \cdots & 0 \\ \vdots & \vdots & & \vdots \\ 0 & 0 & \cdots & a \end{pmatrix}.$$

4. 单位矩阵

如果 n 阶数量矩阵中主对角线上的元素 $a=1$，则称此矩阵为 n **阶单位矩阵**，记作 $\boldsymbol{E}_n$，或简记为 $\boldsymbol{E}$，即

$$\boldsymbol{E}=\begin{pmatrix} 1 & 0 & \cdots & 0 \\ 0 & 1 & \cdots & 0 \\ \vdots & \vdots & & \vdots \\ 0 & 0 & \cdots & 1 \end{pmatrix}.$$

5. 对称矩阵

如果 n 阶矩阵 $\boldsymbol{A}=(a_{ij})$ 满足 $a_{ij}=a_{ji}(i=1,2,\cdots,n;j=1,2,\cdots,n)$，则称 $\boldsymbol{A}$ 为**对称矩阵**. 例如

$$\boldsymbol{A}=\begin{pmatrix} 2 & 2 & -2 \\ 2 & 5 & -4 \\ -2 & -4 & 5 \end{pmatrix}.$$

如果 n 阶矩阵 $\boldsymbol{A}=(a_{ij})$ 满足 $a_{ij}=-a_{ji}(i=1,2,\cdots,n;j=1,2,\cdots,n)$，则称 $\boldsymbol{A}$ 为**反对称矩阵**. 例如

$$\boldsymbol{A}=\begin{pmatrix} 0 & 1 & -2 \\ -1 & 0 & 6 \\ 2 & -6 & 0 \end{pmatrix}.$$

§ 2.2　矩阵的运算

一、矩阵的相等

定义 2　如果两个矩阵行数相等，列数也相等，则称这两个矩阵是**同型矩阵**.

定义 3　如果两个同型矩阵 $\boldsymbol{A}=(a_{ij})_{m\times n}$ 与 $\boldsymbol{B}=(b_{ij})_{m\times n}$ 的对应元素相等，即 $a_{ij}=b_{ij}(i=1,2,\cdots,m;j=1,2,\cdots,n)$，则称这两个矩阵**相等**，记作 $\boldsymbol{A}=\boldsymbol{B}$.

二、矩阵的加法

定义 4　设 $\boldsymbol{A}=(a_{ij})_{m\times n}$，$\boldsymbol{B}=(b_{ij})_{m\times n}$，$\boldsymbol{A}$ 与 $\boldsymbol{B}$ 的和记为 $\boldsymbol{A}+\boldsymbol{B}$，并规定

$$\boldsymbol{A}+\boldsymbol{B}=(a_{ij}+b_{ij})_{m\times n}=\begin{pmatrix} a_{11}+b_{11} & a_{12}+b_{12} & \cdots & a_{1n}+b_{1n} \\ a_{21}+b_{21} & a_{22}+b_{22} & \cdots & a_{2n}+b_{2n} \\ \vdots & \vdots & & \vdots \\ a_{m1}+b_{m1} & a_{m2}+b_{m2} & \cdots & a_{mn}+b_{mn} \end{pmatrix}.$$

注 只有同型矩阵之间才能相加.

由加法定义可以直接验证,矩阵的加法满足以下四条运算性质:

(1) 交换律:$\boldsymbol{A}+\boldsymbol{B}=\boldsymbol{B}+\boldsymbol{A}$;

(2) 结合律:$(\boldsymbol{A}+\boldsymbol{B})+\boldsymbol{C}=\boldsymbol{A}+(\boldsymbol{B}+\boldsymbol{C})$;

(3) $\boldsymbol{A}+\boldsymbol{O}=\boldsymbol{O}+\boldsymbol{A}$;

(4) 设 $\boldsymbol{A}=(a_{ij})_{m\times n}$,称矩阵

$$\begin{pmatrix} -a_{11} & -a_{12} & \cdots & -a_{1n} \\ -a_{21} & -a_{22} & \cdots & -a_{2n} \\ \vdots & \vdots & & \vdots \\ -a_{m1} & -a_{m2} & \cdots & -a_{mn} \end{pmatrix}$$

为 $\boldsymbol{A}$ 的**负矩阵**,记作 $-\boldsymbol{A}$. 显然有

$$\boldsymbol{A}+(-\boldsymbol{A})=(-\boldsymbol{A})+\boldsymbol{A}=\boldsymbol{O}.$$

由此可定义矩阵的减法

$$\boldsymbol{A}-\boldsymbol{B}=\boldsymbol{A}+(-\boldsymbol{B}).$$

上述各式中 $\boldsymbol{A},\boldsymbol{B},\boldsymbol{C}$ 均为 $m\times n$ 矩阵,$\boldsymbol{O}$ 为 $m\times n$ 零矩阵.

三、数与矩阵的乘积

定义 5 数 k 与矩阵 $\boldsymbol{A}=(a_{ij})_{m\times n}$ 的**乘积**记作 $k\boldsymbol{A}$,规定为

$$k\boldsymbol{A}=(ka_{ij})_{m\times n}=\begin{pmatrix} ka_{11} & ka_{12} & \cdots & ka_{1n} \\ ka_{21} & ka_{22} & \cdots & ka_{2n} \\ \vdots & \vdots & & \vdots \\ ka_{m1} & ka_{m2} & \cdots & ka_{mn} \end{pmatrix}.$$

由数与矩阵乘积的定义可以直接验证数与矩阵的乘法具有以下运算性质:

设 $\boldsymbol{A},\boldsymbol{B}$ 为数域 F 上的 $m\times n$ 矩阵,$k,l\in F$,则

(1) $k(\boldsymbol{A}+\boldsymbol{B})=k\boldsymbol{A}+k\boldsymbol{B}$;

(2) $(k+l)\boldsymbol{A}=k\boldsymbol{A}+l\boldsymbol{A}$;

(3) $k(l\boldsymbol{A})=(kl)\boldsymbol{A}$;

(4) $1\cdot\boldsymbol{A}=\boldsymbol{A}$;

注 (1) $\boldsymbol{A}$ 的负矩阵 $-\boldsymbol{A}$ 也可以看作是用 -1 乘以 $\boldsymbol{A}$,即 $-\boldsymbol{A}=(-1)\boldsymbol{A}$;

(2) 当矩阵 $\boldsymbol{A}$ 的所有的元素都有公因子 k 时,可将 k 提到矩阵外面.

例如 $\begin{pmatrix} 2 & 4 \\ 0 & -6 \end{pmatrix}=2\begin{pmatrix} 1 & 2 \\ 0 & -3 \end{pmatrix}$,数量矩阵 $\mathrm{diag}(a,a,\cdots,a)=a\boldsymbol{E}$.

例 3 设 $\boldsymbol{A}=\begin{pmatrix} 2 & 0 & -1 \\ 3 & 1 & -2 \end{pmatrix}$,$\boldsymbol{B}=\begin{pmatrix} -1 & 1 & 2 \\ -2 & 1 & 5 \end{pmatrix}$,求 $\boldsymbol{A}+\boldsymbol{B}$,$2\boldsymbol{A}-3\boldsymbol{B}$.

解 由矩阵加法的运算性质,有

$$\boldsymbol{A}+\boldsymbol{B}=\begin{pmatrix} 2+(-1) & 0+1 & -1+2 \\ 3+(-2) & 1+1 & -2+5 \end{pmatrix}=\begin{pmatrix} 1 & 1 & 1 \\ 1 & 2 & 3 \end{pmatrix},$$

$$2\boldsymbol{A}-3\boldsymbol{B}=\begin{pmatrix} 4 & 0 & -2 \\ 6 & 2 & -4 \end{pmatrix}-\begin{pmatrix} -3 & 3 & 6 \\ -6 & 3 & 15 \end{pmatrix}=\begin{pmatrix} 7 & -3 & -8 \\ 12 & -1 & -19 \end{pmatrix}.$$

例 4 设 $\boldsymbol{A}=\begin{pmatrix} 1 & -2 & 0 \\ 4 & 3 & 5 \end{pmatrix}$, $\boldsymbol{B}=\begin{pmatrix} 8 & 2 & 6 \\ 5 & 3 & 4 \end{pmatrix}$满足 $2\boldsymbol{A}+\boldsymbol{X}=\boldsymbol{B}-2\boldsymbol{X}$, 求 $\boldsymbol{X}$.

解 由矩阵加法的运算性质,有

$$\boldsymbol{X}=\frac{1}{3}(\boldsymbol{B}-2\boldsymbol{A})=\frac{1}{3}\begin{pmatrix} 6 & 6 & 6 \\ -3 & -3 & -6 \end{pmatrix}=\begin{pmatrix} 2 & 2 & 2 \\ -1 & -1 & -2 \end{pmatrix}.$$

四、矩阵的乘法

在给出矩阵乘法的定义之前,先看下面的例题:

引例 某工厂生产三种产品,每种产品每件所需的生产成本和每一季度每一种产品的产量由下面表格给出,求出各个季度所需各类成本的情况表.

表 一

成本 \ 产品	产品一	产品二	产品三
原材料	a_{11}	a_{12}	a_{13}
劳动力	a_{21}	a_{22}	a_{23}

表 二

产量 \ 季节	春	夏	秋	冬
产品一	b_{11}	b_{12}	b_{13}	b_{14}
产品二	b_{21}	b_{22}	b_{23}	b_{24}
产品三	b_{31}	b_{32}	b_{33}	b_{34}

解　依题意，每一季节所需成本如表三所示

表　三

季节 / 成本	春	夏	秋	冬
原材料	$a_{11}b_{11}+a_{12}b_{21}+a_{13}b_{31}$	$a_{11}b_{12}+a_{12}b_{22}+a_{13}b_{32}$	$a_{11}b_{13}+a_{12}b_{23}+a_{13}b_{33}$	$a_{11}b_{14}+a_{12}b_{24}+a_{13}b_{34}$
劳动力	$a_{21}b_{11}+a_{22}b_{21}+a_{23}b_{31}$	$a_{21}b_{12}+a_{22}b_{22}+a_{23}b_{32}$	$a_{21}b_{13}+a_{22}b_{23}+a_{23}b_{33}$	$a_{21}b_{14}+a_{22}b_{24}+a_{23}b_{34}$

如果用矩阵 $\boldsymbol{A}$,$\boldsymbol{B}$,$\boldsymbol{C}$ 分别表示表一、表二、表三中的数据，则

$$\boldsymbol{A}=\begin{pmatrix} a_{11} & a_{12} & a_{13} \\ a_{21} & a_{22} & a_{23} \end{pmatrix},\quad \boldsymbol{B}=\begin{pmatrix} b_{11} & b_{12} & b_{13} & b_{14} \\ b_{21} & b_{22} & b_{23} & b_{24} \\ b_{31} & b_{32} & b_{33} & b_{34} \end{pmatrix},$$

$$\boldsymbol{C}=\begin{pmatrix} a_{11}b_{11}+a_{12}b_{21}+a_{13}b_{31} & a_{11}b_{12}+a_{12}b_{22}+a_{13}b_{32} \\ a_{11}b_{13}+a_{12}b_{23}+a_{13}b_{33} & a_{11}b_{14}+a_{12}b_{24}+a_{13}b_{34} \\ a_{21}b_{11}+a_{22}b_{21}+a_{23}b_{31} & a_{21}b_{12}+a_{22}b_{22}+a_{23}b_{32} \\ a_{21}b_{13}+a_{22}b_{23}+a_{23}b_{33} & a_{21}b_{14}+a_{22}b_{24}+a_{23}b_{34} \end{pmatrix}.$$

三个矩阵之间存在如下关系：矩阵 $\boldsymbol{C}$ 完全由矩阵 $\boldsymbol{A}$ 和 $\boldsymbol{B}$ 确定，$\boldsymbol{C}$ 的第 i 行第 j 列元素由 $\boldsymbol{A}$ 的第 i 行每一个元素与 $\boldsymbol{B}$ 的第 j 列对应元素相乘后再相加得到.

下面给出矩阵乘法的定义：

定义 6　设矩阵设 $\boldsymbol{A}=(a_{ij})_{m\times s}$,$\boldsymbol{B}=(b_{ij})_{s\times n}$，记

$$c_{ij}=a_{i1}b_{1j}+a_{i2}b_{2j}+\cdots+a_{is}b_{sj}=\sum_{k=1}^{s}a_{ik}b_{kj}\quad(i=1,2,\cdots,m,j=1,2,\cdots,n).$$

以 c_{ij} 为元素构成的矩阵 $\boldsymbol{C}=(c_{ij})_{m\times n}$ 称为矩阵 $\boldsymbol{A}$ 与 $\boldsymbol{B}$ 的**乘积**，记作 $\boldsymbol{C}=\boldsymbol{AB}$.

由矩阵的乘法定义可以看出，矩阵 $\boldsymbol{A}$ 与 $\boldsymbol{B}$ 的乘积 $\boldsymbol{C}$ 的第 i 行第 j 列元素 c_{ij} 等于第一个矩阵 $\boldsymbol{A}$ 的第 i 行与第二个矩阵 $\boldsymbol{B}$ 的第 j 列的对应元素乘积之和.

例 5　$\boldsymbol{A}=\begin{pmatrix} 3 & -1 \\ 0 & 3 \\ 1 & 0 \end{pmatrix}$,$\boldsymbol{B}=\begin{pmatrix} 1 & 0 & 1 & -1 \\ 0 & 2 & 1 & 0 \end{pmatrix}$，求 $\boldsymbol{AB}$.

解　根据矩阵乘法的定义，有

$$\boldsymbol{AB}=\begin{pmatrix} 3\times1+(-1)\times0 & 3\times0+(-1)\times2 & 3\times1+(-1)\times1 & 3\times(-1)+(-1)\times0 \\ 0\times1+3\times0 & 0\times0+3\times2 & 0\times1+3\times1 & 0\times(-1)+3\times0 \\ 1\times1+0\times0 & 1\times0+0\times2 & 1\times1+0\times1 & 1\times(-1)+0\times0 \end{pmatrix}$$

$$=\begin{pmatrix}3&-2&2&-3\\0&6&3&0\\1&0&1&-1\end{pmatrix}.$$

例 6 $\boldsymbol{A}=\begin{pmatrix}1&2\\1&2\end{pmatrix}$, $\boldsymbol{B}=\begin{pmatrix}1&-1\\-1&1\end{pmatrix}$,求 $\boldsymbol{AB}$ 和 $\boldsymbol{BA}$.

解 根据矩阵乘法的定义,有

$$\boldsymbol{AB}=\begin{pmatrix}1&2\\1&2\end{pmatrix}\begin{pmatrix}1&-1\\-1&1\end{pmatrix}=\begin{pmatrix}-1&1\\-1&1\end{pmatrix},$$

$$\boldsymbol{BA}=\begin{pmatrix}1&-1\\-1&1\end{pmatrix}\begin{pmatrix}1&2\\1&2\end{pmatrix}=\begin{pmatrix}0&0\\0&0\end{pmatrix}.$$

例 7 $\boldsymbol{A}=(1,2,3)$,$\boldsymbol{B}=\begin{pmatrix}1\\2\\1\end{pmatrix}$,求 $\boldsymbol{AB}$,$\boldsymbol{BA}$.

解 根据矩阵乘法的定义,有

$$\boldsymbol{AB}=(1,2,3)\begin{pmatrix}1\\2\\1\end{pmatrix}=8,$$

$$\boldsymbol{BA}=\begin{pmatrix}1\\2\\1\end{pmatrix}(1,2,3)=\begin{pmatrix}1&2&3\\2&4&6\\1&2&3\end{pmatrix}.$$

对于矩阵的乘法需注意以下几点:

(1) 只有第一个矩阵 $\boldsymbol{A}$ 的列数与第二个矩阵 $\boldsymbol{B}$ 的行数相同时,$\boldsymbol{AB}$ 才有意义.

(2) 一般来说 $\boldsymbol{AB}\neq\boldsymbol{BA}$,即矩阵的乘法不满足交换律,有时 $\boldsymbol{AB}$ 有意义但 $\boldsymbol{BA}$ 未必有意义,即使 $\boldsymbol{BA}$ 有意义也不一定和 $\boldsymbol{AB}$ 相等,比如例 6,例 7.

(3) 两个非零矩阵相乘可能等于零矩阵,比如例 6.

(4) 如果 $\boldsymbol{AB}$,$\boldsymbol{AC}$ 都有意义且 $\boldsymbol{AB}=\boldsymbol{AC}$,未必有 $\boldsymbol{B}=\boldsymbol{C}$.

由矩阵的乘法定义可以证明矩阵的乘法满足以下运算性质:

(1) 结合律:$\boldsymbol{A}(\boldsymbol{BC})=(\boldsymbol{AB})\boldsymbol{C}$.

(2) 分配律:$\boldsymbol{A}(\boldsymbol{B}+\boldsymbol{C})=\boldsymbol{AB}+\boldsymbol{AC}$,$(\boldsymbol{B}+\boldsymbol{C})\boldsymbol{A}=\boldsymbol{BA}+\boldsymbol{CA}$.

(3) $k(\boldsymbol{AB})=(k\boldsymbol{A})\boldsymbol{B}=\boldsymbol{A}(k\boldsymbol{B})$.

以上矩阵乘法假设都有意义.

(4) $\boldsymbol{E}_m\times\boldsymbol{A}_{m\times n}=\boldsymbol{A}_{m\times n}$,$\boldsymbol{A}_{m\times n}\times\boldsymbol{E}_n=\boldsymbol{A}_{m\times n}$.

单位矩阵 $\boldsymbol{E}$ 在矩阵乘法中的地位类似与 1 在数的乘法中的作用.

五、方阵的幂

由矩阵乘法满足结合律,可得到方阵的幂.

定义 7 设 $\boldsymbol{A}$ 为 n 阶矩阵,对于正整数 k,定义

$$\boldsymbol{A}^k = \underbrace{\boldsymbol{A}\boldsymbol{A}\cdots\boldsymbol{A}}_{k\text{个}}.$$

同时规定

$$\boldsymbol{A}^0 = \boldsymbol{E}.$$

根据方阵幂的定义,方阵的幂有以下性质:

设 k,l 为任意非负整数,则有

(1) $\boldsymbol{A}^k\boldsymbol{A}^l = \boldsymbol{A}^{k+l}$;

(2) $(\boldsymbol{A}^k)^l = \boldsymbol{A}^{kl}$.

注 (1) 由于矩阵乘法一般不满足交换律,因此 $(\boldsymbol{AB})^k$ 一般不等于 $\boldsymbol{A}^k\boldsymbol{B}^k (k>1)$. 此外,如果 $\boldsymbol{A}^k = \boldsymbol{O}(k>1)$,也不一定有 $\boldsymbol{A}=\boldsymbol{O}$. 例如

$$\boldsymbol{A} = \begin{pmatrix} 0 & 1 \\ 0 & 0 \end{pmatrix} \neq \boldsymbol{O}, \quad \text{但 } \boldsymbol{A}^2 = \begin{pmatrix} 0 & 0 \\ 0 & 0 \end{pmatrix}.$$

(2) $(\boldsymbol{A}+\boldsymbol{B})^2 = (\boldsymbol{A}+\boldsymbol{B})(\boldsymbol{A}+\boldsymbol{B}) = \boldsymbol{A}^2 + \boldsymbol{AB} + \boldsymbol{BA} + \boldsymbol{B}^2$.

定义 8 设多项式 $f(x) = a_m x^m + a_{m-1}x^{m-1} + \cdots + a_1 x + a_0$,$\boldsymbol{A}$ 为 n 阶矩阵,定义

$$f(\boldsymbol{A}) = a_m\boldsymbol{A}^m + a_{m-1}\boldsymbol{A}^{m-1} + \cdots a_1\boldsymbol{A} + a_0\boldsymbol{E}.$$

称 $f(\boldsymbol{A})$ 为**关于矩阵 $\boldsymbol{A}$ 的多项式.**

例 8 设 $\boldsymbol{A} = \begin{pmatrix} \lambda & 1 & 0 \\ 0 & \lambda & 1 \\ 0 & 0 & \lambda \end{pmatrix}$,求 $\boldsymbol{A}^2$,$\boldsymbol{A}^3$.

解 根据方阵幂的定义和性质,有

$$\boldsymbol{A}^2 = \begin{pmatrix} \lambda & 1 & 0 \\ 0 & \lambda & 1 \\ 0 & 0 & \lambda \end{pmatrix}\begin{pmatrix} \lambda & 1 & 0 \\ 0 & \lambda & 1 \\ 0 & 0 & \lambda \end{pmatrix} = \begin{pmatrix} \lambda^2 & 2\lambda & 1 \\ 0 & \lambda^2 & 2\lambda \\ 0 & 0 & \lambda^2 \end{pmatrix},$$

$$\boldsymbol{A}^3 = \boldsymbol{A}^2\boldsymbol{A} = \begin{pmatrix} \lambda^3 & 3\lambda^2 & 3\lambda \\ 0 & \lambda^3 & 3\lambda^2 \\ 0 & 0 & \lambda^3 \end{pmatrix}.$$

例 9 设 $f(x) = -x^2 + 2x + 4$,(1) 当 $\boldsymbol{A} = \begin{pmatrix} 1 & 2 \\ 3 & 1 \end{pmatrix}$时,求 $f(\boldsymbol{A})$;(2) 当 $\boldsymbol{A} = \begin{pmatrix} 1 & 3 & 0 \\ 1 & 0 & 1 \\ 0 & 1 & 0 \end{pmatrix}$时,求 $f(\boldsymbol{A})$.

解 (1) $f(\boldsymbol{A})=-\begin{pmatrix}1&2\\3&1\end{pmatrix}^2+2\begin{pmatrix}1&2\\3&1\end{pmatrix}+4\begin{pmatrix}1&0\\0&1\end{pmatrix}=\begin{pmatrix}-1&0\\0&-1\end{pmatrix}$;

(2) $f(\boldsymbol{A})=-\begin{pmatrix}1&3&0\\1&0&1\\0&1&0\end{pmatrix}^2+2\begin{pmatrix}1&3&0\\1&0&1\\0&1&0\end{pmatrix}+4\begin{pmatrix}1&0&0\\0&1&0\\0&0&1\end{pmatrix}=\begin{pmatrix}2&3&-3\\1&0&2\\-1&2&3\end{pmatrix}$.

六、矩阵的转置

定义 9 将矩阵 $\boldsymbol{A}=(a_{ij})_{m\times n}$ 的行列互换得到的 $n\times m$ 矩阵，称为 $\boldsymbol{A}$ 的**转置矩阵**，简称为 $\boldsymbol{A}$ 的**转置**，记作 $\boldsymbol{A}^{\mathrm{T}}$，即

$$\boldsymbol{A}=\begin{pmatrix}a_{11}&a_{12}&\cdots&a_{1n}\\a_{21}&a_{22}&\cdots&a_{2n}\\\vdots&\vdots&&\vdots\\a_{m1}&a_{m2}&\cdots&a_{mn}\end{pmatrix},$$

则

$$\boldsymbol{A}^{\mathrm{T}}=\begin{pmatrix}a_{11}&a_{21}&\cdots&a_{m1}\\a_{12}&a_{22}&\cdots&a_{m2}\\\vdots&\vdots&&\vdots\\a_{1n}&a_{2n}&\cdots&a_{mn}\end{pmatrix}.$$

例如 $\boldsymbol{A}=\begin{pmatrix}1&2&3\\4&5&6\end{pmatrix}$，则 $\boldsymbol{A}^{\mathrm{T}}=\begin{pmatrix}1&4\\2&5\\3&6\end{pmatrix}$.

例 10 设 $\boldsymbol{X}=(x_1,x_2,\cdots,x_n)$，$\boldsymbol{Y}=(y_1,y_2,\cdots,y_n)$，求 $\boldsymbol{X}^{\mathrm{T}}\boldsymbol{Y}$，$\boldsymbol{X}\boldsymbol{Y}^{\mathrm{T}}$.

解 根据矩阵转置的定义，有

$$\boldsymbol{X}^{\mathrm{T}}\boldsymbol{Y}=\begin{pmatrix}x_1\\x_2\\\vdots\\x_n\end{pmatrix}(y_1,y_2,\cdots,y_n)=\begin{pmatrix}x_1y_1&x_1y_2&\cdots&x_1y_n\\x_2y_1&x_2y_2&\cdots&x_2y_n\\\vdots&\vdots&&\vdots\\x_ny_1&x_ny_2&\cdots&x_ny_n\end{pmatrix},$$

$$\boldsymbol{X}\boldsymbol{Y}^{\mathrm{T}}=(x_1,x_2,\cdots,x_n)\begin{pmatrix}y_1\\y_2\\\vdots\\y_n\end{pmatrix}=x_1y_1+x_2y_2+\cdots+x_ny_n.$$

当 $\boldsymbol{A}$ 为对称矩阵时，由于 $a_{ij}=a_{ji}(i,j=1,2,\cdots,n)$，因此 $\boldsymbol{A}^{\mathrm{T}}=\boldsymbol{A}$；而当 $\boldsymbol{A}$ 为反对称矩阵时，有 $a_{ij}=-a_{ji}(i,j=1,2,\cdots,n)$，即 $\boldsymbol{A}^{\mathrm{T}}=-\boldsymbol{A}$.

对于矩阵的转置,有以下运算法则:

(1) $(\boldsymbol{A}^{\mathrm{T}})^{\mathrm{T}}=\boldsymbol{A}$;

(2) $(\boldsymbol{A}+\boldsymbol{B})^{\mathrm{T}}=\boldsymbol{A}^{\mathrm{T}}+\boldsymbol{B}^{\mathrm{T}}$;

(3) $(k\boldsymbol{A})^{\mathrm{T}}=k\boldsymbol{A}^{\mathrm{T}}$;

(4) $(\boldsymbol{AB})^{\mathrm{T}}=\boldsymbol{B}^{\mathrm{T}}\boldsymbol{A}^{\mathrm{T}}$,

其中矩阵 $\boldsymbol{A}$,$\boldsymbol{B}$ 有关运算都有意义,k 为任意常数.

运算法则(1)～(3)很容易由定义直接验证. 下面给出(4)的证明:

证 设 $\boldsymbol{A}=(a_{ij})_{m\times s}$,$\boldsymbol{B}=(b_{ij})_{s\times n}$,则 $\boldsymbol{AB}$ 为 $m\times n$ 矩阵,故$(\boldsymbol{AB})^{\mathrm{T}}$ 为 $n\times m$ 矩阵. 另一方面,由于 $\boldsymbol{B}^{\mathrm{T}}$ 为 $n\times s$ 矩阵,$\boldsymbol{A}^{\mathrm{T}}$ 为 $s\times m$ 矩阵,从而 $\boldsymbol{B}^{\mathrm{T}}\boldsymbol{A}^{\mathrm{T}}$ 为 $n\times m$ 矩阵. 所以$(\boldsymbol{AB})^{\mathrm{T}}$ 与 $\boldsymbol{B}^{\mathrm{T}}\boldsymbol{A}^{\mathrm{T}}$ 是同型矩阵.

再证明它们的对应元素都相等. 设$(\boldsymbol{AB})^{\mathrm{T}}$ 的第 j 行第 i 列的元素为 d_{ji},其中 $i=1,2,\cdots,m$,$j=1,2,\cdots,n$. 由$(\boldsymbol{AB})^{\mathrm{T}}$ 与 $\boldsymbol{AB}$ 的关系知,d_{ji} 即为 $\boldsymbol{AB}$ 的第 i 行第 j 列的元素,从而

$$d_{ji}=a_{i1}b_{1j}+a_{i2}b_{2j}+\cdots a_{is}b_{sj}.$$

设 $\boldsymbol{B}^{\mathrm{T}}\boldsymbol{A}^{\mathrm{T}}$ 的第 j 行第 i 列的元素为 c_{ji},故 c_{ji} 为 $\boldsymbol{B}^{\mathrm{T}}$ 的第 j 行的元素与 $\boldsymbol{A}^{\mathrm{T}}$ 的第 i 列对应元素的乘积之和,也就是 $\boldsymbol{B}$ 的第 j 列的元素与 $\boldsymbol{A}$ 的第 i 行对应元的乘积之和,即

$$c_{ji}=b_{1j}a_{i1}+b_{2j}a_{i2}+\cdots+b_{sj}a_{is},$$

可得 $c_{ji}=d_{ji}$.

说明$(\boldsymbol{AB})^{\mathrm{T}}$ 与 $\boldsymbol{B}^{\mathrm{T}}\boldsymbol{A}^{\mathrm{T}}$ 的所有对应元素都相等,即得$(\boldsymbol{AB})^{\mathrm{T}}=\boldsymbol{B}^{\mathrm{T}}\boldsymbol{A}^{\mathrm{T}}$. □

运算法则(4)可以推广到多个矩阵相乘的情况,即

$$(\boldsymbol{A}_1\boldsymbol{A}_2\cdots\boldsymbol{A}_t)^{\mathrm{T}}=\boldsymbol{A}_t^{\mathrm{T}}\boldsymbol{A}_{t-1}^{\mathrm{T}}\cdots\boldsymbol{A}_1^{\mathrm{T}}.$$

七、方阵的行列式

定义 10 设 n 阶方阵

$$\boldsymbol{A}=\begin{pmatrix} a_{11} & a_{12} & \cdots & a_{1n} \\ a_{21} & a_{22} & \cdots & a_{2n} \\ \vdots & \vdots & & \vdots \\ a_{n1} & a_{n2} & \cdots & a_{nn} \end{pmatrix}.$$

由 $\boldsymbol{A}$ 中的元素(按原来的位置)构成的行列式

$$\begin{vmatrix} a_{11} & a_{12} & \cdots & a_{1n} \\ a_{21} & a_{22} & \cdots & a_{2n} \\ \vdots & \vdots & & \vdots \\ a_{n1} & a_{n2} & \cdots & a_{nn} \end{vmatrix}$$

称为**方阵 $\boldsymbol{A}$ 的行列式**,记作 $\det\boldsymbol{A}$ 或 $|\boldsymbol{A}|$,即

$$\det\boldsymbol{A}=|\boldsymbol{A}|=\begin{vmatrix} a_{11} & a_{12} & \cdots & a_{1n} \\ a_{21} & a_{22} & \cdots & a_{2n} \\ \vdots & \vdots & & \vdots \\ a_{n1} & a_{n2} & \cdots & a_{nn} \end{vmatrix}.$$

关于 n 阶方阵的行列式有如下重要的性质：

(1) $|\boldsymbol{A}^{\mathrm{T}}|=|\boldsymbol{A}|$；

(2) $|k\boldsymbol{A}|=k^n|\boldsymbol{A}|$；

(3) $|\boldsymbol{A}\boldsymbol{B}|=|\boldsymbol{A}||\boldsymbol{B}|$，

其中 $\boldsymbol{A},\boldsymbol{B}$ 为 n 阶方阵，k 为任意常数.

第(3)个性质还可以推广到多个方阵相乘的情况，即

$$|\boldsymbol{A}_1\boldsymbol{A}_2\cdots\boldsymbol{A}_s|=|\boldsymbol{A}_1||\boldsymbol{A}_2|\cdots|\boldsymbol{A}_s|,$$

其中 $\boldsymbol{A}_i(i=1,2,\cdots,s)$ 均为 n 阶方阵. 证明从略.

例 11 设 $\boldsymbol{A}=\begin{pmatrix} 1 & -1 & 1 \\ 0 & 1 & -2 \\ 0 & 0 & 1 \end{pmatrix}$，求 $|\boldsymbol{A}|$.

解 由方阵的行列式的定义，有

$$|\boldsymbol{A}|=\begin{vmatrix} 1 & -1 & 1 \\ 0 & 1 & -2 \\ 0 & 0 & 1 \end{vmatrix}=1.$$

例 12 设 $\boldsymbol{A}$ 为三阶方阵，且 $|\boldsymbol{A}|=-2$，求 $|3\boldsymbol{A}|$，$|\boldsymbol{A}^2\boldsymbol{A}^{\mathrm{T}}|$.

解 由矩阵的行列式的定义，有

$$|3\boldsymbol{A}|=3^3|\boldsymbol{A}|=-54,$$

$$|\boldsymbol{A}^2\boldsymbol{A}^{\mathrm{T}}|=|\boldsymbol{A}^2|\cdot|\boldsymbol{A}^{\mathrm{T}}|=|\boldsymbol{A}|^2|\boldsymbol{A}|=-8.$$

§ 2.3 可 逆 矩 阵

一、逆矩阵的定义

我们知道，对任意非零数 a，存在 a^{-1} 即 $\dfrac{1}{a}$，满足 $aa^{-1}=a^{-1}a=1$. 由此自然会提出：什么样的矩阵有类似于非零数 a 那样的性质呢？这就是我们要讨论的逆矩阵的问题，它在矩阵理论和矩阵的应用中都具有重要的作用.

定义 11 对于 n 阶矩阵 $\boldsymbol{A}$，如果存在 n 阶矩阵 $\boldsymbol{B}$，使得

$$\boldsymbol{AB}=\boldsymbol{BA}=\boldsymbol{E}, \tag{2.1}$$

则称 $\boldsymbol{B}$ 为 $\boldsymbol{A}$ 的**逆矩阵**,此时称 $\boldsymbol{A}$ 为**可逆矩阵**,否则称 $\boldsymbol{A}$ 为**不可逆矩阵**.

从定义可知,逆矩阵是相互的,即 $\boldsymbol{B}$ 是 $\boldsymbol{A}$ 的逆矩阵的同时 $\boldsymbol{A}$ 也是 $\boldsymbol{B}$ 的逆矩阵.

由(2.1)式可以得出:

(1) 只有方阵才可能有逆矩阵(因为 $\boldsymbol{AB}$ 和 $\boldsymbol{BA}$ 都要有意义);

(2) 如果矩阵 $\boldsymbol{A}$ 可逆,则 $\boldsymbol{A}$ 的逆矩阵一定是唯一的,因此将 $\boldsymbol{A}$ 的逆矩阵记作 $\boldsymbol{A}^{-1}$.

这是由于,如果设 $\boldsymbol{B}$ 与 $\boldsymbol{B}_1$ 都是 $\boldsymbol{A}$ 的逆矩阵,则 $\boldsymbol{B}$ 与 $\boldsymbol{B}_1$ 均满足(2.1)式,即

$$\boldsymbol{AB}=\boldsymbol{BA}=\boldsymbol{E},\quad \boldsymbol{AB}_1=\boldsymbol{B}_1\boldsymbol{A}=\boldsymbol{E}.$$

从而有

$$\boldsymbol{B}=\boldsymbol{BE}=\boldsymbol{B}(\boldsymbol{AB}_1)=(\boldsymbol{BA})\boldsymbol{B}_1=\boldsymbol{EB}_1=\boldsymbol{B}_1.$$

由此推出 $\boldsymbol{B}_1=\boldsymbol{B}$.

(3) 若 $\boldsymbol{A}$ 可逆,那么 $\boldsymbol{A}$ 的逆矩阵 $\boldsymbol{A}^{-1}$ 也可逆,且 $(\boldsymbol{A}^{-1})^{-1}=\boldsymbol{A}$.

二、逆矩阵的判定

如何判断一个矩阵是否可逆? 如何求一个矩阵的逆矩阵呢? 为此,首先介绍两个定义.

定义 12　如果 n 阶矩阵 $\boldsymbol{A}$ 的行列式 $|\boldsymbol{A}|\neq 0$ 则称 $\boldsymbol{A}$ 是**非奇异矩阵**,否则称 $\boldsymbol{A}$ 为**奇异矩阵**.

定义 13　设 $\boldsymbol{A}=(a_{ij})_{n\times n}$, $\boldsymbol{A}_{ij}$ 为 $|\boldsymbol{A}|$ 的元素 a_{ij} 的代数余子式 $(i,j=1,2,\cdots,n)$,则矩阵

$$\begin{pmatrix} A_{11} & A_{21} & \cdots & A_{n1} \\ A_{12} & A_{22} & \cdots & A_{n2} \\ \vdots & \vdots & & \vdots \\ A_{1n} & A_{2n} & \cdots & A_{nn} \end{pmatrix}$$

称为矩阵 $\boldsymbol{A}$ 的**伴随矩阵**,记作 $\boldsymbol{A}^*$.

由第一章§1.4中的定理3及推论可以得到

$$\boldsymbol{AA}^*=\begin{pmatrix} a_{11} & a_{12} & \cdots & a_{1n} \\ a_{21} & a_{22} & \cdots & a_{2n} \\ \vdots & \vdots & & \vdots \\ a_{n1} & a_{n2} & \cdots & a_{nn} \end{pmatrix}\begin{pmatrix} A_{11} & A_{21} & \cdots & A_{n1} \\ A_{12} & A_{22} & \cdots & A_{n2} \\ \vdots & \vdots & & \vdots \\ A_{1n} & A_{21} & \cdots & A_{nn} \end{pmatrix}=\begin{pmatrix} |\boldsymbol{A}| & 0 & \cdots & 0 \\ 0 & |\boldsymbol{A}| & \cdots & 0 \\ \vdots & \vdots & & \vdots \\ 0 & 0 & \cdots & |\boldsymbol{A}| \end{pmatrix},$$

即

$$\boldsymbol{AA}^*=|\boldsymbol{A}|\boldsymbol{E}. \tag{2.2}$$

类似可得

$$\boldsymbol{A}^*\boldsymbol{A}=|\boldsymbol{A}|\boldsymbol{E}. \tag{2.3}$$

由此我们得到如下定理:

定理 1　矩阵 $\boldsymbol{A}=(a_{ij})_{n\times n}$ 可逆的充分必要条件是 $|\boldsymbol{A}|\neq 0$ 即 $\boldsymbol{A}$ 为非奇异矩阵,并且当 $\boldsymbol{A}$ 可逆时,有

$$\boldsymbol{A}^{-1}=\frac{1}{|\boldsymbol{A}|}\boldsymbol{A}^{*}.$$

证 *必要性* 设 $\boldsymbol{A}$ 为可逆矩阵,则存在 $\boldsymbol{A}^{-1}$,使 $\boldsymbol{A}\boldsymbol{A}^{-1}=\boldsymbol{E}$,且有

$$|\boldsymbol{A}\boldsymbol{A}^{-1}|=|\boldsymbol{A}|\,|\boldsymbol{A}^{-1}|=|\boldsymbol{E}|=1.$$

因此有 $|\boldsymbol{A}|\neq 0$,即 $\boldsymbol{A}$ 为非奇异矩阵.

充分性 如果 $\boldsymbol{A}$ 为非奇异矩阵,则 $|\boldsymbol{A}|\neq 0$ 故由(2.2)和(2.3)式有

$$\boldsymbol{A}\left(\frac{1}{|\boldsymbol{A}|}\boldsymbol{A}^{*}\right)=\left(\frac{1}{|\boldsymbol{A}|}\boldsymbol{A}^{*}\right)\boldsymbol{A}=\boldsymbol{E},$$

由定义 11 知 $\boldsymbol{A}$ 可逆,并且 $\boldsymbol{A}^{-1}=\dfrac{1}{|\boldsymbol{A}|}\boldsymbol{A}^{*}$. □

推论 设 $\boldsymbol{A},\boldsymbol{B}$ 均为 n 阶矩阵,并且满足 $\boldsymbol{A}\boldsymbol{B}=\boldsymbol{E}$,则 $\boldsymbol{A},\boldsymbol{B}$ 都可逆,且 $\boldsymbol{A}^{-1}=\boldsymbol{B},\boldsymbol{B}^{-1}=\boldsymbol{A}$.

证 由 $\boldsymbol{A}\boldsymbol{B}=\boldsymbol{E}$,可得 $|\boldsymbol{A}\boldsymbol{B}|=|\boldsymbol{A}|\,|\boldsymbol{B}|=|\boldsymbol{E}|=1$,因此 $|\boldsymbol{A}|\neq 0$ 且 $|\boldsymbol{B}|\neq 0$. 故由定理 1 知 $\boldsymbol{A}$ 可逆,$\boldsymbol{B}$ 也可逆. 在 $\boldsymbol{A}\boldsymbol{B}=\boldsymbol{E}$ 两边左乘 $\boldsymbol{A}^{-1}$,得

$$\boldsymbol{B}=\boldsymbol{A}^{-1}.$$

在 $\boldsymbol{A}\boldsymbol{B}=\boldsymbol{E}$ 两边右乘 $\boldsymbol{B}^{-1}$,得

$$\boldsymbol{A}=\boldsymbol{B}^{-1}.$$ □

定理 1 不仅解决了如何判断一个方阵是否可逆的问题,同时还给出了一种求逆矩阵的方法,我们称之为伴随矩阵法.

例 13 设 $\boldsymbol{A}=\begin{pmatrix}3&-1&0\\-2&1&1\\1&-1&4\end{pmatrix}$,判断 $\boldsymbol{A}$ 是否可逆,如果可逆求 $\boldsymbol{A}^{-1}$.

解 由于

$$|\boldsymbol{A}|=\begin{vmatrix}3&-1&0\\-2&1&1\\1&-1&4\end{vmatrix}=6\neq 0,$$

所以 $\boldsymbol{A}$ 可逆. 又 $\boldsymbol{A}^{*}=\begin{pmatrix}5&4&-1\\9&12&-3\\1&2&1\end{pmatrix}$,所以

$$\boldsymbol{A}^{-1}=\frac{1}{6}\boldsymbol{A}^{*}=\frac{1}{6}\begin{pmatrix}5&4&-1\\9&12&-3\\1&2&1\end{pmatrix}.$$

三、可逆矩阵性质

性质 1 如果 $\boldsymbol{A},\boldsymbol{B}$ 均为 n 阶可逆矩阵,则 $\boldsymbol{A}\boldsymbol{B}$ 也可逆,并且 $(\boldsymbol{A}\boldsymbol{B})^{-1}=\boldsymbol{B}^{-1}\boldsymbol{A}^{-1}$.

证 由于

$$(\boldsymbol{AB})(\boldsymbol{B}^{-1}\boldsymbol{A}^{-1})=\boldsymbol{A}(\boldsymbol{BB}^{-1})\boldsymbol{A}^{-1}=\boldsymbol{AA}^{-1}=\boldsymbol{E},$$

故由定理 1 的推论 1 知

$$(\boldsymbol{AB})^{-1}=\boldsymbol{B}^{-1}\boldsymbol{A}^{-1}. \qquad \square$$

性质 1 可以推广到多个可逆矩阵相乘的情况：即如果 n 阶矩阵 $\boldsymbol{A}_1,\boldsymbol{A}_2,\cdots,\boldsymbol{A}_t$ 都可逆，则 $\boldsymbol{A}_1\boldsymbol{A}_2\cdots\boldsymbol{A}_t$ 也可逆，并且 $(\boldsymbol{A}_1\boldsymbol{A}_2\cdots\boldsymbol{A}_t)^{-1}=\boldsymbol{A}_t^{-1}\cdots\boldsymbol{A}_2^{-1}\boldsymbol{A}_1^{-1}$.

性质 2 如果矩阵 $\boldsymbol{A}$ 可逆，则其转置矩阵 $\boldsymbol{A}^{\mathrm{T}}$ 也可逆，并且 $(\boldsymbol{A}^{\mathrm{T}})^{-1}=(\boldsymbol{A}^{-1})^{\mathrm{T}}$.

证 由于

$$\boldsymbol{A}^{\mathrm{T}}(\boldsymbol{A}^{-1})^{\mathrm{T}}=(\boldsymbol{A}^{-1}\boldsymbol{A})^{\mathrm{T}}=\boldsymbol{E}^{\mathrm{T}}=\boldsymbol{E},$$

所以 $\boldsymbol{A}^{\mathrm{T}}$ 可逆，并且

$$(\boldsymbol{A}^{\mathrm{T}})^{-1}=(\boldsymbol{A}^{-1})^{\mathrm{T}}. \qquad \square$$

性质 3 如果矩阵 $\boldsymbol{A}$ 可逆，则对于非零常数 k，$k\boldsymbol{A}$ 也可逆，并且 $(k\boldsymbol{A})^{-1}=\dfrac{1}{k}\boldsymbol{A}^{-1}$.

性质 4 如果矩阵 $\boldsymbol{A}$ 可逆，则 $|\boldsymbol{A}^{-1}|=\dfrac{1}{|\boldsymbol{A}|}$.

§ 2.4 矩阵的分块

一、矩阵分块的概念

在理论研究及一些实际问题中，经常遇到阶数很高或结构特殊的矩阵. 为了使矩阵结构显得更简单清晰，从而便于分析和计算，常常把所讨论的矩阵分成若干个小矩阵.

定义 14 用若干条横线与纵线将矩阵 $\boldsymbol{A}$ 划分为若干个小矩阵，每个小矩阵称为一个**子块**，以子块为元素的矩阵称为**分块矩阵**.

例如

$$\boldsymbol{A}=\left(\begin{array}{cc:cc}1&0&-1&1\\-1&0&1&0\\ \hdashline 0&0&2&-1\\0&0&0&-3\end{array}\right)=\begin{pmatrix}\boldsymbol{A}_{11}&\boldsymbol{A}_{12}\\\boldsymbol{A}_{21}&\boldsymbol{A}_{22}\end{pmatrix},$$

其中

$$\boldsymbol{A}_{11}=\begin{pmatrix}1&0\\-1&0\end{pmatrix},\quad \boldsymbol{A}_{12}=\begin{pmatrix}-1&1\\1&0\end{pmatrix},\quad \boldsymbol{A}_{21}=\begin{pmatrix}0&0\\0&0\end{pmatrix},\quad \boldsymbol{A}_{22}=\begin{pmatrix}2&-1\\0&-3\end{pmatrix}.$$

给了一个矩阵，可以根据需要和分法不同将它写成不同的分块矩阵，例如上面矩阵又可分为

$$\boldsymbol{A}=\left(\begin{array}{c:c:c:c} 1 & 0 & -1 & 1 \\ -1 & 0 & 1 & 0 \\ 0 & 0 & 2 & -1 \\ 0 & 0 & 0 & -3 \end{array}\right)=(\boldsymbol{A}_1,\boldsymbol{A}_2,\boldsymbol{A}_3,\boldsymbol{A}_4),$$

其中
$$\boldsymbol{A}_1=\begin{pmatrix}1\\-1\\0\\0\end{pmatrix},\quad \boldsymbol{A}_2=\begin{pmatrix}0\\0\\0\\0\end{pmatrix},\quad \boldsymbol{A}_3=\begin{pmatrix}-1\\1\\2\\0\end{pmatrix},\quad \boldsymbol{A}_4=\begin{pmatrix}1\\0\\-1\\-3\end{pmatrix}.$$

二、分块矩阵的运算

分块矩阵运算时，把子块当作数一样看待，直接运用矩阵运算的有关法则进行运算，

1. 分块矩阵的加法

设 $\boldsymbol{A},\boldsymbol{B}$ 为同型矩阵，将 $\boldsymbol{A},\boldsymbol{B}$ 按同样的方式分块得

$$\boldsymbol{A}=\begin{pmatrix}\boldsymbol{A}_{11} & \boldsymbol{A}_{12} & \cdots & \boldsymbol{A}_{1t}\\ \boldsymbol{A}_{21} & \boldsymbol{A}_{22} & \cdots & \boldsymbol{A}_{2t}\\ \vdots & \vdots & & \vdots\\ \boldsymbol{A}_{s1} & \boldsymbol{A}_{s2} & \cdots & \boldsymbol{A}_{st}\end{pmatrix},\quad \boldsymbol{B}=\begin{pmatrix}\boldsymbol{B}_{11} & \boldsymbol{B}_{12} & \cdots & \boldsymbol{B}_{1t}\\ \boldsymbol{B}_{21} & \boldsymbol{B}_{22} & \cdots & \boldsymbol{B}_{2t}\\ \vdots & \vdots & & \vdots\\ \boldsymbol{B}_{s1} & \boldsymbol{B}_{s2} & \cdots & \boldsymbol{B}_{st}\end{pmatrix},$$

则对应的子块 $\boldsymbol{A}_{ij}$ 与 $\boldsymbol{B}_{ij}$ 为同型的小矩阵($i=1,2,\cdots,s;j=1,2,\cdots,t$). 从而

$$\boldsymbol{A}+\boldsymbol{B}=\begin{pmatrix}\boldsymbol{A}_{11}+\boldsymbol{B}_{11} & \boldsymbol{A}_{12}+\boldsymbol{B}_{12} & \cdots & \boldsymbol{A}_{1t}+\boldsymbol{B}_{1t}\\ \boldsymbol{A}_{21}+\boldsymbol{B}_{21} & \boldsymbol{A}_{22}+\boldsymbol{B}_{22} & \cdots & \boldsymbol{A}_{2t}+\boldsymbol{B}_{2t}\\ \vdots & \vdots & & \vdots\\ \boldsymbol{A}_{s1}+\boldsymbol{B}_{s1} & \boldsymbol{A}_{s2}+\boldsymbol{B}_{s2} & \cdots & \boldsymbol{A}_{st}+\boldsymbol{B}_{st}\end{pmatrix}.$$

注 用分块矩阵作加法时，必须使对应的子块是同型的小矩阵，因此相加的两个矩阵行与列的分法必须一致.

2. 数与分块矩阵的乘法

用数 k 与分块矩阵相乘时，k 与每一个子块相乘，即

$$k\boldsymbol{A}=\begin{pmatrix}k\boldsymbol{A}_{11} & k\boldsymbol{A}_{12} & \cdots & k\boldsymbol{A}_{1t}\\ k\boldsymbol{A}_{21} & k\boldsymbol{A}_{22} & \cdots & k\boldsymbol{A}_{2t}\\ \vdots & \vdots & & \vdots\\ k\boldsymbol{A}_{s1} & k\boldsymbol{A}_{s2} & \cdots & k\boldsymbol{A}_{st}\end{pmatrix}.$$

3. 分块矩阵的乘法

设矩阵 $\boldsymbol{A}_{m\times s}$ 与 $\boldsymbol{B}_{s\times n}$ 分别为 $m\times s$ 和 $s\times n$ 的矩阵，且矩阵 $\boldsymbol{A}$ 的列的分法和矩阵 $\boldsymbol{B}$ 的行的分法一致，则

$$\boldsymbol{AB}=\begin{pmatrix}\boldsymbol{A}_{11} & \boldsymbol{A}_{12} & \cdots & \boldsymbol{A}_{1t}\\ \boldsymbol{A}_{21} & \boldsymbol{A}_{22} & \cdots & \boldsymbol{A}_{2t}\\ \vdots & \vdots & & \vdots\\ \boldsymbol{A}_{l1} & \boldsymbol{A}_{l2} & \cdots & \boldsymbol{A}_{lt}\end{pmatrix}\begin{pmatrix}\boldsymbol{B}_{11} & \boldsymbol{B}_{12} & \cdots & \boldsymbol{B}_{1r}\\ \boldsymbol{B}_{21} & \boldsymbol{B}_{22} & \cdots & \boldsymbol{B}_{2r}\\ \vdots & \vdots & & \vdots\\ \boldsymbol{B}_{t1} & \boldsymbol{B}_{t2} & \cdots & \boldsymbol{B}_{tr}\end{pmatrix}=\begin{pmatrix}\boldsymbol{C}_{11} & \boldsymbol{C}_{12} & \cdots & \boldsymbol{C}_{1r}\\ \boldsymbol{C}_{21} & \boldsymbol{C}_{22} & \cdots & \boldsymbol{C}_{2r}\\ \vdots & \vdots & & \vdots\\ \boldsymbol{C}_{l1} & \boldsymbol{C}_{l2} & \cdots & \boldsymbol{C}_{lr}\end{pmatrix},$$

其中

$$\boldsymbol{C}_{ij}=\boldsymbol{A}_{i1}\boldsymbol{B}_{1j}+\boldsymbol{A}_{i2}\boldsymbol{B}_{2j}+\cdots\boldsymbol{A}_{it}\boldsymbol{B}_{tj}\quad(i=1,2,\cdots,l;j=1,2,\cdots,r).$$

注 要保证分块矩阵做乘法时每一对应的子块乘法有意义,只要矩阵 $\boldsymbol{A}$ 的列的分法和矩阵 $\boldsymbol{B}$ 的行的分法一致即可.

例 14 设

$$\boldsymbol{A}=\begin{pmatrix}1 & 0 & 1 & 2\\ 0 & 1 & 3 & 4\\ 0 & 0 & 2 & 0\\ 0 & 0 & 0 & 2\end{pmatrix},\quad \boldsymbol{B}=\begin{pmatrix}1 & 2 & 0 & 0\\ 0 & 1 & 0 & 0\\ 2 & 1 & 1 & 0\\ 0 & 3 & 0 & 1\end{pmatrix},$$

求 $\boldsymbol{AB}$.

解 将它们分块如下:

$$\boldsymbol{A}=\left(\begin{array}{cc:cc}1 & 0 & 1 & 2\\ 0 & 1 & 3 & 4\\ \hdashline 0 & 0 & 2 & 0\\ 0 & 0 & 0 & 2\end{array}\right)=\begin{pmatrix}\boldsymbol{E}_2 & \boldsymbol{A}_1\\ \boldsymbol{O}_2 & 2\boldsymbol{E}_2\end{pmatrix},$$

其中 $\boldsymbol{A}_1=\begin{pmatrix}1 & 2\\ 3 & 4\end{pmatrix}$;

$$\boldsymbol{B}=\left(\begin{array}{cc:cc}1 & 2 & 0 & 0\\ 0 & 1 & 0 & 0\\ \hdashline 2 & 1 & 1 & 0\\ 0 & 3 & 0 & 1\end{array}\right)=\begin{pmatrix}\boldsymbol{B}_1 & \boldsymbol{O}_2\\ \boldsymbol{B}_2 & \boldsymbol{E}_2\end{pmatrix},$$

其中 $\boldsymbol{B}_1=\begin{pmatrix}1 & 2\\ 0 & 1\end{pmatrix}$,$\boldsymbol{B}_2=\begin{pmatrix}2 & 1\\ 0 & 3\end{pmatrix}$,则

$$\boldsymbol{AB}=\begin{pmatrix}\boldsymbol{E}_2 & \boldsymbol{A}_1\\ \boldsymbol{O}_2 & 2\boldsymbol{E}_2\end{pmatrix}\begin{pmatrix}\boldsymbol{B}_1 & \boldsymbol{O}_2\\ \boldsymbol{B}_2 & \boldsymbol{E}_2\end{pmatrix}=\begin{pmatrix}\boldsymbol{E}_2\boldsymbol{B}_1+\boldsymbol{A}_1\boldsymbol{B}_2 & \boldsymbol{E}_2\boldsymbol{O}_2+\boldsymbol{A}_1\boldsymbol{E}_2\\ \boldsymbol{O}_2\boldsymbol{B}_1+2\boldsymbol{E}_2\boldsymbol{B}_2 & \boldsymbol{O}_2\boldsymbol{O}_2+2\boldsymbol{E}_2\boldsymbol{E}_2\end{pmatrix}=\begin{pmatrix}\boldsymbol{B}_1+\boldsymbol{A}_1\boldsymbol{B}_2 & \boldsymbol{A}_1\\ 2\boldsymbol{B}_2 & 2\boldsymbol{E}_2\end{pmatrix}.$$

由于

$$\boldsymbol{B}_1+\boldsymbol{A}_1\boldsymbol{B}_2=\begin{pmatrix}1 & 2\\ 0 & 1\end{pmatrix}+\begin{pmatrix}1 & 2\\ 3 & 4\end{pmatrix}\begin{pmatrix}2 & 1\\ 0 & 3\end{pmatrix}=\begin{pmatrix}11 & 9\\ 22 & 16\end{pmatrix},$$

所以

$$AB=\begin{pmatrix}11 & 9 & 1 & 2\\ 22 & 16 & 3 & 4\\ 4 & 2 & 2 & 0\\ 0 & 6 & 0 & 2\end{pmatrix}.$$

4. 分块矩阵的转置

分块矩阵转置时，不但要将行列互换，而且行列互换后的各子块都要转置，即设矩阵 $\boldsymbol{A}_{m\times n}$ 为

$$\boldsymbol{A}=\begin{pmatrix}\boldsymbol{A}_{11} & \boldsymbol{A}_{12} & \cdots & \boldsymbol{A}_{1t}\\ \boldsymbol{A}_{21} & \boldsymbol{A}_{22} & \cdots & \boldsymbol{A}_{2t}\\ \vdots & \vdots & & \vdots\\ \boldsymbol{A}_{s1} & \boldsymbol{A}_{s2} & \cdots & \boldsymbol{A}_{st}\end{pmatrix},$$

则

$$\boldsymbol{A}^{\mathrm{T}}=\begin{pmatrix}\boldsymbol{A}_{11}^{\mathrm{T}} & \boldsymbol{A}_{21}^{\mathrm{T}} & \cdots & \boldsymbol{A}_{s1}^{\mathrm{T}}\\ \boldsymbol{A}_{12}^{\mathrm{T}} & \boldsymbol{A}_{22}^{\mathrm{T}} & \cdots & \boldsymbol{A}_{s2}^{\mathrm{T}}\\ \vdots & \vdots & & \vdots\\ \boldsymbol{A}_{1t}^{\mathrm{T}} & \boldsymbol{A}_{2t}^{\mathrm{T}} & \cdots & \boldsymbol{A}_{st}^{\mathrm{T}}\end{pmatrix}.$$

三、两类特殊的分块矩阵

1. 分块对角矩阵

设 $\boldsymbol{A}$ 为 n 阶方阵，如果分块后形式为

$$\boldsymbol{A}=\begin{pmatrix}\boldsymbol{A}_{1} & \boldsymbol{O} & \cdots & \boldsymbol{O}\\ \boldsymbol{O} & \boldsymbol{A}_{2} & \cdots & \boldsymbol{O}\\ \vdots & \vdots & & \vdots\\ \boldsymbol{O} & \boldsymbol{O} & \cdots & \boldsymbol{A}_{s}\end{pmatrix},$$

其中 $\boldsymbol{A}_1,\boldsymbol{A}_2,\cdots,\boldsymbol{A}_s$ 为 n_i 阶方阵，$n_1+n_2+\cdots+n_s=n$，其余子块均为零矩阵，则称 $\boldsymbol{A}$ 为**分块对角矩阵**.

例 15 矩阵 $\boldsymbol{A}$ 分块后的形式为

$$\boldsymbol{A}=\begin{pmatrix}1 & 3 & 0 & 0 & 0 & 0\\ 0 & 2 & 0 & 0 & 0 & 0\\ 0 & 0 & -1 & 9 & 0 & 0\\ 0 & 0 & 2 & 1 & 0 & 0\\ 0 & 0 & 0 & 0 & 6 & 5\\ 0 & 0 & 0 & 0 & 1 & 0\end{pmatrix}=\begin{pmatrix}\boldsymbol{A}_{1} & \boldsymbol{O} & \boldsymbol{O}\\ \boldsymbol{O} & \boldsymbol{A}_{2} & \boldsymbol{O}\\ \boldsymbol{O} & \boldsymbol{O} & \boldsymbol{A}_{3}\end{pmatrix},$$

其中

$$\boldsymbol{A}_1=\begin{pmatrix}1&3\\0&2\end{pmatrix},\quad \boldsymbol{A}_2=\begin{pmatrix}-1&9\\2&1\end{pmatrix},\quad \boldsymbol{A}_3=\begin{pmatrix}6&5\\1&0\end{pmatrix}.$$

需注意的是,对角矩阵也可以看成是分块对角矩阵,即每个子矩阵都是一阶矩阵.

2. 分块上三角形矩阵

设 $\boldsymbol{A}$ 为 n 阶方阵,如果分块后 $\boldsymbol{A}$ 的形式为

$$\boldsymbol{A}=\begin{pmatrix}\boldsymbol{A}_{11}&\boldsymbol{A}_{12}&\cdots&\boldsymbol{A}_{1s}\\\boldsymbol{O}&\boldsymbol{A}_{22}&\cdots&\boldsymbol{A}_{2s}\\\vdots&\vdots&&\vdots\\\boldsymbol{O}&\boldsymbol{O}&\cdots&\boldsymbol{A}_{ss}\end{pmatrix},$$

其中 $\boldsymbol{A}_{ii}(i=1,2,\cdots,s)$都是方阵,称 $\boldsymbol{A}$ 为**分块上三角形矩阵**. 类似地,**分块下三角形矩阵**是形如

$$\boldsymbol{A}=\begin{pmatrix}\boldsymbol{A}_{11}&\boldsymbol{O}&\cdots&\boldsymbol{O}\\\boldsymbol{A}_{21}&\boldsymbol{A}_{22}&\cdots&\boldsymbol{O}\\\vdots&\vdots&&\vdots\\\boldsymbol{A}_{s1}&\boldsymbol{A}_{s2}&\cdots&\boldsymbol{A}_{ss}\end{pmatrix}$$

的分块矩阵,其中 $\boldsymbol{A}_{ii}(i=1,2,\cdots,s)$为方阵.

3. 分块三角形矩阵的行列式

由行列式的定义可以证明,分块上三角(或下三角)形矩阵的行列式为主对角线上的子块行列式的乘积,即

$$\begin{vmatrix}\boldsymbol{A}&\boldsymbol{C}\\\boldsymbol{O}&\boldsymbol{B}\end{vmatrix}=|\boldsymbol{A}|\cdot|\boldsymbol{B}|,\quad \begin{vmatrix}\boldsymbol{A}&\boldsymbol{O}\\\boldsymbol{C}&\boldsymbol{B}\end{vmatrix}=|\boldsymbol{A}|\cdot|\boldsymbol{B}|.$$

将此结果推广到一般的分块上三角形矩阵,有

$$\begin{vmatrix}\boldsymbol{A}_{11}&\boldsymbol{A}_{12}&\cdots&\boldsymbol{A}_{1s}\\\boldsymbol{O}&\boldsymbol{A}_{22}&\cdots&\boldsymbol{A}_{2s}\\\vdots&\vdots&&\vdots\\\boldsymbol{O}&\boldsymbol{O}&\cdots&\boldsymbol{A}_{ss}\end{vmatrix}=|\boldsymbol{A}_{11}|\,|\boldsymbol{A}_{22}|\cdots|\boldsymbol{A}_{ss}|.$$

类似地,有

$$\begin{vmatrix}\boldsymbol{A}_{11}&\boldsymbol{O}&\cdots&\boldsymbol{O}\\\boldsymbol{A}_{21}&\boldsymbol{A}_{22}&\cdots&\boldsymbol{O}\\\vdots&\vdots&&\vdots\\\boldsymbol{A}_{s1}&\boldsymbol{A}_{s2}&\cdots&\boldsymbol{A}_{ss}\end{vmatrix}=|\boldsymbol{A}_{11}|\,|\boldsymbol{A}_{22}|\cdots|\boldsymbol{A}_{ss}|.$$

例 16 设分块矩阵

$$\boldsymbol{A}=\begin{pmatrix}\boldsymbol{A}_{11} & \boldsymbol{A}_{12}\\ \boldsymbol{O} & \boldsymbol{A}_{22}\end{pmatrix},$$

其中$\boldsymbol{A}_{11}$,$\boldsymbol{A}_{22}$分别为 s 阶和 r 阶可逆矩阵,$\boldsymbol{A}_{12}$为 $s\times r$ 矩阵,$\boldsymbol{O}$ 为 $r\times s$ 零矩阵,试证明 $\boldsymbol{A}$ 可逆,并求 $\boldsymbol{A}^{-1}$.

解 由于$\boldsymbol{A}_{11}$,$\boldsymbol{A}_{22}$均可逆,故$|\boldsymbol{A}_{11}|\neq 0$, $|\boldsymbol{A}_{22}|\neq 0$. 有

$$|\boldsymbol{A}|=|\boldsymbol{A}_{11}|\cdot|\boldsymbol{A}_{22}|\neq 0,$$

从而 $\boldsymbol{A}$ 可逆.

由 $\boldsymbol{A}$ 的分块方式可知,$\boldsymbol{A}^{-1}$可设为

$$\boldsymbol{A}^{-1}=\begin{pmatrix}\boldsymbol{X}_{11} & \boldsymbol{X}_{12}\\ \boldsymbol{X}_{21} & \boldsymbol{X}_{22}\end{pmatrix},$$

其中$\boldsymbol{X}_{11}$,$\boldsymbol{X}_{22}$分别为 s 阶和 r 阶矩阵,$\boldsymbol{X}_{12}$为 $s\times r$ 矩阵,$\boldsymbol{X}_{21}$为 $r\times s$ 矩阵. 则

$$\boldsymbol{A}\boldsymbol{A}^{-1}=\begin{pmatrix}\boldsymbol{A}_{11} & \boldsymbol{A}_{12}\\ \boldsymbol{O} & \boldsymbol{A}_{22}\end{pmatrix}\begin{pmatrix}\boldsymbol{X}_{11} & \boldsymbol{X}_{12}\\ \boldsymbol{X}_{21} & \boldsymbol{X}_{22}\end{pmatrix}=\begin{pmatrix}\boldsymbol{E}_s & \boldsymbol{O}\\ \boldsymbol{O} & \boldsymbol{E}_r\end{pmatrix},$$

即

$$\begin{pmatrix}\boldsymbol{A}_{11}\boldsymbol{X}_{11}+\boldsymbol{A}_{12}\boldsymbol{X}_{21} & \boldsymbol{A}_{11}\boldsymbol{X}_{12}+\boldsymbol{A}_{12}\boldsymbol{X}_{22}\\ \boldsymbol{A}_{22}\boldsymbol{X}_{21} & \boldsymbol{A}_{22}\boldsymbol{X}_{22}\end{pmatrix}=\begin{pmatrix}\boldsymbol{E}_s & \boldsymbol{O}\\ \boldsymbol{O} & \boldsymbol{E}_r\end{pmatrix},$$

从而得

$$\begin{aligned}&\boldsymbol{A}_{11}\boldsymbol{X}_{11}+\boldsymbol{A}_{12}\boldsymbol{X}_{21}=\boldsymbol{E}_s,\\&\boldsymbol{A}_{11}\boldsymbol{X}_{12}+\boldsymbol{A}_{12}\boldsymbol{X}_{22}=\boldsymbol{O},\\&\boldsymbol{A}_{22}\boldsymbol{X}_{21}=\boldsymbol{O},\\&\boldsymbol{A}_{22}\boldsymbol{X}_{22}=\boldsymbol{E}_r.\end{aligned}$$

进一步解得

$$\boldsymbol{X}_{11}=\boldsymbol{A}_{11}^{-1},\quad \boldsymbol{X}_{12}=-\boldsymbol{A}_{11}^{-1}\boldsymbol{A}_{12}\boldsymbol{A}_{22}^{-1},\quad \boldsymbol{X}_{21}=\boldsymbol{O},\quad \boldsymbol{X}_{22}=\boldsymbol{A}_{22}^{-1},$$

即

$$\boldsymbol{A}^{-1}=\begin{pmatrix}\boldsymbol{A}_{11}^{-1} & -\boldsymbol{A}_{11}^{-1}\boldsymbol{A}_{12}\boldsymbol{A}_{22}^{-1}\\ \boldsymbol{O} & \boldsymbol{A}_{22}^{-1}\end{pmatrix}.$$

特别地,如果 $\boldsymbol{A}_{12}=\boldsymbol{O}$,则 $\boldsymbol{A}=\begin{pmatrix}\boldsymbol{A}_{11} & \boldsymbol{O}\\ \boldsymbol{O} & \boldsymbol{A}_{22}\end{pmatrix}$,此时

$$\boldsymbol{A}^{-1}=\begin{pmatrix}\boldsymbol{A}_{11}^{-1} & \boldsymbol{O}\\ \boldsymbol{O} & \boldsymbol{A}_{22}^{-1}\end{pmatrix}.$$

将这一结果推广到更一般的情况. 若准对角矩阵

$$\boldsymbol{A}=\begin{pmatrix}\boldsymbol{A}_1 & & & \\ & \boldsymbol{A}_2 & & \\ & & \ddots & \\ & & & \boldsymbol{A}_t\end{pmatrix}.$$

其中 $\boldsymbol{A}_i$ 为 n_i 阶可逆矩阵($i=1,2,\cdots,t$),则 $\boldsymbol{A}$ 也可逆,并且

$$\boldsymbol{A}^{-1}=\begin{pmatrix}\boldsymbol{A}_1^{-1} & & & \\ & \boldsymbol{A}_2^{-1} & & \\ & & \ddots & \\ & & & \boldsymbol{A}_t^{-1}\end{pmatrix}.$$

§2.5　矩阵的初等变换

一、矩阵的初等变换与初等矩阵

定义 15　下列三种变换称为矩阵的初等变换:

(1) 交换 $\boldsymbol{A}$ 的某两行(列),记作 $r_i \leftrightarrow r_j$ ($c_i \leftrightarrow c_j$);

(2) 用一个非零的数乘以 $\boldsymbol{A}$ 的某一行(列)的所有元素,记作 kr_i (kc_i);

(3) 将 $\boldsymbol{A}$ 第行(列)的 k 倍加到另一行(列)上,记作 r_i+kr_j (c_i+kc_j).

定义 16　由单位矩阵 $\boldsymbol{E}$ 经过一次初等变换得到的矩阵称为初等矩阵.

根据定义可知,每一个初等变换就对应了一个相应的初等矩阵,对应与三种初等变换,初等矩阵也有三种:

(1) 交换 $\boldsymbol{E}$ 的第 i 行(列)与第 j 行(列)得到的初等矩阵记作 $\boldsymbol{P}(i,j)$,即

$$\boldsymbol{P}(i,j)=\begin{pmatrix}1 & & & & & & & \\ & \ddots & & & & & & \\ & & 0 & & \cdots & & 1 & \\ & & & 1 & & & & \\ & & & & \ddots & & & \\ & & & & & 1 & & \\ & & 1 & & \cdots & & 0 & \\ & & & & & & & \ddots & \\ & & & & & & & & 1\end{pmatrix}\begin{matrix} \\ \\ i\text{ 行} \\ \\ \\ \\ j\text{ 行} \\ \\ \\ \end{matrix}.$$

(2) 用一个非零的数 k 乘 $\boldsymbol{E}$ 的第 i 行(列)得到的初等矩阵记作 $\boldsymbol{P}(i(k))$,即

$$\boldsymbol{P}(i(k))=\begin{pmatrix}1 & & & & & & \\ & \ddots & & & & & \\ & & 1 & & & & \\ & & & k & & & \\ & & & & 1 & & \\ & & & & & \ddots & \\ & & & & & & 1\end{pmatrix} i\ \text{行}.$$

(3) 将 $\boldsymbol{E}$ 第 j 行的 k 倍加到第 i 行上(第 i 列的 k 倍加到第 j 列上)得到的初等矩阵记作 $\boldsymbol{P}(i,j(k))$,即

$$\boldsymbol{P}(i,j(k))=\begin{pmatrix}1 & & & & & & \\ & \ddots & & & & & \\ & & 1 & \cdots & k & & \\ & & & \ddots & & & \\ & & 0 & \cdots & 1 & & \\ & & & & & \ddots & \\ & & & & & & 1\end{pmatrix}\begin{matrix} \\ \\ i\ \text{行} \\ \\ j\ \text{行} \\ \\ \\ \end{matrix}.$$

初等矩阵的性质:

(1) 初等矩阵都是可逆的,并且其逆矩阵还为初等矩阵,分别为

$$\boldsymbol{P}^{-1}(i,j)=\boldsymbol{P}(i,j),\quad \boldsymbol{P}^{-1}(i(k))=\boldsymbol{P}\left(i\left(\frac{1}{k}\right)\right),\quad \boldsymbol{P}^{-1}(i,j(k))=\boldsymbol{P}(i,j(-k)).$$

(2) 初等矩阵的转置还是初等矩阵,并且

$$\boldsymbol{P}^{\mathrm{T}}(i,j)=\boldsymbol{P}(i,j),\quad \boldsymbol{P}^{\mathrm{T}}(i(k))=\boldsymbol{P}(i(k)),\quad \boldsymbol{P}^{\mathrm{T}}(i,j(k))=\boldsymbol{P}(j,i(k)).$$

下面我们来研究初等矩阵和矩阵初等变换之间的关系:

设 $\boldsymbol{A}=\begin{pmatrix}1 & 2 & 3\\ 2 & 1 & 2\\ 1 & 3 & 4\end{pmatrix}$,互换 $\boldsymbol{A}$ 的第一、二行得 $\boldsymbol{A}_1=\begin{pmatrix}2 & 1 & 2\\ 1 & 2 & 3\\ 1 & 3 & 4\end{pmatrix}$.相应的交换单位矩阵 $\boldsymbol{E}$ 的第一、二行得初等矩阵为 $\boldsymbol{P}(1,2)=\begin{pmatrix}0 & 1 & 0\\ 1 & 0 & 0\\ 0 & 0 & 1\end{pmatrix}$,则发现

$$\boldsymbol{P}(1,2)\boldsymbol{A}=\begin{pmatrix}0 & 1 & 0\\ 1 & 0 & 0\\ 0 & 0 & 1\end{pmatrix}\begin{pmatrix}1 & 2 & 3\\ 2 & 1 & 2\\ 1 & 3 & 4\end{pmatrix}=\begin{pmatrix}2 & 1 & 2\\ 1 & 2 & 3\\ 1 & 3 & 4\end{pmatrix}=\boldsymbol{A}_1.$$

由此可见,对 $\boldsymbol{A}$ 作一次行变换和在 $\boldsymbol{A}$ 的左边乘上一个相应的初等矩阵效果相同. 又如互换

$\boldsymbol{A}$ 的第一、二列得 $\boldsymbol{A}_2=\begin{pmatrix}2&1&3\\1&2&2\\3&1&4\end{pmatrix}$，相应的交换单位矩阵 $\boldsymbol{E}$ 的第一、二列得初等矩阵为 $\boldsymbol{P}(1,2)=\begin{pmatrix}0&1&0\\1&0&0\\0&0&1\end{pmatrix}$，则发现

$$\boldsymbol{AP}(1,2)=\begin{pmatrix}1&2&3\\2&1&2\\1&3&4\end{pmatrix}\begin{pmatrix}0&1&0\\1&0&0\\0&0&1\end{pmatrix}=\begin{pmatrix}2&1&3\\1&2&2\\3&1&4\end{pmatrix}=\boldsymbol{A}_2.$$

由此可见，对 $\boldsymbol{A}$ 作一次列变换和在 $\boldsymbol{A}$ 的右边乘上一个相应的初等矩阵效果相同.

定理 2 设 $\boldsymbol{A}$ 是 $m\times n$ 矩阵，则

(1) 对 $\boldsymbol{A}$ 进行一次行初等变换，相当于用一个相应的 m 阶的初等矩阵左乘 $\boldsymbol{A}$；

(2) 对 $\boldsymbol{A}$ 进行一次列初等变换，相当于用一个相应的 n 阶的初等矩阵右乘 $\boldsymbol{A}$.

二、求逆矩阵的初等变换法

1. 矩阵的等价标准形

定义 17 如果矩阵 $\boldsymbol{B}$ 可以由矩阵 $\boldsymbol{A}$ 经过有限次初等变换得到，则称 $\boldsymbol{A}$ 与 $\boldsymbol{B}$ 是**等价**的.

矩阵等价显然有以下性质：

(1) 反身性：$\boldsymbol{A}$ 与 $\boldsymbol{A}$ 等价；

(2) 对称性：若 $\boldsymbol{A}$ 与 $\boldsymbol{B}$ 等价，则 $\boldsymbol{B}$ 与 $\boldsymbol{A}$ 等价；

(3) 传递性：若 $\boldsymbol{A}$ 与 $\boldsymbol{B}$ 等价，$\boldsymbol{B}$ 与 $\boldsymbol{C}$ 等价，那么 $\boldsymbol{A}$ 与 $\boldsymbol{C}$ 等价.

定理 3 任意矩阵 $\boldsymbol{A}$ 都与一个形如

$$\begin{pmatrix}\boldsymbol{E}_r&\boldsymbol{O}\\\boldsymbol{O}&\boldsymbol{O}\end{pmatrix}$$

的矩阵等价，其中 $0\leqslant r\leqslant n$. 这个矩阵称为矩阵 $\boldsymbol{A}$ 的**等价标准形**.

证 设 $\boldsymbol{A}=(a_{ij})_{m\times n}$，如果 $\boldsymbol{A}=\boldsymbol{O}$，则 $\boldsymbol{A}$ 已经是等价标准形，结论成立.

如果 $\boldsymbol{A}\neq\boldsymbol{O}$，不妨设 $a_{11}\neq0$(假设 $a_{11}=0$，则由于 $\boldsymbol{A}\neq\boldsymbol{O}$，$\boldsymbol{A}$ 中必存在一个 $a_{ij}\neq0$ 将 $\boldsymbol{A}$ 的第 i 行与第一行互换，再将所得矩阵的第 j 列与第一列互换，即可将 a_{ij} 移至矩阵的左上角位置)，用 $-\dfrac{a_{i1}}{a_{11}}$乘以第一行加到第 i 行上($i=2,3,\cdots,m$)，再用$-\dfrac{a_{1j}}{a_{11}}$乘以第一列加到第 j 列上($j=2,3,\cdots,m$)，然后用$\dfrac{1}{a_{11}}$乘以第一行，将矩阵化为

$$\begin{pmatrix} 1 & 0 & \cdots & 0 \\ 0 & a'_{22} & \cdots & a'_{2n} \\ \vdots & \vdots & \vdots & \vdots \\ 0 & a'_{m2} & \cdots & a'_{mn} \end{pmatrix} = \begin{pmatrix} 1 & \mathbf{0} \\ \mathbf{0} & \boldsymbol{A}_1 \end{pmatrix},$$

其中 $\boldsymbol{A}_1$ 为 $(m-1)\times(n-1)$ 矩阵. 对 $\boldsymbol{A}_1$ 重复上述过程,最终有 $\boldsymbol{A}$ 与

$$\begin{pmatrix} \boldsymbol{E}_r & \boldsymbol{O} \\ \boldsymbol{O} & \boldsymbol{O} \end{pmatrix}$$

等价,这个矩阵称为 $\boldsymbol{A}$ 的等价标准形. □

例 17 设矩阵

$$\boldsymbol{A} = \begin{pmatrix} 2 & -3 & 8 & 2 \\ 2 & 12 & -2 & 12 \\ 1 & 3 & 1 & 4 \end{pmatrix},$$

求 $\boldsymbol{A}$ 的等价标准形.

解 对矩阵 $\boldsymbol{A}$ 作初等变换,有

$$\boldsymbol{A} \xrightarrow{r_1 \leftrightarrow r_3} \begin{pmatrix} 1 & 3 & 1 & 4 \\ 2 & 12 & -2 & 12 \\ 2 & -3 & 8 & 2 \end{pmatrix} \xrightarrow[r_3+(-2)r_1]{r_2+(-2)r_1} \begin{pmatrix} 1 & 3 & 1 & 4 \\ 0 & 6 & -4 & 4 \\ 0 & -9 & 6 & -6 \end{pmatrix} \xrightarrow[\substack{c_3+(-1)c_1 \\ c_4+(-4)c_1}]{c_2+(-3)c_1}$$

$$\begin{pmatrix} 1 & 0 & 0 & 0 \\ 0 & 6 & -4 & 4 \\ 0 & -9 & 6 & -6 \end{pmatrix} \xrightarrow{\frac{1}{6}r_2} \begin{pmatrix} 1 & 0 & 0 & 0 \\ 0 & 1 & -\frac{2}{3} & \frac{2}{3} \\ 0 & -9 & 6 & -6 \end{pmatrix} \xrightarrow{r_3+9r_2} \begin{pmatrix} 1 & 0 & 0 & 0 \\ 0 & 1 & -\frac{2}{3} & \frac{2}{3} \\ 0 & 0 & 0 & 0 \end{pmatrix}$$

$$\xrightarrow[c_4+\left(-\frac{2}{3}\right)c_2]{c_3+\left(\frac{2}{3}\right)c_2} \begin{pmatrix} 1 & 0 & 0 & 0 \\ 0 & 1 & 0 & 0 \\ 0 & 0 & 0 & 0 \end{pmatrix} = \begin{pmatrix} \boldsymbol{E}_2 & \boldsymbol{O} \\ \mathbf{0} & \mathbf{0} \end{pmatrix}.$$

推论 1 对于任意 $m\times n$ 矩阵 $\boldsymbol{A}$,存在 m 阶初等矩阵 $\boldsymbol{P}_1,\boldsymbol{P}_2,\cdots,\boldsymbol{P}_s$ 和 n 阶初等矩阵 $\boldsymbol{Q}_1$,$\boldsymbol{Q}_2,\cdots,\boldsymbol{Q}_t$,使得

$$\boldsymbol{P}_s\boldsymbol{P}_{s-1}\cdots\boldsymbol{P}_1\boldsymbol{A}\boldsymbol{Q}_1,\boldsymbol{Q}_2\cdots\boldsymbol{Q}_t = \begin{pmatrix} \boldsymbol{E}_r & \boldsymbol{O} \\ \boldsymbol{O} & \boldsymbol{O} \end{pmatrix}.$$

令 $\boldsymbol{P}=\boldsymbol{P}_s\boldsymbol{P}_{s-1}\cdots\boldsymbol{P}_1$,$\boldsymbol{Q}=\boldsymbol{Q}_1\boldsymbol{Q}_2\cdots\boldsymbol{Q}_t$,由于初等矩阵是可逆矩阵,而可逆短阵的乘积仍为可逆矩阵,因此,$\boldsymbol{P}$,$\boldsymbol{Q}$ 为可逆矩阵,从而有下面推论:

推论 2 对于任意 $m\times n$ 矩阵 $\boldsymbol{A}$，存在 m 阶可逆 $\boldsymbol{P}$ 和 n 阶可逆矩阵 $\boldsymbol{Q}$，使得

$$\boldsymbol{PAQ}=\begin{pmatrix}\boldsymbol{E}_r & \boldsymbol{O}\\ \boldsymbol{O} & \boldsymbol{O}\end{pmatrix}.$$

推论 3 n 阶矩阵 $\boldsymbol{A}$ 可逆的充分必要条件是 $\boldsymbol{A}$ 的等价标准形为 $\boldsymbol{E}_n$.

证 由推论 2 知，存在 n 阶可逆矩阵 $\boldsymbol{P}$ 和 $\boldsymbol{Q}$，使得

$$\boldsymbol{PAQ}=\begin{pmatrix}\boldsymbol{E}_r & \boldsymbol{O}\\ \boldsymbol{O} & \boldsymbol{O}\end{pmatrix}.$$

$\boldsymbol{A}$ 可逆的充分必要条件是 $|\boldsymbol{A}|\neq 0$，又 $\boldsymbol{P},\boldsymbol{Q}$ 可逆，所以 $|\boldsymbol{P}|\neq 0$，$|\boldsymbol{Q}|\neq 0$，从而

$$|\boldsymbol{PAQ}|=|\boldsymbol{P}|\cdot|\boldsymbol{A}|\cdot|\boldsymbol{Q}|\neq 0.$$

由此推出 $\begin{vmatrix}\boldsymbol{E}_r & \boldsymbol{O}\\ \boldsymbol{O} & \boldsymbol{O}\end{vmatrix}\neq 0$，于是 $r=n$. □

由推论 1 和推论 3 又可得到如下推论：

推论 4 n 阶矩阵 $\boldsymbol{A}$ 可逆的充分必要条件是 $\boldsymbol{A}$ 可以表为若干个初等矩阵的乘积.

证 *必要性* 若 $\boldsymbol{A}$ 可逆，则存在 n 阶初等矩阵 $\boldsymbol{P}_1,\boldsymbol{P}_2,\cdots,\boldsymbol{P}_s$，和 $\boldsymbol{Q}_1,\boldsymbol{Q}_2,\cdots,\boldsymbol{Q}_t$，使得

$$\boldsymbol{P}_s\boldsymbol{P}_{s-1}\cdots\boldsymbol{P}_1\boldsymbol{A}\boldsymbol{Q}_1\boldsymbol{Q}_2\cdots\boldsymbol{Q}_t=\boldsymbol{E},$$

而初等矩阵都是可逆的，左乘 $\boldsymbol{P}_1^{-1}\boldsymbol{P}_2^{-1}\cdots\boldsymbol{P}_s^{-1}$，右乘 $\boldsymbol{Q}_t^{-1}\cdots\boldsymbol{Q}_2^{-1}\boldsymbol{Q}_1^{-1}$，得

$$\boldsymbol{A}=\boldsymbol{P}_1^{-1}\boldsymbol{P}_2^{-1}\cdots\boldsymbol{P}_s^{-1}\boldsymbol{E}\boldsymbol{Q}_t^{-1}\cdots\boldsymbol{Q}_2^{-1}\boldsymbol{Q}_1^{-1}=\boldsymbol{P}_1^{-1}\boldsymbol{P}_2^{-1}\cdots\boldsymbol{P}_s^{-1}\boldsymbol{Q}_t^{-1}\cdots\boldsymbol{Q}_2^{-1}\boldsymbol{Q}_1^{-1}.$$

又由于初等矩阵的逆矩阵还是初等矩阵，所以 $\boldsymbol{A}$ 可以表为若干个初等矩阵的乘积.

充分性 若 $\boldsymbol{A}$ 可以表为若干个初等矩阵的乘积，即

$$\boldsymbol{A}=\boldsymbol{P}_1\boldsymbol{P}_2\cdots\boldsymbol{P}_s,$$

其中 $\boldsymbol{P}_i(i=1,2,\cdots,s)$ 为初等矩阵. 由于初等矩阵都是可逆的，可逆矩阵的乘积还是可逆矩阵，所以 $\boldsymbol{A}$ 可逆. □

2. 求逆矩阵的初等变换法

设 $\boldsymbol{A}$ 为 n 阶可逆矩阵，则 $\boldsymbol{A}^{-1}$ 也是 n 阶可逆矩阵. 因此由定理 3 的推论 4，$\boldsymbol{A}^{-1}$ 可以表为有限个初等矩阵的乘积，即

$$\boldsymbol{A}^{-1}=\boldsymbol{T}_1\boldsymbol{T}_2\cdots\boldsymbol{T}_k, \tag{2.4}$$

其中 $\boldsymbol{T}_1,\boldsymbol{T}_2,\cdots,\boldsymbol{T}_k$ 为 n 阶初等矩阵，则

$$\boldsymbol{A}^{-1}=\boldsymbol{T}_1\boldsymbol{T}_2\cdots\boldsymbol{T}_k\boldsymbol{E}. \tag{2.5}$$

将(2.4)式两边同时右乘 $\boldsymbol{A}$ 得

$$\boldsymbol{A}^{-1}\boldsymbol{A}=\boldsymbol{T}_1\boldsymbol{T}_2\cdots\boldsymbol{T}_k\boldsymbol{A},$$

即

$$\boldsymbol{E}=\boldsymbol{T}_1\boldsymbol{T}_2\cdots\boldsymbol{T}_k\boldsymbol{A}. \tag{2.6}$$

比较(2.6)式与(2.5)式可以看出：当对矩阵 $\boldsymbol{A}$ 进行有限次初等行变换，将 $\boldsymbol{A}$ 化为单位矩阵 $\boldsymbol{E}$

时,对单位矩阵 $\boldsymbol{E}$ 进行与 $\boldsymbol{A}$ 相同的初等行变换,就可以将 $\boldsymbol{E}$ 化为 $\boldsymbol{A}^{-1}$.

于是,我们可以采用下列形式求 $\boldsymbol{A}^{-1}$:

(1) 将 $\boldsymbol{A}$ 与 $\boldsymbol{E}$ 并列排放在一起,组成一个 $n\times 2n$ 矩阵 $(\boldsymbol{A},\boldsymbol{E})$.

(2) 对矩阵 $(\boldsymbol{A},\boldsymbol{E})$ 作一系列初等行变换,将其左半部分 $\boldsymbol{A}$ 化为单位矩阵 $\boldsymbol{E}$,其右半部分 $\boldsymbol{E}$ 随着一起变成了 $\boldsymbol{A}^{-1}$,即

$$(\boldsymbol{A},\boldsymbol{E})\xrightarrow{\text{初等行变换}}(\boldsymbol{E},\boldsymbol{A}^{-1}).$$

初等行变换法求逆矩阵的计算形式,还可以用于求解形如

$$\boldsymbol{AX}=\boldsymbol{B}$$

的矩阵方程,其中 $\boldsymbol{A}$ 为已知的 n 阶可逆矩阵,$\boldsymbol{B}$ 为 $n\times m$ 矩阵,$\boldsymbol{X}$ 为未知的 $n\times m$ 矩阵.

由于 $\boldsymbol{A}$ 可逆,将方程 $\boldsymbol{AX}=\boldsymbol{B}$ 两边同时左乘 $\boldsymbol{A}^{-1}$ 解得 $\boldsymbol{X}=\boldsymbol{A}^{-1}\boldsymbol{B}$,然后先求出 $\boldsymbol{A}^{-1}$,再通过矩阵乘法求出 $\boldsymbol{X}=\boldsymbol{A}^{-1}\boldsymbol{B}$. 另一方面,由于 $\boldsymbol{A}$ 可逆,故存在初等矩阵 $\boldsymbol{P}_1,\boldsymbol{P}_2,\cdots,\boldsymbol{P}_s$,使

$$\boldsymbol{P}_1\boldsymbol{P}_2\cdots\boldsymbol{P}_s\boldsymbol{A}=\boldsymbol{E}.$$

上式两边同时右乘 $\boldsymbol{A}^{-1}\boldsymbol{B}$ 得

$$\boldsymbol{P}_1\boldsymbol{P}_2\cdots\boldsymbol{P}_s\boldsymbol{B}=\boldsymbol{A}^{-1}\boldsymbol{B}.$$

说明当对 $\boldsymbol{A}$ 进行一系列初等行变换将 $\boldsymbol{A}$ 化为单位矩阵 $\boldsymbol{E}$ 时,对 $\boldsymbol{B}$ 进行同样的初等行变换,得到的矩阵就是 $\boldsymbol{A}^{-1}\boldsymbol{B}$.

于是有以下计算形式:

$$(\boldsymbol{A},\boldsymbol{B})\xrightarrow{\text{初等行变换}}(\boldsymbol{E},\boldsymbol{A}^{-1}\boldsymbol{B}).$$

例 18 设矩阵

$$\boldsymbol{A}=\begin{pmatrix}1&2&3\\2&1&2\\1&3&4\end{pmatrix},$$

求 $\boldsymbol{A}^{-1}$.

解 对矩阵 $(\boldsymbol{A},\boldsymbol{E})$ 作一系列初等行变换,有

$$(\boldsymbol{A},\boldsymbol{E})=\left(\begin{array}{ccc:ccc}1&2&3&1&0&0\\2&1&2&0&1&0\\1&3&4&0&0&1\end{array}\right)\xrightarrow[r_3+(-1)r_1]{r_2+(-2)r_1}\left(\begin{array}{ccc:ccc}1&2&3&1&0&0\\0&-3&-4&-2&1&0\\0&1&1&-1&0&1\end{array}\right)$$

$$\xrightarrow{r_1\leftrightarrow r_2}\left(\begin{array}{ccc:ccc}1&2&3&1&0&0\\0&1&1&-1&0&1\\0&-3&-4&-2&1&0\end{array}\right)\xrightarrow[r_1+(-2)r_2]{r_3+3r_2}\left(\begin{array}{ccc:ccc}1&0&1&3&0&-2\\0&1&1&-1&0&1\\0&0&-1&-5&1&3\end{array}\right)$$

$$\xrightarrow[r_1+r_3]{r_2+r_3}\left(\begin{array}{ccc:ccc}1&0&0&-2&1&1\\0&1&0&-6&1&4\\0&0&-1&-5&1&3\end{array}\right)\xrightarrow{-1\cdot r_3}\left(\begin{array}{ccc:ccc}1&0&0&-2&1&1\\0&1&0&-6&1&4\\0&0&1&5&-1&-3\end{array}\right),$$

故
$$A^{-1}=\begin{pmatrix}-2&1&1\\-6&1&4\\5&-1&-3\end{pmatrix}.$$

例 19 解矩阵方程 $AX=A+2X$，其中
$$A=\begin{pmatrix}4&2&3\\1&1&0\\-1&2&3\end{pmatrix}.$$

解 由矩阵方程 $AX=A+2X$ 可得 $(A-2E)X=A$，则
$$\det(A-2E)=\begin{vmatrix}2&2&3\\1&-1&0\\-1&2&1\end{vmatrix}=-1\neq 0,$$
所以 $A-2E$ 可逆. 从而 $X=(A-2E)^{-1}A$，
$$(A-2E,A)=\left(\begin{array}{ccc:ccc}2&2&3&4&2&3\\1&-1&0&1&1&0\\-1&2&1&-1&2&3\end{array}\right)\xrightarrow{\text{初等行变换}}\left(\begin{array}{ccc:ccc}1&0&0&3&-8&-6\\0&1&0&2&-9&-6\\0&0&1&-2&12&9\end{array}\right),$$
$$X=\begin{pmatrix}3&-8&-6\\2&-9&-6\\-2&12&9\end{pmatrix}.$$

§2.6 矩阵的秩

一、矩阵秩的定义

定义 18 在一个 m 行 n 列矩阵中，任取 k 行 k 列 $(k\leqslant m, k\leqslant n)$，位于这些行与列交点处的元素(不改变元素的相对位置)所构成的 k 行列式称为矩阵的 k **阶子式**.

定义 19 如果数域 F 上的 $m\times n$ 矩阵
$$A=\begin{pmatrix}a_{11}&a_{12}&\cdots&a_{1n}\\a_{21}&a_{22}&\cdots&a_{2n}\\\vdots&\vdots&&\vdots\\a_{m1}&a_{m2}&\cdots&a_{mn}\end{pmatrix}$$
至少存在一个 r 阶子式不为零，并且所有的 $r+1$ 阶子式全为零，则称 r 为矩阵 A 的**秩**，记作 $R(A)=r$. 并规定零矩阵的秩为 0.

关于矩阵的秩注意以下几点：

(1) 由行列式的性质可知，当 A 的所有 $r+1$ 阶子式全等于 0，那么所有阶数高于 $r+1$

的子式也全等于 0，因此 $\boldsymbol{A}$ 的秩 r 其实就是 $\boldsymbol{A}$ 的非零子式的最高阶数.

(2) 当且仅当矩阵 $\boldsymbol{A}$ 是零矩阵时 $R(\boldsymbol{A})=0$；换句话说如果 $\boldsymbol{A}$ 是非零矩阵，那么 $R(\boldsymbol{A})\geqslant 1$.

(3) 若矩阵 $\boldsymbol{A}$ 是 $m\times n$ 的矩阵，那么必有 $R(\boldsymbol{A})\leqslant\min(m,n)$，特别的当 $\boldsymbol{A}$ 为 n 阶方阵时，$R(\boldsymbol{A})\leqslant n$.

(4) 若 $\boldsymbol{A}$ 为 n 阶矩阵，那么 $R(\boldsymbol{A})=n$ 当且仅当 $\det\boldsymbol{A}\neq 0$.

(5) 若 $\boldsymbol{A}$ 为 n 阶矩阵，那么 $R(\boldsymbol{A})=n$ 充分必要条件为 $\boldsymbol{A}$ 为可逆矩阵.

例 20 求矩阵 $\boldsymbol{A}=\begin{pmatrix}1 & 0 & -1 & 2\\ 1 & -1 & 2 & 3\\ 2 & -2 & 4 & 6\end{pmatrix}$ 的秩.

解 因为存在二阶子式

$$\begin{vmatrix}1 & 0\\ 1 & -1\end{vmatrix}=-1\neq 0.$$

而 $\boldsymbol{A}$ 的第二与第三行成比例，故所有三阶式子式全为零，因此 $R(\boldsymbol{A})=2$.

二、矩阵的初等变换和矩阵的秩

对于一般的 $m\times n$ 矩阵 $\boldsymbol{A}$，我们可以发现利用定义确定它的秩可不是一件容易的事. 下面介绍用初等变换的方法求矩阵的秩.

对于形如

$$\begin{pmatrix}1 & 0 & -1 & 2 & 1\\ 0 & 2 & 1 & 4 & 0\\ 0 & 0 & 0 & -3 & -2\\ 0 & 0 & 0 & 0 & 0\end{pmatrix}$$

的矩阵，秩的确定就容易得多. 例如由其前三行及第一、二、四列构成的三阶子式

$$\begin{vmatrix}1 & 0 & 2\\ 0 & 2 & 4\\ 0 & 0 & -3\end{vmatrix}=-6\neq 0,$$

并且显然所有的四阶子式全为零. 故该矩阵的秩为 3.

一般称具有上述形式的矩阵为阶梯形矩阵，其特点是：

(1) 自上而下各行中，从左边起随着行数的增加 0 的个数增加；

(2) 元素全为零的行（如果有的话），位于矩阵的最下面.

显然阶梯形矩阵的秩就等于矩阵中元素不全为零的行的行数. 那么，一般的矩阵和这种阶梯形矩阵之间有什么关系呢？可以证明下面的定理.

定理 4 任意一个 $m\times n$ 矩阵，均可以经过一系列初等行变换化为 $m\times n$ 阶梯形矩阵.

证 设 $\boldsymbol{A}=(a_{ij})_{m\times n}$,若 $\boldsymbol{A}=\boldsymbol{0}$,则已经是阶梯形矩阵.

若 $\boldsymbol{A}$ 是非零的矩阵,从 $\boldsymbol{A}$ 的第一列开始.

若第一列元素不全为零,那么就从第一个元素开始向下依次查找,直到找到非零元素为止,比如找到 $a_{j1}\neq 0$,如果 $j=1$,则不动,如果 $j\neq 1$ 则交换第 j 行与第1行使 a_{j1} 位于矩阵左上角,然后,用 $\dfrac{-a_{i1}}{a_{j1}}$ 乘以第一行后在加到第 i 行上去 $(i=2,\cdots,m)$,矩阵化为

$$\begin{pmatrix} a_{j1} & a_{j2} & \cdots & a_{jn} \\ 0 & a'_{22} & \cdots & a'_{2n} \\ \vdots & \vdots & & \vdots \\ 0 & a'_{m2} & \cdots & a'_{mn} \end{pmatrix}=\begin{pmatrix} a_{j1} & \boldsymbol{B} \\ \boldsymbol{0} & \boldsymbol{A}_1 \end{pmatrix},$$

如果第一列元素全为零,那么矩阵就已经是上面形式了.

对 $\boldsymbol{A}_1$ 重复以上的做法将矩阵化为

$$\begin{pmatrix} a_{j1} & a_{j2} & \cdots & a_{jn} \\ 0 & a'_{i2} & \cdots & a'_{in} \\ \vdots & \vdots & & \vdots \\ 0 & 0 & \cdots & a'_{mn} \end{pmatrix}.$$

如此反复下去,经过 r 次 $(r\leqslant\min(m,n))$,最后将矩阵化为

$$\begin{pmatrix} a'_{11} & * & \cdots & * & * & \cdots & * \\ 0 & a'_{22} & \cdots & * & * & \cdots & * \\ \vdots & \vdots & & \vdots & \vdots & \vdots & \vdots \\ 0 & 0 & \cdots & a'_{rr} & * & \cdots & * \\ 0 & 0 & \cdots & 0 & 0 & \cdots & 0 \\ \vdots & \vdots & & \vdots & \vdots & \vdots & \vdots \\ 0 & 0 & \cdots & 0 & 0 & \cdots & 0 \end{pmatrix}.$$

□

例 21 设矩阵

$$\boldsymbol{A}=\begin{pmatrix} 0 & 1 & -3 & 0 & 1 \\ 1 & -1 & 8 & -5 & 2 \\ 3 & 3 & 6 & -7 & 4 \\ 2 & 4 & -2 & 1 & -1 \end{pmatrix},$$

利用行初等变换,把 $\boldsymbol{A}$ 化为阶梯形矩阵.

解 对矩阵 $\boldsymbol{A}$ 作初等行变换,有

$$A=\begin{pmatrix}0&1&-3&0&1\\1&-1&8&-5&2\\3&3&6&-7&4\\2&4&-2&1&-1\end{pmatrix}\xrightarrow{r_1\leftrightarrow r_2}\begin{pmatrix}1&-1&8&-5&2\\0&1&-3&0&1\\3&3&6&-7&4\\2&4&-2&1&-1\end{pmatrix}$$

$$\xrightarrow[r_4+(-2)r_1]{r_3+(-3)r_1}\begin{pmatrix}1&-1&8&-5&2\\0&1&-3&0&1\\0&6&-18&8&-2\\0&6&-18&11&-5\end{pmatrix}\xrightarrow[r_4+(-6)r_2]{r_3+(-6)r_2}\begin{pmatrix}1&-1&8&-5&2\\0&1&-3&0&1\\0&0&0&8&-8\\0&0&0&11&-11\end{pmatrix}$$

$$\xrightarrow{r_4+\left(-\frac{11}{8}\right)r_3}\begin{pmatrix}1&-1&8&-5&2\\0&1&-3&0&1\\0&0&0&8&-8\\0&0&0&0&0\end{pmatrix}.$$

定理 5 初等变换不改变矩阵的秩.

证 设 $R(\boldsymbol{A})=r$，若对 $\boldsymbol{A}$ 实施第一种初等变换得到矩阵 $\boldsymbol{B}$，由于交换行列式两行(列)，行列式仅改变符号，因此 $\boldsymbol{B}$ 的每一个子式与 $\boldsymbol{A}$ 的子式相等或符号相反，因此 $\boldsymbol{A}$ 与 $\boldsymbol{B}$ 秩相等.

若对 $\boldsymbol{A}$ 实施第二种初等变换得到矩阵 $\boldsymbol{B}$，则 $\boldsymbol{B}$ 的子式与 $\boldsymbol{A}$ 的子式相等或相差 k 倍，因此 $\boldsymbol{A}$ 与 $\boldsymbol{B}$ 秩相等.

若对 $\boldsymbol{A}$ 实施第三种初等变换，如将 $\boldsymbol{A}$ 的第 j 行 $\times k$ 加到第 i 行去，得到矩阵 $\boldsymbol{B}$.

设 B_1 是 $\boldsymbol{B}$ 的一个 $r+1$ 阶子式，若不含第 i 行或既含第 i 行又含第 j 行，那么 B_1 也是 $\boldsymbol{A}$ 的一个子式，由于 $R(\boldsymbol{A})=r$，所以 $B_1=0$；若含第 i 行不含第 j 行，那么 $B_1=A_1+kA_2$，其中 A_1 和 A_2 均为 $\boldsymbol{A}$ 的 $r+1$ 阶子式，所以 $B_1=0$，因此 $\boldsymbol{B}$ 的 $r+1$ 阶子式都等于 0，所以 $R(\boldsymbol{B})\leqslant r$，即 $R(\boldsymbol{B})\leqslant R(\boldsymbol{A})$. 又由于对 $\boldsymbol{B}$ 实施第三种初等变换又可以将 $\boldsymbol{B}$ 化为 $\boldsymbol{A}$，所以必有 $R(\boldsymbol{A})\leqslant R(\boldsymbol{B})$，综上所述得 $R(\boldsymbol{A})=R(\boldsymbol{B})$. □

推论 设 $\boldsymbol{A}$ 为 n 阶可逆矩阵，$\boldsymbol{B}$ 为 $n\times m$ 矩阵，则 $R(\boldsymbol{AB})=R(\boldsymbol{B})$.

由以上两个定理知，要求一个矩阵的秩，只要对矩阵实施行初等变换将它化成阶梯形矩阵，就可以很容易地求出矩阵的秩. 例如，例 1 中矩阵的秩为 3.

例 22 设矩阵

$$A=\begin{pmatrix}2&-3&8&2\\2&12&-2&12\\1&3&1&4\end{pmatrix},$$

求矩阵 $\boldsymbol{A}$ 的秩.

解 对矩阵 $\boldsymbol{A}$ 作行初等变换，有

$$A \to \begin{pmatrix} 1 & 3 & 1 & 4 \\ 2 & 12 & -2 & 12 \\ 2 & -3 & 8 & 2 \end{pmatrix} \to \begin{pmatrix} 1 & 3 & 1 & 4 \\ 0 & 6 & -4 & 4 \\ 0 & -9 & 6 & -6 \end{pmatrix} \to \begin{pmatrix} 1 & 3 & 1 & 4 \\ 0 & 6 & -4 & 4 \\ 0 & 0 & 0 & 0 \end{pmatrix},$$

元素不全为零的行有 2 行，故 $R(\boldsymbol{A})=2$.

习　题　2

1. 设 $\boldsymbol{A}=\begin{pmatrix} 2 & 0 & -1 \\ 3 & 1 & -2 \end{pmatrix}$，$\boldsymbol{B}=\begin{pmatrix} -1 & 1 & 2 \\ -2 & 1 & 5 \end{pmatrix}$，求 $\boldsymbol{A}+\boldsymbol{B}$，$\boldsymbol{A}-\boldsymbol{B}$，$2\boldsymbol{A}-3\boldsymbol{B}$.

2. 设矩阵 $\boldsymbol{X}$ 满足 $\boldsymbol{X}-2\boldsymbol{A}=\boldsymbol{B}-\boldsymbol{X}$，其中

$$\boldsymbol{A}=\begin{pmatrix} 2 & -1 \\ -1 & 2 \end{pmatrix}, \quad \boldsymbol{B}=\begin{pmatrix} 0 & -2 \\ -2 & 0 \end{pmatrix},$$

求 $\boldsymbol{X}$.

3. 计算下列两矩阵的乘积：

(1) $\begin{pmatrix} 3 & -2 & 1 \\ 1 & -1 & 2 \end{pmatrix}\begin{pmatrix} -1 & 5 \\ -2 & 4 \\ 3 & -1 \end{pmatrix}$；　(2) $\begin{pmatrix} 1 & 1 \\ 0 & 0 \end{pmatrix}\begin{pmatrix} 0 & 2 \\ 0 & 3 \end{pmatrix}$；　(3) $\begin{pmatrix} 0 & 2 \\ 0 & 3 \end{pmatrix}\begin{pmatrix} 1 & 1 \\ 0 & 0 \end{pmatrix}$；

(4) $\begin{pmatrix} 1 \\ 2 \\ 3 \end{pmatrix}(1,2,3)$；　(5) $(1,2,3)\begin{pmatrix} 1 \\ 2 \\ 3 \end{pmatrix}$.

4. 已知变量 x_1,x_2,x_3,y_1,y_2,y_3 及 z_1,z_2,z_3 之间关系如下：

$$\begin{cases} x_1 = 2y_1 + y_3, \\ x_2 = -2y_1+3y_2+2y_3, \\ x_3 = 4y_1+y_2+5y_3, \end{cases} \quad \begin{cases} y_1 = -3z_1+z_2, \\ y_2 = 2z_1+z_3, \\ y_3 = -z_2+3z_3, \end{cases}$$

求 x_1,x_2,x_3 与 z_1,z_2,z_3 之间的关系式.

5. 设 $\boldsymbol{A}=\begin{pmatrix} 1 & 2 \\ 1 & 3 \end{pmatrix}$，$\boldsymbol{B}=\begin{pmatrix} 1 & 0 \\ 1 & 2 \end{pmatrix}$，问：

(1) $\boldsymbol{AB}=\boldsymbol{BA}$ 吗？

(2) $(\boldsymbol{A}+\boldsymbol{B})^2=\boldsymbol{A}^2+2\boldsymbol{AB}+\boldsymbol{B}^2$ 吗？

(3) $(\boldsymbol{A}-\boldsymbol{B})(\boldsymbol{A}+\boldsymbol{B})=\boldsymbol{A}^2-\boldsymbol{B}^2$ 吗？

6. 举例说明下列结论是错误的：

(1) $\boldsymbol{A}^2=\boldsymbol{O}$，则 $\boldsymbol{A}=\boldsymbol{O}$；

(2) $\boldsymbol{A}^2=\boldsymbol{A}$，则 $\boldsymbol{A}=\boldsymbol{O}$ 或 $\boldsymbol{A}=\boldsymbol{E}$；

(3) $\boldsymbol{AX}=\boldsymbol{AY}$ 则 $\boldsymbol{X}=\boldsymbol{Y}$.

7. 计算下列各题(其中 n 为正整数):

(1) $\begin{pmatrix}1 & 1\\-1 & -1\end{pmatrix}^3$; (2) $\begin{pmatrix}1 & 3\\0 & 1\end{pmatrix}^n$;

(3) $\begin{pmatrix}1 & 1 & 1 & 1\\0 & 1 & 1 & 1\\0 & 0 & 1 & 1\\0 & 0 & 0 & 1\end{pmatrix}^3$; (4) $\begin{pmatrix}a & 0 & 0\\0 & b & 0\\0 & 0 & c\end{pmatrix}^n$.

8. 已知 $\boldsymbol{\alpha}=(1,2,3)$, $\boldsymbol{\beta}=\left(1,\frac{1}{2},\frac{1}{3}\right)$, 令 $\boldsymbol{A}=\boldsymbol{\alpha}^{\mathrm{T}}\boldsymbol{\beta}$, 求 $\boldsymbol{A}^n$(n 为正整数).

9. 设 $\boldsymbol{A}=(a_{ij})$为 n 阶矩阵. 试分别求 $\boldsymbol{A}^2$, $\boldsymbol{A}\boldsymbol{A}^{\mathrm{T}}$ 与 $\boldsymbol{A}^{\mathrm{T}}\boldsymbol{A}$ 的第 k 行第 l 列.

10. 设 $f(x)=a_2x^2+a_1x+a_0$, 对于 n 阶矩阵 $\boldsymbol{A}$, 定义 $f(\boldsymbol{A})=a_2\boldsymbol{A}^2+a_1\boldsymbol{A}+a_0\boldsymbol{E}$, 其中 $\boldsymbol{E}$ 为 n 阶单位矩阵. 现令 $f(x)=x^2-5x+3$:

(1) 如果 $\boldsymbol{A}=\begin{pmatrix}2 & -1\\-3 & 3\end{pmatrix}$, 求 $f(\boldsymbol{A})$;

(2) 如果 $\boldsymbol{A}=\begin{pmatrix}2 & 1 & 1\\3 & 1 & 2\\1 & -1 & 0\end{pmatrix}$, 求 $f(\boldsymbol{A})$.

11. 证明: n 阶矩阵 $\boldsymbol{A}$ 与所有 n 阶矩阵相乘满足交换律的充分必要条件是 $\boldsymbol{A}$ 为 n 阶对角矩阵.

12. 证明:如果 $\boldsymbol{A}$ 是实数域上的一个对称矩阵,且满足 $\boldsymbol{A}^2=\boldsymbol{O}$, 则 $\boldsymbol{A}=\boldsymbol{O}$.

13. 证明:如果 $\boldsymbol{A}$ 是奇数阶的反对称矩阵,则 $\det\boldsymbol{A}=0$.

14. 已知 n 阶矩阵 $\boldsymbol{A}$, 满足 $\boldsymbol{A}^2-3\boldsymbol{A}-2\boldsymbol{E}=0$, 证明: $\boldsymbol{A}$ 可逆,并求 $\boldsymbol{A}^{-1}$.

15. 证明:如果 $\boldsymbol{A}$ 为可逆对称矩阵,则 $\boldsymbol{A}^{-1}$ 也是对称矩阵.

16. 证明:如果 $\boldsymbol{A}$, $\boldsymbol{B}$ 为 n 阶矩阵,且 $\boldsymbol{A}$ 为对称矩阵,则 $\boldsymbol{B}^{\mathrm{T}}\boldsymbol{A}\boldsymbol{B}$ 也是对称矩阵.

17. 判断下列矩阵是否可逆,若可逆,利用伴随矩阵求其逆矩阵.

(1) $\begin{pmatrix}5 & 4\\3 & 2\end{pmatrix}$; (2) $\begin{pmatrix}1 & -3\\-2 & 6\end{pmatrix}$;

(3) $\begin{pmatrix}0 & 2 & -1\\1 & -1 & 1\\3 & -1 & 2\end{pmatrix}$; (4) $\begin{pmatrix}1 & 0 & 0\\1 & 2 & 0\\1 & 2 & 3\end{pmatrix}$.

18. 设 $\boldsymbol{A}$ 为三阶矩阵, $\boldsymbol{A}^*$ 为 $\boldsymbol{A}$ 的伴随矩阵,且已知 $|\boldsymbol{A}|=\frac{1}{2}$, 求行列式 $|(3\boldsymbol{A})^{-1}-2\boldsymbol{A}^*|$ 的值.

19. 设 $\boldsymbol{A}$ 是 n 阶矩阵($n\geqslant 2$), $\boldsymbol{A}^*$ 为 $\boldsymbol{A}$ 的伴随矩阵.证明: $|\boldsymbol{A}^*|=|\boldsymbol{A}|^{n-1}$.

20. 将下列矩阵适当的分块,并用分块后的矩阵乘法计算矩阵的乘法：

(1) $\boldsymbol{A}=\begin{pmatrix}-1 & 0 & 2 & 0\\ 0 & -1 & 0 & 2\\ 0 & 0 & 4 & 3\end{pmatrix}$,$\boldsymbol{B}=\begin{pmatrix}2 & 0 & -1\\ 1 & 1 & 0\\ 0 & 1 & 0\\ 0 & 0 & 1\end{pmatrix}$,求 $\boldsymbol{AB}$；

(2) $\boldsymbol{A}=\begin{pmatrix}4 & -5 & 7 & 0 & 0\\ -1 & 2 & 6 & 0 & 0\\ -3 & 1 & 8 & 0 & 0\\ 0 & 0 & 0 & 2 & 0\\ 0 & 0 & 0 & 0 & 2\end{pmatrix}$,$\boldsymbol{B}=\begin{pmatrix}3 & 0 & 0 & 0 & 0\\ 0 & 3 & 0 & 0 & 0\\ 0 & 0 & 3 & 0 & 0\\ 0 & 0 & 0 & -1 & 3\\ 0 & 0 & 0 & 9 & 3\end{pmatrix}$,求 $\boldsymbol{AB}$.

21. 用分块矩阵的方法求下列矩阵的逆矩阵：

(1) $\boldsymbol{A}=\begin{pmatrix}2 & 1 & 0 & 1\\ 1 & 1 & 0 & 0\\ 0 & 0 & 2 & 5\\ 0 & 0 & 1 & 3\end{pmatrix}$；　(2) $\boldsymbol{A}=\begin{pmatrix}1 & 0 & 0 & 0 & 0\\ 0 & 2 & 1 & 0 & 0\\ 0 & 1 & 1 & 0 & 0\\ 0 & 0 & 0 & -1 & 0\\ 0 & 0 & 0 & 9 & 1\end{pmatrix}$.

22. 设 $\boldsymbol{A}$ 是三阶矩阵,且 $|\boldsymbol{A}|=-2$,若将 $\boldsymbol{A}$ 按列分块 $\boldsymbol{A}=(\boldsymbol{A}_1,\boldsymbol{A}_2,\boldsymbol{A}_3)$,其中 $\boldsymbol{A}_j$ 为 $\boldsymbol{A}$ 的第 j 列($j=1,2,3$),求下列行列式：

(1) $|\boldsymbol{A}_1,2\boldsymbol{A}_3,\boldsymbol{A}_2|$；

(2) $|\boldsymbol{A}_3-2\boldsymbol{A}_1,3\boldsymbol{A}_2,\boldsymbol{A}_1|$.

23. 利用行初等变换法求下列矩阵的逆矩阵：

(1) $\begin{pmatrix}1 & 0 & 0\\ 1 & 2 & 0\\ 1 & 2 & 3\end{pmatrix}$；　(2) $\begin{pmatrix}2 & 2 & 3\\ 1 & -1 & 0\\ -1 & 2 & 1\end{pmatrix}$.

24. 求解下列矩阵方程：

(1) $\begin{pmatrix}3 & 5\\ 1 & 2\end{pmatrix}\boldsymbol{X}=\begin{pmatrix}4 & -1 & 2\\ 3 & 0 & -1\end{pmatrix}$；

(2) $\boldsymbol{X}\begin{pmatrix}1 & 0 & 5\\ 1 & 1 & 2\\ 1 & 2 & 5\end{pmatrix}=\begin{pmatrix}1 & 1 & 2\\ 0 & 0 & -6\end{pmatrix}$；

(3) $\boldsymbol{AX}+\boldsymbol{B}=\boldsymbol{X}$,其中

$$\boldsymbol{A}=\begin{pmatrix}0 & 1 & 0\\ -1 & 1 & 1\\ -1 & 0 & -1\end{pmatrix},\quad \boldsymbol{B}=\begin{pmatrix}1 & -1\\ 2 & 0\\ 5 & -3\end{pmatrix}.$$

25. 求下列矩阵的秩：

(1) $\begin{pmatrix}1&2&3\\2&3&1\\3&2&1\end{pmatrix}$；　　(2) $\begin{pmatrix}1&1&1&1&1\\2&0&-3&2&1\\1&3&6&1&2\\4&2&6&4&3\end{pmatrix}$.

自测题 2

一、填空题

1. 设 $\boldsymbol{A}=\begin{pmatrix}1&2&3\\0&4&-1\\1&0&1\end{pmatrix}$，$\boldsymbol{B}=\begin{pmatrix}0&4&3\\1&2&0\\-5&9&1\end{pmatrix}$，则 $\boldsymbol{A}+3\boldsymbol{B}$ ________.

2. $\begin{pmatrix}a_1&a_2&a_3\\b_1&b_2&b_3\end{pmatrix}\begin{pmatrix}0&2&3\\4&0&-1\\5&-2&0\end{pmatrix}=$________.

3. $\begin{pmatrix}0&2&0\\0&0&3\\4&0&0\end{pmatrix}^{-1}=$________.

4. 设 $\boldsymbol{A}$ 为 5 阶方阵，且 $|\boldsymbol{A}|=3$，则 $|\boldsymbol{A}^{-1}|=$________，$|\boldsymbol{A}\boldsymbol{A}^{\mathrm{T}}|=$________，$\boldsymbol{A}$ 的伴随矩阵 $\boldsymbol{A}^*$ 的行列式 $|\boldsymbol{A}^*|=$________.

5. 设 $\boldsymbol{A}$ 为 n 阶矩阵，且 $|\boldsymbol{A}|=1$，则 $R(\boldsymbol{A})=$________.

二、选择题

1. 设行矩阵 $\boldsymbol{A}=(a_1a_2a_3)$，$\boldsymbol{B}=(b_1b_2b_3)$，且 $\boldsymbol{A}^{\mathrm{T}}\boldsymbol{B}=\begin{pmatrix}2&1&1\\-2&-1&-1\\2&1&1\end{pmatrix}$，则 $\boldsymbol{A}\boldsymbol{B}^{\mathrm{T}}=($　　$)$.

A. -2；　　B. 2；　　C. -1；　　D. 1

2. 设 A,B 均为 n 阶方阵，则必有(　　).

A. $\det\boldsymbol{A}\cdot\det\boldsymbol{B}=\det\boldsymbol{B}\cdot\det\boldsymbol{A}$；　　B. $\det(\boldsymbol{A}+\boldsymbol{B})=\det\boldsymbol{A}+\det\boldsymbol{B}$；

C. $(\boldsymbol{A}+\boldsymbol{B})^{\mathrm{T}}=\boldsymbol{A}+\boldsymbol{B}$；　　D. $(\boldsymbol{A}\boldsymbol{B})^{\mathrm{T}}=\boldsymbol{A}^{\mathrm{T}}\boldsymbol{B}^{\mathrm{T}}$

3. 设 $\boldsymbol{A},\boldsymbol{B},\boldsymbol{C}$ 均为 n 阶方阵，且 $\boldsymbol{A}$ 可逆，则必成立的是(　　).

A. 若 $\boldsymbol{AC}=\boldsymbol{BC}$，则 $\boldsymbol{A}=\boldsymbol{B}$；　　B. 若 $\boldsymbol{BC}=0$，则 $\boldsymbol{B}=\boldsymbol{O}$；

C. 若 $\boldsymbol{BA}=\boldsymbol{CA}$，则 $\boldsymbol{B}=\boldsymbol{C}$；　　D. 若 $\boldsymbol{A}^{-1}\boldsymbol{B}=\boldsymbol{C}\boldsymbol{A}^{-1}$，则 $\boldsymbol{B}=\boldsymbol{C}$.

4. 如果矩阵 $\boldsymbol{A}$ 的秩等于 r，则(　　).

A. 至多有一个 r 阶子式不为零；

B. 所有 r 阶子式都不为零；

C. 所有 $r+1$ 阶子式全为零，而至少有一个 r 阶子式不为零；

D. 所有低于 r 阶子式都不为零.

5. 设 n 阶方阵 $\boldsymbol{A}$ 满足 $\boldsymbol{A}^2-\boldsymbol{A}-2\boldsymbol{E}=\boldsymbol{O}$，则必有(　　).

A. $\boldsymbol{A}=2\boldsymbol{E}$；　　B. $\boldsymbol{A}=-\boldsymbol{E}$；　　C. $\boldsymbol{A}-\boldsymbol{E}$ 可逆；　　D. $\boldsymbol{A}$ 不可逆.

6. 设 $\boldsymbol{A}$ 为 n 阶可逆方阵，则 $(\boldsymbol{A}^*)^{-1}=$(　　).

A. $\frac{1}{\det\boldsymbol{A}}\boldsymbol{A}$；　　B. $\frac{1}{\det\boldsymbol{A}}\boldsymbol{A}^*$；　　C. $\det\boldsymbol{A}^{-1}\cdot\boldsymbol{A}^{-1}$；　　D. $\frac{1}{\det\boldsymbol{A}^*}\boldsymbol{A}$.

7. 设 $\boldsymbol{A}$ 是 n 阶方阵，那么 $\boldsymbol{A}\boldsymbol{A}^{\mathrm{T}}$ 是(　　)

A. 对称矩阵；　　B. 反对称矩阵；　　C. 可逆矩阵；　　D. 对角矩阵.

8. $\boldsymbol{A},\boldsymbol{B}$ 为 n 阶方阵，$\boldsymbol{A}\neq\boldsymbol{O}$，且 $\boldsymbol{AB}=\boldsymbol{O}$，则(　　).

A. $\boldsymbol{B}=\boldsymbol{O}$；　　B. $R(\boldsymbol{B})=0$；　　C. $\boldsymbol{BA}=\boldsymbol{O}$；　　D. $R(\boldsymbol{A})+R(\boldsymbol{B})\leqslant n$.

三、计算题

1. 设矩阵 $\boldsymbol{A}=\begin{pmatrix}2&-2&3\\5&1&4\end{pmatrix}$，$\boldsymbol{B}=\begin{pmatrix}2&1&5\\-3&2&4\\1&3&1\end{pmatrix}$，$\boldsymbol{C}=\begin{pmatrix}1&1&5\\-3&2&4\\1&3&0\end{pmatrix}$，求 $\boldsymbol{AB}-\boldsymbol{AC}$.

2. 设矩阵 $\boldsymbol{A}=\begin{pmatrix}a_1&b_1&c_1\\a_2&b_2&c_2\\a_3&b_3&c_3\end{pmatrix}$，$\boldsymbol{B}=\begin{pmatrix}a'_1&b_1&c_1\\a'_2&b_2&c_2\\a'_3&b_3&c_3\end{pmatrix}$. 且 $|\boldsymbol{A}|=2$，$|\boldsymbol{B}|=3$，求 $|\boldsymbol{A}+2\boldsymbol{B}|$.

3. 求满足下列方程的矩阵 $\boldsymbol{X}$：

$$\boldsymbol{X}\begin{pmatrix}2&2&3\\1&1&1\\3&1&1\end{pmatrix}=\begin{pmatrix}2&0&-2\\0&2&2\end{pmatrix}.$$

4. 求矩阵 $\boldsymbol{A}=\begin{pmatrix}2&-4&-1&0&4\\-1&-2&0&-1&4\\0&3&1&2&1\\3&1&0&3&-3\end{pmatrix}$ 的秩.

5. 设矩阵 $\boldsymbol{A}=\begin{pmatrix}1&1&-1\\-1&1&1\\1&-1&1\end{pmatrix}$，矩阵 $\boldsymbol{X}$ 满足 $\boldsymbol{A}^*\boldsymbol{X}=\boldsymbol{A}^{-1}+2\boldsymbol{X}$，求 $\boldsymbol{X}$.

四、证明题

1. 设 $\boldsymbol{A},\boldsymbol{B},\boldsymbol{C}$ 均是 n 阶方阵，$\boldsymbol{C}$ 可逆，且 $\boldsymbol{C}^{-1}\boldsymbol{AC}=\boldsymbol{B}$. 证明：$\boldsymbol{C}^{-1}\boldsymbol{A}^m\boldsymbol{C}=\boldsymbol{B}^m$，其中 m 为正整数.

2. 设 $\boldsymbol{A}$ 为实对称矩阵，且 $\boldsymbol{A}^2=\boldsymbol{O}$. 证明：$\boldsymbol{A}=\boldsymbol{O}$.

3. 设 $\boldsymbol{A}$ 是元素全为 1 的 n 阶方阵. 证明：$(\boldsymbol{E}-\boldsymbol{A})^{-1}=\boldsymbol{E}-\frac{1}{n-1}\boldsymbol{A}$.

第 3 章 线性方程组的理论

线性方程组是线性代数的一个重要研究对象，科学技术和经济管理等领域中的许多问题，往往可以归结为求解一个线性方程组.

本章先介绍一般线性方程组的消元法——用矩阵的初等行变换解线性方程组；再利用矩阵秩的概念，讨论线性方程组有解的条件.

§3.1 线性方程组的消元解法

我们知道，克拉默法则只能用于求解未知量个数等于方程个数，并且系数行列式不等于零的线性方程组. 然而，许多线性方程组并不能同时满足这两个条件. 为此，必须讨论一般情况下线性方程组的求解方法和解的各种情况. 而消元法为我们提供了解决这些问题的一种较为简便的方法.

一、线性方程组的表达形式

1. 一般形式

含有 m 个方程，n 个未知量的线性方程组称为 n 元线性方程组，其一般形式为

$$\begin{cases} a_{11}x_1+a_{12}x_2+\cdots+a_{1n}x_n=b_1, \\ a_{21}x_1+a_{22}x_2+\cdots+a_{2n}x_n=b_2, \\ \cdots\cdots\cdots\cdots \\ a_{m1}x_1+a_{m2}x_2+\cdots+a_{mn}x_n=b_m. \end{cases} \tag{3.1}$$

2. 矩阵形式

由方程组(3.1)的未知数系数构成的矩阵

$$A=\begin{pmatrix} a_{11} & a_{12} & \cdots & a_{1n} \\ a_{21} & a_{22} & \cdots & a_{2n} \\ \vdots & \vdots & & \vdots \\ a_{m1} & a_{m2} & \cdots & a_{mn} \end{pmatrix}$$

称为方程组(3.1)的系数矩阵.令

$$B=\begin{pmatrix} b_1 \\ b_2 \\ \vdots \\ b_m \end{pmatrix}, \quad X=\begin{pmatrix} x_1 \\ x_2 \\ \vdots \\ x_n \end{pmatrix},$$

由矩阵的乘法及矩阵相等的原则,方程组(3.1)可以用矩阵表示为

$$AX=B. \tag{3.2}$$

如果在系数矩阵上再加上一列$(b_1,b_2,\cdots,b_n)^{\mathrm{T}}$,所得的矩阵称为方程组(3.1)的**增广矩阵**,记作$\overline{A}$,即

$$\overline{A}=\begin{pmatrix} a_{11} & a_{12} & \cdots & a_{1n} & b_1 \\ a_{21} & a_{22} & \cdots & a_{2n} & b_2 \\ \vdots & \vdots & & \vdots & \vdots \\ a_{m1} & a_{m2} & \cdots & a_{mn} & b_m \end{pmatrix}.$$

二、消元法

消元法是求解线性方程组的最简单、最有效的方法,主要是利用方程组中的方程间的简单运算,可以使部分方程的未知数个数减少,从而达到求解的目的.

例 1 解线性方程组

$$\begin{cases} 2x_1-2x_2+6x_4=-2, \\ 2x_1-x_2+2x_3+4x_4=-2, \\ 3x_1-x_2+4x_3+4x_4=-3, \\ 5x_1-3x_2+x_3+20x_4=-2. \end{cases} \tag{3.3}$$

解 将第一个方程乘以$\frac{1}{2}$,得

$$\begin{cases} x_1-x_2+3x_4=-1, \\ 2x_1-x_2+2x_3+4x_4=-2, \\ 3x_1-x_2+4x_3+4x_4=-3, \\ 5x_1-3x_2+x_3+20x_4=-2. \end{cases}$$

将第一个方程分别乘以$-2,-3,-5$,然后分别加到第二、三、四个方程上,使第二、三、四方

程中 x_1 被消去,得

$$\begin{cases}x_1-x_2+3x_4=-1,\\ x_2+2x_3-2x_4=0,\\ 2x_2+4x_3-5x_4=0,\\ 2x_2+x_3+5x_4=3.\end{cases}$$

再把这个方程组中的第二个方程乘以 -2,并分别加到第三、四个方程上,使得第三、四个方程中 x_2 被消去,得

$$\begin{cases}x_1-x_2+3x_4=-1,\\ x_2+2x_3-2x_4=0,\\ -x_4=0,\\ -3x_3+9x_4=3.\end{cases}$$

再将以上方程组得第三个方程乘以 -1,第四个方程乘以 $-\frac{1}{3}$,再把第三、第四个方程交换位置得

$$\begin{cases}x_1-x_2+3x_4=-1,\\ x_2+2x_3-2x_4=0,\\ x_3-3x_4=-1,\\ x_4=0.\end{cases}\tag{3.4}$$

显然,方程组(3.3)和方程组(3.4)是同解的.由方程组(3.4)最后一个方程解得 $x_4=0$,将其代入第三个方程得 $x_3=-1$,再代入第二和第一个方程解得 $x_2=2$,$x_1=1$,所以方程组的解为

$$\begin{cases}x_1=1,\\ x_2=2,\\ x_3=-1,\\ x_4=0.\end{cases}$$

在方程组(3.4)中,各方程所含未知数的个数依次在减少,称这种形式的方程组为**阶梯形方程组**.

在上述求解过程中,我们对方程组反复进行了以下三种变换:

(1) 交换两个方程的位置;

(2) 用一个非零的常数乘以某个方程的两边;

(3) 将一个方程的适当倍数加到另一个方程上.

这三种变换称为线性方程组的初等变换.根据等式的性质易知方程组的初等变换把原方程组化为与它同解的方程组.

很显然,一个线性方程组完全由它的未知数系数和常数项决定的,因此可以由其增广矩阵来代替它.线性方程组与其增广矩阵是一一对应的,即一个线性方程组对应一个矩阵,反

之,一个矩阵一定对应一个线性方程组. 从例 3.1 可知对方程组反复进行初等变换化为阶梯形方程组的过程,实际上就是对方程组的增广矩阵施以初等行变换化为阶梯矩阵的过程. 由第 2 章 § 2.6 中的定理 4 可知,任何一个矩阵都可已通过初等行变换化为一个阶梯形矩阵,所以解方程组时为了书写简洁,只要写出对增广矩阵的变换过程即可.

下面用这种方法求解例 3.1:

$$\bar{\boldsymbol{A}}=\begin{pmatrix}2&-2&0&6&-2\\2&-1&2&4&-2\\3&-1&4&4&-3\\5&-3&1&20&-2\end{pmatrix}\to\begin{pmatrix}1&-1&0&3&-1\\0&1&2&-2&0\\0&2&4&-5&0\\0&2&1&5&3\end{pmatrix}$$

$$\to\begin{pmatrix}1&-1&0&3&-1\\0&1&2&-2&0\\0&0&0&-1&0\\0&0&-3&9&3\end{pmatrix}$$

$$\to\begin{pmatrix}1&-1&0&3&-1\\0&1&2&-2&0\\0&0&1&-3&-1\\0&0&0&1&0\end{pmatrix}.$$

简化后阶梯形矩阵所对应的阶梯形方程组为

$$\begin{cases}x_1-x_2+3x_4=-1,\\x_2+2x_3-2x_4=0,\\x_3-3x_4=-1,\\x_4=0.\end{cases}$$

显然,这个方程组与原方程组显然是同解的,所以只要求解后面这个方程组即可.

当然,利用矩阵的初等行变换还可以继续进行回代,即

$$\begin{pmatrix}1&-1&0&3&-1\\0&1&2&-2&0\\0&0&1&-3&-1\\0&0&0&1&0\end{pmatrix}\to\begin{pmatrix}1&-1&0&0&-1\\0&1&2&0&0\\0&0&1&0&-1\\0&0&0&1&0\end{pmatrix}$$

$$\to\begin{pmatrix}1&-1&0&0&-1\\0&1&0&0&2\\0&0&1&0&-1\\0&0&0&1&0\end{pmatrix}\to\begin{pmatrix}1&0&0&0&1\\0&1&0&0&2\\0&0&1&0&-1\\0&0&0&1&0\end{pmatrix}.$$

由最后一个矩阵可以直接得到方程组解为

$$\begin{cases} x_1 \qquad\qquad = 1, \\ \quad x_2 \qquad = 2, \\ \qquad x_3 \quad = -1, \\ \qquad\quad x_4 = 0. \end{cases}$$

例 2 解线性方程组

$$\begin{cases} x_1 + 3x_2 - 2x_3 = 4, \\ 3x_1 + 2x_2 - 5x_3 = 11, \\ 2x_1 + x_2 + x_3 = 3, \\ -2x_1 + x_2 + 3x_3 = -6. \end{cases}$$

解 对线性方程组的增广矩阵作初等行变换,有

$$\overline{\boldsymbol{A}} = \begin{pmatrix} 1 & 3 & -2 & 4 \\ 3 & 2 & -5 & 11 \\ 2 & 1 & 1 & 3 \\ -2 & 1 & 3 & -6 \end{pmatrix} \to \begin{pmatrix} 1 & 3 & -2 & 4 \\ 0 & -7 & 1 & -1 \\ 0 & -5 & 5 & -5 \\ 0 & 7 & -1 & 2 \end{pmatrix}$$

$$\to \begin{pmatrix} 1 & 3 & -2 & 4 \\ 0 & -7 & 1 & -1 \\ 0 & 1 & -1 & 1 \\ 0 & 0 & 0 & 1 \end{pmatrix} \to \begin{pmatrix} 1 & 3 & -2 & 4 \\ 0 & 1 & -1 & 1 \\ 0 & 0 & -6 & 6 \\ 0 & 0 & 0 & 1 \end{pmatrix},$$

最后得到的阶梯形矩阵对应的阶梯形方程组为

$$\begin{cases} x_1 + 3x_2 - 2x_3 = 4, \\ \qquad x_2 - x_3 = 1, \\ \qquad\quad -6x_3 = 6, \\ \qquad\qquad 0 = 1. \end{cases}$$

最后一个方程是一个矛盾的等式,无解,从而原方程组也无解.

例 3 解线性方程组

$$\begin{cases} x_1 + x_2 - 2x_3 = 4, \\ 3x_1 + 4x_2 - 5x_3 = 11, \\ x_1 + 2x_2 - x_3 = 3, \\ -2x_1 - x_2 + 5x_3 = -9. \end{cases}$$

解 对线性方程组的增广矩阵作初等行变换,有

$$\overline{\boldsymbol{A}} = \begin{pmatrix} 1 & 1 & -2 & 4 \\ 3 & 4 & -5 & 11 \\ 1 & 2 & -1 & 3 \\ -2 & -1 & 5 & -9 \end{pmatrix} \to \begin{pmatrix} 1 & 1 & -2 & 4 \\ 0 & 1 & 1 & -1 \\ 0 & 1 & 1 & -1 \\ 0 & 1 & 1 & -1 \end{pmatrix} \to \begin{pmatrix} 1 & 1 & -2 & 4 \\ 0 & 1 & 1 & -1 \\ 0 & 0 & 0 & 0 \\ 0 & 0 & 0 & 0 \end{pmatrix}.$$

最后得到的阶梯形矩阵对应的阶梯形方程组为

$$\begin{cases} x_1+x_2-2x_3=4, \\ \qquad\ x_2+\ x_3=-1, \end{cases}$$

其中原来的第三、四个方程均化为“0=0”,说明这两个方程为原方程组中的多余方程,不再写出. 若将上述方程组改写为

$$\begin{cases} x_1+x_2=\ \ 4+2x_3, \\ \qquad\ x_2=-1-\ x_3, \end{cases}$$

则可以看出:只要任意给定 x_3 的值,即可唯一地确定 x_1 与 x_2 的值,从而得到原方程组的一个解,因此,原方程组有无穷多个解. 这时,称未知量 x_3 为自由未知量. 为了使未知量 x_1 与 x_2 都仅用 x_3 表示,可以在上面已得到的阶梯形矩阵的基础上继续回代,即

$$\overline{\boldsymbol{A}}\rightarrow\begin{pmatrix}1&1&-2&4\\0&1&1&-1\\0&0&0&0\\0&0&0&0\end{pmatrix}\rightarrow\begin{pmatrix}1&0&-3&5\\0&1&1&-1\\0&0&0&0\\0&0&0&0\end{pmatrix},$$

从而有

$$\begin{cases} x_1=\ \ 5+3x_3, \\ x_2=-1-\ x_3, \end{cases}$$

其中 x_3 为自由未知量,称上式为该方程组的通解.

§3.2 线性方程组解的判断

一、线性方程组解的判断

从§3.1中的例3.1、例3.2、例3.3可以看出线性方程组可能有解也可能无解,在有解的情况下又有可能有唯一解或者有无穷多个解.

那么如何判断一个方程组是有解还是无解呢?有解的情况下又如何判断它是有唯一解还是有无穷多个解?

由§3.1可知,线性方程组可以由它的增广矩阵来代表,而对一个矩阵作初等行变换可以将其化为阶梯形矩阵,下面我们就对线性方程组的增广矩阵进行研究.

线性方程组(3.1)的增广矩阵为

$$\overline{\boldsymbol{A}}=\begin{pmatrix}a_{11}&a_{12}&\cdots&a_{1n}&b_1\\a_{21}&a_{22}&\cdots&a_{2n}&b_2\\\vdots&\vdots&&\vdots&\vdots\\a_{m1}&a_{m2}&\cdots&a_{mn}&b_m\end{pmatrix}=(\boldsymbol{A}\,|\,\boldsymbol{B}).$$

由于方程组为 n 元线性方程组，故其增广矩阵 $\overline{\mathbf{A}}$ 的第一列元素必不全为零，不妨设 $a_{11}\neq 0$（如果 $a_{11}=0$，则必存在一个 $a_{i1}\neq 0$，这时只要交换 $\overline{\mathbf{A}}$ 的第 1 行与第 i 行，即可将 a_{i1} 换至左上角位置），将 $\overline{\mathbf{A}}$ 第一行的 $\left(-\frac{a_{21}}{a_{11}}\right)$ 倍，…，$\left(-\frac{a_{m1}}{a_{11}}\right)$ 倍分别加到第 2，…，m 行，可将 $\overline{\mathbf{A}}$ 化为

$$\overline{\mathbf{A}}\rightarrow\begin{pmatrix} a_{11} & a_{12} & \cdots & a_{1n} & b_1 \\ 0 & a'_{22} & \cdots & a'_{2n} & b'_2 \\ \vdots & \vdots & & \vdots & \vdots \\ 0 & a'_{m2} & \cdots & a'_{mn} & b'_m \end{pmatrix}.$$

对得到的这个矩阵的第 2 至 m 行，重复进行上述变换，可将 $\overline{\mathbf{A}}$ 最终化为阶梯形矩阵

$$\overline{\mathbf{A}}\rightarrow\left(\begin{array}{ccccccc:c} \bar{a}_{11} & \bar{a}_{12} & \cdots & \bar{a}_{1r} & \bar{a}_{1,r+1} & \cdots & \bar{a}_{1n} & \bar{b}_1 \\ 0 & \bar{a}_{21} & \cdots & \bar{a}_{2r} & \bar{a}_{2,r+1} & \cdots & \bar{a}_{2n} & \bar{b}_2 \\ \vdots & \vdots & & \vdots & \vdots & & \vdots & \vdots \\ 0 & 0 & \cdots & \bar{a}_{rr} & \bar{a}_{r,r+1} & \cdots & \bar{a}_{rn} & \bar{b}_r \\ 0 & 0 & \cdots & 0 & 0 & \cdots & 0 & \bar{b}_{r+1} \\ 0 & 0 & \cdots & 0 & 0 & \cdots & 0 & 0 \\ \vdots & \vdots & & \vdots & \vdots & & \vdots & \vdots \\ 0 & 0 & \cdots & 0 & 0 & \cdots & 0 & 0 \end{array}\right).$$

这个阶梯形矩阵对应的方程组为

$$\begin{cases} \bar{a}_{11}x_1+\bar{a}_{12}x_2+\cdots+\bar{a}_{1r}x_r+\bar{a}_{1,r+1}x_{r+1}+\cdots\bar{a}_{1n}x_n=\bar{b}_1, \\ \qquad\bar{a}_{22}x_2+\cdots+\bar{a}_{2r}x_r+\bar{a}_{2,r+1}x_{r+1}+\cdots\bar{a}_{2n}x_n=\bar{b}_2, \\ \qquad\qquad\cdots\cdots\cdots\cdots \\ \qquad\qquad\bar{a}_{rr}x_r+\bar{a}_{r,r+1}x_{r+1}+\cdots\bar{a}_{rn}x_n=\bar{b}_r, \\ \qquad\qquad\qquad 0=\bar{b}_{r+1}. \end{cases}$$

如果 $\bar{b}_{r+1}\neq 0$，那么此方程组中最后一个方程无解，从而整个方程组无解. 此时显然 $R(\mathbf{A})=r$ 而 $R(\overline{\mathbf{A}})=r+1$. 即 $R(\overline{\mathbf{A}})\neq R(\mathbf{A})$ 时，方程组无解.

如果 $\bar{b}_{r+1}=0$，那么最后一个方程为 $0=0$，可以删去. 方程组即为

$$\begin{cases} \bar{a}_{11}x_1+\bar{a}_{12}x_2+\cdots+\bar{a}_{1r}x_r+\bar{a}_{1,r+1}x_{r+1}+\cdots+\bar{a}_{1n}x_n=\bar{b}_1, \\ \qquad\bar{a}_{22}x_2+\cdots+\bar{a}_{2r}x_r+\bar{a}_{2,r+1}x_{r+1}+\cdots+\bar{a}_{2n}x_n=\bar{b}_2, \\ \qquad\qquad\cdots\cdots\cdots\cdots \\ \qquad\qquad\bar{a}_{rr}x_r+\bar{a}_{r,r+1}x_{r+1}+\cdots+\bar{a}_{rn}x_n=\bar{b}_r, \end{cases}$$

此时 $R(\overline{\mathbf{A}})=R(\mathbf{A})=r$.

若 $r=n$，那么方程组即为

$$\begin{cases}\bar{a}_{11}x_1+\bar{a}_{12}x_2+\cdots+\bar{a}_{1n}x_n=\bar{b}_1,\\ \qquad\qquad \bar{a}_{22}x_2+\cdots+\bar{a}_{2n}x_n=\bar{b}_2,\\ \qquad\qquad\qquad\cdots\cdots\cdots\cdots\\ \qquad\qquad\qquad\qquad \bar{a}_{nn}x_n=\bar{b}_n,\end{cases}$$

由于 $r=n$，故 $\bar{a}_{ii}\neq 0(i=1,2,\cdots,n)$，从而可自下而上依次求出 $x_n,x_{n-1},\cdots,x_1$ 的值，得到方程组只有唯一解.

若当 $r<n$ 时，方程组(3.5)可以改写为

$$\begin{cases}\bar{a}_{11}x_1+\bar{a}_{12}x_2+\cdots+\bar{a}_{1r}x_r=\bar{b}_1-\bar{a}_{1,r+1}x_{r+1}-\cdots-\bar{a}_{1n}x_n,\\ \qquad\qquad \bar{a}_{22}x_2+\cdots+\bar{a}_{2r}x_r=\bar{b}_2-\bar{a}_{2,r+1}x_{r+1}-\cdots-\bar{a}_{2n}x_n,\\ \qquad\qquad\qquad\cdots\cdots\cdots\cdots\\ \qquad\qquad\qquad\qquad \bar{a}_{rr}x_r=\bar{b}_r-\bar{a}_{r,r+1}x_{r+1}-\cdots-\bar{a}_{rn}x_n,\end{cases}$$

其中 $x_{r+1},\cdots,x_n$ 这 $n-r$ 个未知量为自由未知量. 这时，任意取定 $x_{r+1},\cdots,x_n$ 的一组值，就可得到相应的 $x_1,x_2,\cdots,x_r$ 值，从而得到方程组的一个解. 由于自由未知量的取值任意，从而方程组有无穷多个解. 由此可得到线性方程组解的判定定理：

定理 1 (n 元线性方程组解的判定)

(1) 线性方程组无解的充分必要条件为 $R(\bar{\mathbf{A}})\neq R(\mathbf{A})$；

(2) 线性方程组有解的充分必要条件是 $R(\mathbf{A})=R(\bar{\mathbf{A}})$. 如果 $R(\bar{\mathbf{A}})=R(\mathbf{A})=r=n$，则有唯一解；如果 $R(\bar{\mathbf{A}})=R(\mathbf{A})=r<n$，则有无穷多解，此时有 $n-r$ 个自由未知量.

因此可以通过求方程组系数矩阵和增广矩阵的秩来判断方程组是否有解并求出解.

例 4 λ 取何值时方程组

$$\begin{cases}(1+\lambda)x_1+x_2+x_3=0,\\ x_1+(1+\lambda)x_2+x_3=3,\\ x_1+x_2+(1+\lambda)x_3=\lambda\end{cases}$$

无解，有唯一解，有无穷多解？并在有无穷多解时，求出方程组的通解.

解 对线性方程组的增广矩阵作初等变换，有

$$\bar{A}=\left(\begin{array}{ccc:c}1+\lambda & 1 & 1 & 0\\ 1 & 1+\lambda & 1 & 3\\ 1 & 1 & 1+\lambda & \lambda\end{array}\right)\xrightarrow{r_1\leftrightarrow r_3}\left(\begin{array}{ccc:c}1 & 1 & 1+\lambda & \lambda\\ 1 & 1+\lambda & 1 & 3\\ 1+\lambda & 1 & 1 & 0\end{array}\right)$$

$$\xrightarrow[r_3+(-1-\lambda)r_1]{r_2+(-1)r_1}\begin{pmatrix}1 & 1 & 1+\lambda & \lambda\\ 0 & \lambda & -\lambda & 3-\lambda\\ 0 & -\lambda & -\lambda(2+\lambda) & -\lambda(1+\lambda)\end{pmatrix}$$

$$\xrightarrow{r_3+r_2}\left(\begin{array}{ccc|c}1 & 1 & 1+\lambda & \lambda \\ 0 & \lambda & -\lambda & 3-\lambda \\ 0 & 0 & -\lambda(3+\lambda) & (1-\lambda)(3+\lambda)\end{array}\right).$$

当 $\lambda=0$ 时，$R(\mathbf{A})=1$，$R(\bar{\mathbf{A}})=2$，$R(\mathbf{A})\neq R(\bar{\mathbf{A}})$，所以无解；

当 $\lambda\neq0$ 且 $\lambda\neq-3$ 时，$R(\mathbf{A})=R(\bar{\mathbf{A}})=3$，所以有唯一解；

当 $\lambda=-3$ 时 $R(\mathbf{A})=R(\bar{\mathbf{A}})=2<3$，所以有无数多解，此时

$$\bar{\mathbf{A}}\rightarrow\left(\begin{array}{ccc|c}1 & 1 & -2 & -3 \\ 0 & -3 & 3 & 6 \\ 0 & 0 & 0 & 0\end{array}\right)\rightarrow\left(\begin{array}{ccc|c}1 & 1 & -2 & -3 \\ 0 & 1 & -1 & -2 \\ 0 & 0 & 0 & 0\end{array}\right)\rightarrow\left(\begin{array}{ccc|c}1 & 0 & -1 & -1 \\ 0 & 1 & -1 & -2 \\ 0 & 0 & 0 & 0\end{array}\right),$$

方程组的通解为$\begin{cases}x_1=-1+x_3, \\ x_2=-2+x_3,\end{cases}$ 其中 x_3 为自由未知量.

二、齐次线性方程组解的判定

如果线性方程组的常数项全为 0，即 $b_i=0, i=1,2,\cdots,m$，则称此线性方程组为 n 元齐次线性方程组，其一般式为

$$\begin{cases}a_{11}x_1+a_{12}x_2+\cdots+a_{1n}x_n=0, \\ a_{21}x_1+a_{22}x_2+\cdots+a_{2n}x_n=0, \\ \cdots\cdots\cdots\cdots \\ a_{m1}x_1+a_{m2}x_2+\cdots+a_{mn}x_n=0.\end{cases} \tag{3.5}$$

矩阵式为

$$\mathbf{AX}=\mathbf{0},$$

其中 $\mathbf{0}=(0,0,\cdots,0)^{\mathrm{T}}$. 由于齐次线性方程组的增广矩阵 $\bar{\mathbf{A}}$ 的最后一列全为零，因此在任何情况下都有 $R(\mathbf{A})=R(\bar{\mathbf{A}})$，从而没有无解的情况. 事实上，$\mathbf{X}=(0,0,\cdots,0)^{\mathrm{T}}$ 就是方程组(3.5)的一个解，称这个解为**零解**，其他的解称为**非零解**.

定理 2 设 n 元齐次线性方程组的系数矩阵 $\mathbf{A}$ 的秩为 r，那么

(1) 如果 $r=n$，则方程组仅有零解；

(2) 如果 $r<n$，则方程组除零解外，还有非零解.

由于对 $m\times n$ 矩阵 $\mathbf{A}$ 都有：$\mathbf{A}$ 的秩 $r\leqslant\min\{m,n\}$. 由此得到：

推论 如果 n 元齐次线性方程组(3.5)中，方程的个数少于未知量的个数，即 $m<n$，则方程组(3.5)必有非零解.

例 5 判断齐次线性方程组

$$\begin{cases} x_1 - x_2 + 5x_3 - x_4 = 0, \\ x_1 + x_2 - 2x_3 + 3x_4 = 0, \\ 3x_1 - x_2 + 8x_3 + x_4 = 0, \\ x_1 + 3x_2 - 9x_3 + 7x_4 = 0 \end{cases}$$

解的情况，如果有非零解，求其通解.

解　对齐次线性方程组的系数矩阵作初等变换，得

$$A = \begin{pmatrix} 1 & -1 & 5 & -1 \\ 1 & 1 & -2 & 3 \\ 3 & -1 & 8 & 1 \\ 1 & 3 & -9 & 7 \end{pmatrix} \to \cdots \to \begin{pmatrix} 1 & 0 & \frac{3}{2} & 1 \\ 0 & 1 & -\frac{7}{2} & 2 \\ 0 & 0 & 0 & 0 \\ 0 & 0 & 0 & 0 \end{pmatrix},$$

因为 $R(\boldsymbol{A})=2<4$，所以有非零解. 通解为

$$\begin{cases} x_1 = -\frac{3}{2}x_3 - x_4, \\ x_2 = \frac{7}{2}x_3 - 2x_4, \end{cases}$$

其中 x_3, x_4 为自由未知量.

特别地，对于含有 n 个方程的 n 元齐次线性方程组

$$\begin{cases} a_{11}x_1 + a_{12}x_2 + \cdots + a_{1n}x_n = 0, \\ a_{21}x_1 + a_{22}x_2 + \cdots + a_{2n}x_n = 0, \\ \cdots\cdots\cdots\cdots \\ a_{n1}x_1 + a_{n2}x_2 + \cdots + a_{nn}x_n = 0, \end{cases} \tag{3.6}$$

由定理 1 和定理 2 可以得到如下定理：

定理 3　齐次线性方程组(3.6)有非零解的充分必要条件是其系数行列式 $\det\boldsymbol{A}=0$.

证　*必要性*　若齐次线性方程组(3.6)有非零解，那么其系数矩阵 $\boldsymbol{A}$ 的秩小于 n，即 $R(\boldsymbol{A})<n$. 从而

$$\det\boldsymbol{A}=0.$$

充分性　如果方程组(3.6)的系数行列式

$$\det\boldsymbol{A} = \begin{vmatrix} a_{11} & a_{12} & \cdots & a_{1n} \\ a_{21} & a_{22} & \cdots & a_{2n} \\ \vdots & \vdots & & \vdots \\ a_{n1} & a_{n2} & \cdots & a_{nn} \end{vmatrix} = 0,$$

则 $R(\boldsymbol{A})=r<n$. 由定理 2 的结论(2)可推出方程组(3.6)一定存在非零解.　□

推论 齐次线性方程组(3.6)只有零解的充分必要条件是其系数行列式 $\det\boldsymbol{A}\neq 0$.

例 6 试确定 λ 为何值时方程组

$$\begin{cases}\lambda x_1+x_2+x_3=0,\\ x_1+\lambda x_2+x_3=0,\\ x_1+x_2+\lambda x_3=0\end{cases}$$

有非零解,并求出通解.

解 由于

$$\det\boldsymbol{A}=\begin{vmatrix}\lambda & 1 & 1\\ 1 & \lambda & 1\\ 1 & 1 & \lambda\end{vmatrix}=\lambda^3-3\lambda+2=(\lambda-1)^2(\lambda+2),$$

因此,当 $\lambda=1$ 或 $\lambda=-2$ 时方程组有非零解.

当 $\lambda=1$ 时,

$$\bar{\boldsymbol{A}}=\begin{pmatrix}1 & 1 & 1 & 0\\ 1 & 1 & 1 & 0\\ 1 & 1 & 1 & 0\end{pmatrix}\to\begin{pmatrix}1 & 1 & 1 & 0\\ 0 & 0 & 0 & 0\\ 0 & 0 & 0 & 0\end{pmatrix},$$

得到通解为 $x_1=-x_2-x_3$,其中 x_2,x_3 为自由未知量.

当 $\lambda=-2$ 时,

$$\bar{\boldsymbol{A}}=\begin{pmatrix}-2 & 1 & 1 & 0\\ 1 & -2 & 1 & 0\\ 1 & 1 & -2 & 0\end{pmatrix}\to\begin{pmatrix}1 & 1 & -2 & 0\\ 1 & -2 & 1 & 0\\ -2 & 1 & 1 & 0\end{pmatrix}\to\begin{pmatrix}1 & 1 & -2 & 0\\ 0 & -3 & 3 & 0\\ 0 & 3 & -3 & 0\end{pmatrix}$$

$$\to\begin{pmatrix}1 & 1 & -2 & 0\\ 0 & 1 & -1 & 0\\ 0 & 0 & 0 & 0\end{pmatrix}\to\begin{pmatrix}1 & 0 & -1 & 0\\ 0 & 1 & -1 & 0\\ 0 & 0 & 0 & 0\end{pmatrix},$$

得到通解为 $\begin{cases}x_1=x_3,\\ x_2=x_3,\end{cases}$ 其中 x_3 为自由未知量.

习 题 3

1. 用消元法解下列线性方程组:

(1) $\begin{cases}x_1-x_2+2x_3=1,\\ x_1-2x_2-x_3=2,\\ 3x_1-x_2+5x_3=3,\\ -x_1+2x_3=-2;\end{cases}$

(2) $\begin{cases}x_1-2x_2+3x_3-x_4+2x_5=2,\\ 3x_1-x_2+5x_3-3x_4+x_5=6,\\ 2x_1+x_2+2x_3-2x_4-x_5=8.\end{cases}$

2. 求解下列齐次线性方程组：

(1) $\begin{cases}3x_1+2x_2+3x_3-2x_4=0,\\2x_1+x_2+x_3-3x_4=0,\\2x_1+2x_2+x_3+2x_4=0;\end{cases}$　　(2) $\begin{cases}x_1-2x_2+4x_3=0,\\3x_1+x_2+2x_3=0,\\2x_1+3x_2-x_3=0.\end{cases}$

3. 求解下列非齐次线性方程组：

(1) $\begin{cases}x_1+3x_2-3x_3=-8,\\3x_1-x_2+2x_3=10,\\11x_1+3x_2=8;\end{cases}$　　(2) $\begin{cases}4x_1+2x_2-2x_3=2,\\4x_1+2x_2-2x_3+x_4=2,\\2x_1+x_2-x_3-x_4=1.\end{cases}$

4. 当 k 为何值时，齐次线性方程组 $\begin{cases}2x_1-x_2+3x_3=0,\\3x_1-4x_2+7x_3=0,\\-x_1+2x_2+kx_3=0\end{cases}$ 有非零解？并求出此非零解.

5. 当 λ,μ 取何值时，齐次线性方程组 $\begin{cases}\lambda x_1+x_2+x_3=0,\\x_1+\mu x_2+x_3=0,\\x_1+2\mu x_2+x_3=0\end{cases}$ 有非零解？

6. 当 a 为何值时，线性方程组 $\begin{cases}x_1+x_2-x_3=1,\\2x_1+3x_2+ax_3=3,\\x_1+ax_2+3x_3=2\end{cases}$ 无解？有唯一解？有无穷多解？在有无穷多解时，求它的通解.

7. 当 λ 为何值时，线性方程组 $\begin{cases}(2-\lambda)x_1+2x_2-2x_3=1,\\2x_1+(5-\lambda)x_2-4x_3=2,\\(1-\lambda)x_2+(1-\lambda)x_3=-\lambda+1\end{cases}$ 无解？有唯一解？有无穷多解？在有无穷多解时，求它的通解.

自测题3

一、填空题

1. 含有 n 个未知量和 n 个方程的齐次线性方程组有非零解的充分必要条件是________.

2. $\boldsymbol{A}$ 是 $n\times n$ 矩阵，对任何 $b_{n\times1}$ 矩阵，方程 $\boldsymbol{AX}=\boldsymbol{B}$ 都有解的充分必要条件是________.

3. 当 $\lambda=$________时，齐次线性方程组 $\begin{cases}x_1-x_2=0,\\x_1+\lambda x_2=0\end{cases}$ 有非零解.

4. 方程组 $\begin{cases}x_1+x_2-x_3=a_1,\\-x_1+x_2-x_3+x_4=a_2,\\-2x_2+2x_3-x_4=a_3\end{cases}$ 有解的充分必要条件是________.

二、选择题

1. n 元线性方程组 $\boldsymbol{AX}=\boldsymbol{B}$ 有唯一解，那么 $\boldsymbol{AX}=\boldsymbol{0}$（　　）.

A. 可能有解；　B. 有无穷多解；　C. 无解；　D. 有唯一解.

2. 非齐次线性方程组 $\boldsymbol{A}_{m\times n}\boldsymbol{X}=\boldsymbol{B}$ 有无穷多解的充分必要条件为（　　）.

A. $m<n$；　B. $R(\bar{\boldsymbol{A}})<n$；

C. $R(\bar{\boldsymbol{A}})=R(\boldsymbol{A})<m$；　D. $R(\bar{\boldsymbol{A}})=R(\boldsymbol{A})<n$.

3. 若线性方程组的增广矩阵 $\bar{\boldsymbol{A}}=\begin{pmatrix}1&\lambda&2\\2&1&4\end{pmatrix}$，则当 $\lambda=$（　　）时，方程组有无穷多解.

A. 1；　B. 4；　C. 2；　D. 1/2.

4. 齐次线性方程组 $\begin{cases}\lambda x_1+x_2+\lambda^2x_3=0,\\x_1+\lambda x_2+x_3=0,\\x_1+x_2+\lambda x_3=0\end{cases}$ 的系数矩阵记为 $\boldsymbol{A}$，若存在三阶矩阵 $\boldsymbol{B}\neq\boldsymbol{O}$，使得 $\boldsymbol{AB}=\boldsymbol{O}$，则（　　）.

A. $\lambda=-2$ 且 $|\boldsymbol{B}|=0$；　B. $\lambda=-2$ 且 $|\boldsymbol{B}|\neq0$；

C. $\lambda=1$ 且 $|\boldsymbol{B}|=0$；　D. $\lambda=1$ 且 $|\boldsymbol{B}|\neq0$.

5. 对于非齐次线性方程组 $\boldsymbol{AX}=\boldsymbol{B}$，其中 $\boldsymbol{A}=(a_{ij})_{n\times n}$，$\boldsymbol{B}=(b_i)_{n\times 1}$，$\boldsymbol{X}=(x_j)_{n\times 1}$，则以下结论不正确的是（　　）.

A. 若方程组无解，则系数行列式 $|\boldsymbol{A}|=0$；

B. 若方程组有解，则系数行列式 $|\boldsymbol{A}|\neq0$；

C. 若方程组有解，则有唯一解，或者有无穷多解；

D. 系数行列式 $|\boldsymbol{A}|\neq0$ 是方程组有唯一解的充分必要条件.

三、解答题

1. 问当 λ 取何值时，线性方程组 $\begin{cases}\lambda x_1+x_2+x_3=1,\\x_1+\lambda x_2+x_3=\lambda,\\x_1+x_2+\lambda x_3=\lambda^2\end{cases}$ 有唯一解？无解？有无穷多解？并在有无穷多解时写出其通解.

2. 解方程组

$$\begin{cases}x_1+x_2-2x_3=4,\\3x_1+4x_2-5x_3=11,\\x_1+2x_2-x_3=3,\\-2x_1-x_2+3x_3=-7.\end{cases}$$

四、证明题

证明:线性方程组

$$\begin{cases} x_1 - x_2 = a_1, \\ x_2 - x_3 = a_2, \\ x_3 - x_4 = a_3, \\ x_4 - x_5 = a_4, \\ x_5 - x_1 = a_5 \end{cases}$$

有解的充分必要条件是 $\sum_{i=1}^{5} a_i = 0$,并在有解的情况下求方程组的解.

第 4 章 向量及向量间的线性关系

向量是线性代数中的一个基本概念，也是线性代数研究的主要对象. 它的理论与方法已经渗透到自然科学、工程技术、经济管理等许多领域。

本章先介绍向量的定义及其运算，向量组的线性组合、线性相关性和向量组的秩，然后在此基础上讨论线性方程组解的结构。

§4.1 n 维向量及其线性运算

一、向量的概念

定义 1 由 n 个数 $a_1,a_2,\cdots,a_n$ 组成的一个有序数组称为 n 维向量，数 a_i 称为该向量的第 i 个分量($i=1,2,\cdots,n$). 若 n 维向量写成

$$\begin{pmatrix} a_1 \\ a_2 \\ \vdots \\ a_n \end{pmatrix}$$

的形式，则称为**列向量**；若 n 维向量写成

$$(a_1,a_2,\cdots,a_n)$$

的形式，则称为**行向量**.

从向量的形式可见，n 维列向量也可以看作是一个 $n\times 1$ 的矩阵，n 维行向量也可以看作一个 $1\times n$ 的矩阵，行(列)向量可以看作是列(行)向量的转置. 常用希腊字母 $\boldsymbol{\alpha},\boldsymbol{\beta},\boldsymbol{\gamma}$ 来表示向量. 除了特别说明外，我们都是对列向量进行研究.

当向量中的数 $a_1,a_2,\cdots,a_n$ 都是复数时，称此向量为 n 维复向量；当向量中的数 $a_1,a_2,\cdots,a_n$ 都是实数时，称此向量为 n 维实向量，本书所讨论的向量都是实向量.

定义 2 所有分量都为零的向量称为**零向量**，记作

$$\mathbf{0}=(0,0,\cdots,0)^{\mathrm{T}}.$$

定义 3 向量

$$\boldsymbol{\alpha}=(a_1,a_2,\cdots,a_n)^{\mathrm{T}}$$

的各分量都取相反数组成的向量,称为 $\boldsymbol{\alpha}$ 的**负向量**,记作 $-\boldsymbol{\alpha}$,即

$$-\boldsymbol{\alpha}=(-a_1,-a_2,\cdots,-a_n)^{\mathrm{T}}.$$

定义 4 如果 n 维向量

$$\boldsymbol{\alpha}=(a_1,a_2,\cdots,a_n)^{\mathrm{T}} \quad 与 \quad \boldsymbol{\beta}=(b_1,b_2,\cdots,b_n)^{\mathrm{T}}$$

的对应分量都相等,即 $a_i=b_i(i=1,2,\cdots,n)$,则称向量 $\boldsymbol{\alpha}$ 与 $\boldsymbol{\beta}$ 相等,记作 $\boldsymbol{\alpha}=\boldsymbol{\beta}$.

二、向量的运算

1. 加法

设 n 维向量 $\boldsymbol{\alpha}=(a_1,a_2,\cdots,a_n)^{\mathrm{T}}$ 与 $\boldsymbol{\beta}=(b_1,b_2,\cdots,b_n)^{\mathrm{T}}$,$\boldsymbol{\alpha}$ 与 $\boldsymbol{\beta}$ 对应分量相加所得的向量称为 $\boldsymbol{\alpha}$ 与 $\boldsymbol{\beta}$ 的**和**,记作 $\boldsymbol{\alpha}+\boldsymbol{\beta}$,即 $\boldsymbol{\alpha}+\boldsymbol{\beta}=(a_1+b_1,a_2+b_2,\cdots,a_n+b_n)^{\mathrm{T}}$.

利用负向量的概念,可定义向量的减法,即

$$\boldsymbol{\alpha}-\boldsymbol{\beta}=\boldsymbol{\alpha}+(-\boldsymbol{\beta})=(a_1-b_1,a_2-b_2,\cdots,a_n-b_n)^{\mathrm{T}}.$$

2. 数乘

设 $\boldsymbol{\alpha}=(a_1,a_2,\cdots,a_n)^{\mathrm{T}}$ 是一个 n 维向量,常数 k 与向量 $\boldsymbol{\alpha}$ 的每一个分量相乘所得的向量称为**数与向量的乘积**,简称**数乘**,记作 $k\boldsymbol{\alpha}$,即 $k\boldsymbol{\alpha}=(ka_1,ka_2,\cdots,ka_n)^{\mathrm{T}}$.

向量的加法和数乘运算,统称为向量的线性运算. 利用上述定义,容易验证向量的线性运算满足以下八条运算律:

(1) 加法交换律:$\boldsymbol{\alpha}+\boldsymbol{\beta}=\boldsymbol{\beta}+\boldsymbol{\alpha}$;

(2) 加法结合律:$(\boldsymbol{\alpha}+\boldsymbol{\beta})+\boldsymbol{\gamma}=\boldsymbol{\alpha}+(\boldsymbol{\beta}+\boldsymbol{\gamma})$;

(3) 存在零向量:$\boldsymbol{\alpha}+\mathbf{0}=\boldsymbol{\alpha}$;

(4) 存在负向量:$\boldsymbol{\alpha}+(-\boldsymbol{\alpha})=\mathbf{0}$;

(5) 数乘分配律:$k(\boldsymbol{\alpha}+\boldsymbol{\beta})=k\boldsymbol{\alpha}+k\boldsymbol{\beta}$;

(6) 数乘分配律:$(k+l)\boldsymbol{\alpha}=k\boldsymbol{\alpha}+l\boldsymbol{\alpha}$;

(7) $(kl)\boldsymbol{\alpha}=k(l\boldsymbol{\alpha})$;

(8) $1\boldsymbol{\alpha}=\boldsymbol{\alpha}$,

其中 $\boldsymbol{\alpha},\boldsymbol{\beta},\boldsymbol{\gamma}$ 为 n 维向量,$\mathbf{0}$ 是 n 维零向量,k,l 是任意实数.

例 1 设向量

$$\boldsymbol{\alpha}=(4,7,-3,2)^{\mathrm{T}}, \quad \boldsymbol{\beta}=(11,-12,8,58)^{\mathrm{T}},$$

求满足 $5\boldsymbol{\gamma}-2\boldsymbol{\alpha}=2(\boldsymbol{\beta}-5\boldsymbol{\gamma})$ 的向量 $\boldsymbol{\gamma}$.

解 由所给关系式可求出

$$15\boldsymbol{\gamma}=2\boldsymbol{\alpha}+2\boldsymbol{\beta},$$

所以

$$\gamma=\frac{2}{15}(\alpha+\beta)=\frac{2}{15}\begin{pmatrix}15\\-5\\5\\60\end{pmatrix}=\begin{pmatrix}2\\-\frac{2}{3}\\\frac{2}{3}\\8\end{pmatrix}.$$

例 2 将线性方程组

$$\begin{cases}a_{11}x_1+a_{12}x_2+\cdots+a_{1n}x_n=b_1,\\a_{21}x_1+a_{22}x_2+\cdots+a_{2n}x_n=b_2,\\\cdots\cdots\cdots\cdots\\a_{m1}x_1+a_{m2}x_2+\cdots+a_{mn}x_n=b_m\end{cases}$$

中的每个未知数 $x_i(i=1,2,\cdots,n)$的系数写成一个 m 维列向量,即

$$\alpha_i=\begin{pmatrix}a_{1i}\\a_{2i}\\\vdots\\a_{mi}\end{pmatrix},$$

常数列写成一个 m 维列向量

$$\beta=\begin{pmatrix}b_1\\b_2\\\vdots\\b_m\end{pmatrix}.$$

根据向量的线性运算和向量的相等,该线性方程组可以用向量形式表示为

$$x_1\alpha_1+x_2\alpha_2+\cdots+x_n\alpha_n=\beta.$$

§ 4.2 向量间的线性关系

一、向量组的线性组合

定义 5 设 $\alpha_1,\alpha_2,\cdots,\alpha_m$ 是一组 n 维向量, $k_1,k_2,\cdots,k_m$ 是一组常数,则称

$$k_1\alpha_1+k_2\alpha_2+\cdots+k_m\alpha_m$$

为 $\alpha_1,\alpha_2,\cdots,\alpha_m$ 的一个**线性组合**,$k_1,k_2,\cdots,k_m$ 称为该线性组合的**系数**. 又如果向量 β 可以表示为 $\alpha_1,\alpha_2,\cdots,\alpha_m$ 的一个线性组合,即

$$\beta=k_1\alpha_1+k_2\alpha_2+\cdots+k_m\alpha_m,$$

则称 β 可由向量组 $\alpha_1,\alpha_2,\cdots,\alpha_m$ **线性表出**或**线性表示**.

例 3　判定向量 $\boldsymbol{\beta}=(4,5,6)^{\mathrm{T}}$ 是否可以表示为向量组

$$\boldsymbol{\alpha}_1=\begin{pmatrix}3\\-3\\2\end{pmatrix},\quad \boldsymbol{\alpha}_2=\begin{pmatrix}-2\\1\\2\end{pmatrix},\quad \boldsymbol{\alpha}_3=\begin{pmatrix}1\\2\\-1\end{pmatrix}$$

的线性组合.若可以,试求出其表示式.

解　设 $\boldsymbol{\beta}=k_1\boldsymbol{\alpha}_1+k_2\boldsymbol{\alpha}_2+k_3\boldsymbol{\alpha}_3$,则

$$\begin{cases}3k_1-2k_2+k_3=4,\\-3k_1+k_2+2k_3=5,\\2k_1+2k_2-k_3=6,\end{cases}$$

k_1,k_2,k_3 是方程组的解.

设方程组的增广矩阵为 $\overline{\boldsymbol{A}}$,对 $\overline{\boldsymbol{A}}$ 进行初等行变换

$$\overline{\boldsymbol{A}}=\begin{pmatrix}3&-2&1&4\\-3&1&2&5\\2&2&-1&6\end{pmatrix}\to\begin{pmatrix}1&1&-\frac{1}{2}&3\\-3&1&2&5\\3&-2&1&4\end{pmatrix}$$

$$\to\begin{pmatrix}1&1&-\frac{1}{2}&3\\0&4&\frac{1}{2}&14\\0&-5&\frac{5}{2}&-5\end{pmatrix}\to\begin{pmatrix}1&1&-\frac{1}{2}&3\\0&4&\frac{1}{2}&14\\0&0&\frac{25}{8}&\frac{50}{4}\end{pmatrix}\to\begin{pmatrix}1&0&0&2\\0&1&0&3\\0&0&1&4\end{pmatrix},$$

则方程组的解为

$$\begin{cases}k_1=2,\\k_2=3,\\k_3=4,\end{cases}$$

所以

$$\boldsymbol{\beta}=2\boldsymbol{\alpha}_1+3\boldsymbol{\alpha}_2+4\boldsymbol{\alpha}_3.$$

一般地,向量 $\boldsymbol{\beta}=(b_1,b_2,\cdots,b_n)^{\mathrm{T}}$ 可以表为向量组

$$\boldsymbol{\alpha}_1=\begin{pmatrix}a_{11}\\a_{12}\\\vdots\\a_{1n}\end{pmatrix},\quad \boldsymbol{\alpha}_2=\begin{pmatrix}a_{21}\\a_{22}\\\vdots\\a_{2n}\end{pmatrix},\quad \cdots,\quad \boldsymbol{\alpha}_m=\begin{pmatrix}a_{m1}\\a_{m2}\\\vdots\\a_{mn}\end{pmatrix}$$

的线性组合的充分必要条件是 m 元线性方程组

$$\begin{cases} a_{11}x_1+a_{21}x_2+\cdots+a_{m1}x_m=b_1, \\ a_{12}x_1+a_{22}x_2+\cdots+a_{m2}x_m=b_2, \\ \cdots\cdots\cdots\cdots \\ a_{1n}x_1+a_{2n}x_2+\cdots+a_{mn}x_m=b_n \end{cases} \tag{4.1}$$

有解.

如果方程组(4.1)有唯一解,说明 $\boldsymbol{\beta}$ 可由 $\boldsymbol{\alpha}_1,\boldsymbol{\alpha}_2,\cdots,\boldsymbol{\alpha}_m$ 线性表出,并且表示法唯一;如果方程组(4.1)有无穷多解,则说明 $\boldsymbol{\beta}$ 可由 $\boldsymbol{\alpha}_1,\boldsymbol{\alpha}_2,\cdots,\boldsymbol{\alpha}_m$ 线性表出,并且表示法不唯一. 若方程组(4.1)无解,说明 $\boldsymbol{\beta}$ 不可由 $\boldsymbol{\alpha}_1,\boldsymbol{\alpha}_2,\cdots,\boldsymbol{\alpha}_m$ 线性表出.

由于齐次线性方程组

$$\begin{cases} a_{11}x_1+a_{21}x_2+\cdots+a_{m1}x_m=0, \\ a_{12}x_1+a_{22}x_2+\cdots+a_{m2}x_m=0, \\ \cdots\cdots\cdots\cdots \\ a_{1n}x_1+a_{2n}x_2+\cdots+a_{mn}x_m=0 \end{cases} \tag{4.2}$$

至少存在零解,因此 n 维零向量可由任意 n 维向量组 $\boldsymbol{\alpha}_1,\boldsymbol{\alpha}_2,\cdots,\boldsymbol{\alpha}_m$ 线性表示,事实上,

$$\mathbf{0}=0\cdot\boldsymbol{\alpha}_1+0\cdot\boldsymbol{\alpha}_2+\cdots+0\cdot\boldsymbol{\alpha}_m$$

恒成立.

定理 1 若向量 $\boldsymbol{\alpha}$ 可由向量组 $\boldsymbol{\beta}_1,\boldsymbol{\beta}_2,\cdots,\boldsymbol{\beta}_s$ 线性表出,而 $\boldsymbol{\beta}_i(i=1,\cdots,s)$ 均可由向量组 $\boldsymbol{\gamma}_1,\boldsymbol{\gamma}_2,\cdots,\boldsymbol{\gamma}_t$ 线性表出,那么 $\boldsymbol{\alpha}$ 一定可以由 $\boldsymbol{\gamma}_1,\boldsymbol{\gamma}_2,\cdots,\boldsymbol{\gamma}_t$ 线性表出.

二、向量组的线性相关与线性无关

下面从另一个角度考虑向量的线性组合. 在 $\mathbf{R}^2$ 中的向量 $\boldsymbol{\alpha}=\begin{pmatrix}2\\-1\end{pmatrix}$ 与 $\boldsymbol{\beta}=\begin{pmatrix}1\\-\frac{1}{2}\end{pmatrix}$ 共线,有 $\boldsymbol{\beta}=\frac{1}{2}\boldsymbol{\alpha}$. 可以改写为 $\frac{1}{2}\boldsymbol{\alpha}-\boldsymbol{\beta}=\mathbf{0}$,即存在 $k_1=\frac{1}{2}$,$k_2=-1$,使 $k_1\boldsymbol{\alpha}+k_2\boldsymbol{\beta}=\mathbf{0}$. 而 $\boldsymbol{\alpha}=\begin{pmatrix}2\\-1\end{pmatrix}$ 与 $\boldsymbol{\beta}=\begin{pmatrix}2\\2\end{pmatrix}$ 不共线,则 $k_1\boldsymbol{\alpha}+k_2\boldsymbol{\beta}=\mathbf{0}$ 只有当 $k_1=k_2=0$ 时才能成立.

一般地,对于任意的 n 维向量 $\boldsymbol{\alpha}_1,\boldsymbol{\alpha}_2,\cdots,\boldsymbol{\alpha}_m$ 我们有如下定义:

定义 6 向量组 $\boldsymbol{\alpha}_1,\boldsymbol{\alpha}_2,\cdots,\boldsymbol{\alpha}_m(m\geqslant 1)$ 称为**线性相关**,如果存在一组不全为零的数 k_1,$k_2,\cdots,k_m$,使得

$$k_1\boldsymbol{\alpha}_1+k_2\boldsymbol{\alpha}_2+\cdots+k_m\boldsymbol{\alpha}_m=\mathbf{0}, \tag{4.3}$$

否则称该向量组**线性无关**. 也就是说,如果当且仅当 $k_1=k_2=\cdots=k_m=0$ 时(4.3)式才成立,则称 $\boldsymbol{\alpha}_1,\boldsymbol{\alpha}_2,\cdots,\boldsymbol{\alpha}_m(m\geqslant 1)$ 线性无关.

例如,向量组

$$\boldsymbol{\alpha}_1=\begin{pmatrix}1\\1\\0\end{pmatrix},\quad \boldsymbol{\alpha}_2=\begin{pmatrix}2\\2\\0\end{pmatrix},\quad \boldsymbol{\alpha}_3=\begin{pmatrix}0\\0\\3\end{pmatrix}$$

就是线性相关的,因为存在不全为零的数 $k_1=2,k_2=-1,k_3=0$,使得

$$k_1\boldsymbol{\alpha}_1+k_2\boldsymbol{\alpha}_2+k_3\boldsymbol{\alpha}_3=2\boldsymbol{\alpha}_1-\boldsymbol{\alpha}_2+0\boldsymbol{\alpha}_3=0.$$

向量组

$$\boldsymbol{\alpha}_1=\begin{pmatrix}1\\0\\0\end{pmatrix},\quad \boldsymbol{\alpha}_2=\begin{pmatrix}1\\1\\0\end{pmatrix},\quad \boldsymbol{\alpha}_3=\begin{pmatrix}1\\1\\1\end{pmatrix}$$

就是线性无关的,因为只有当 $k_1=k_2=k_3=0$ 时才有

$$k_1\boldsymbol{\alpha}_1+k_2\boldsymbol{\alpha}_2+k_3\boldsymbol{\alpha}_3=\mathbf{0}.$$

注 1 包含零向量的向量组一定线性相关. 特别地,单个的零向量组成的向量组一定线性相关. 单个的非零向量组成的向量组一定线性无关.

定理 2 向量组 $\boldsymbol{\alpha}_1,\boldsymbol{\alpha}_2,\cdots,\boldsymbol{\alpha}_m(m\geqslant 2)$线性相关的充分必要条件是 $\boldsymbol{\alpha}_1,\boldsymbol{\alpha}_2,\cdots,\boldsymbol{\alpha}_m$ 中至少有一个向量可以表为组内其余的 $m-1$ 个向量的线性组合.

证 *必要性* 设向量组 $\boldsymbol{\alpha}_1,\boldsymbol{\alpha}_2,\cdots,\boldsymbol{\alpha}_m$ 线性相关,由定义 6,存在不全为零的实数 $k_1,k_2,\cdots,k_m$,使得

$$k_1\boldsymbol{\alpha}_1+k_2\boldsymbol{\alpha}_2+\cdots+k_m\boldsymbol{\alpha}_m=\mathbf{0}.$$

由于 $k_1,k_2,\cdots,k_m$ 不全为零,不妨设 $k_1\neq 0$,则由上式可得

$$\boldsymbol{\alpha}_1=-\frac{k_2}{k_1}\boldsymbol{\alpha}_2-\cdots-\frac{k_{i-1}}{k_1}\boldsymbol{\alpha}_{i-1}-\frac{k_{i+1}}{k_1}\boldsymbol{\alpha}_{i+1}-\cdots-\frac{k_m}{k_1}\boldsymbol{\alpha}_m.$$

充分性 设 $\boldsymbol{\alpha}_1,\boldsymbol{\alpha}_2,\cdots,\boldsymbol{\alpha}_m$ 中有一个向量 $\boldsymbol{\alpha}_i$ 可以表为组内其余的 $m-1$ 个向量的线性组合,即

$$\boldsymbol{\alpha}_i=\lambda_1\boldsymbol{\alpha}_1+\cdots+\lambda_{i-1}\boldsymbol{\alpha}_{i-1}+\lambda_{i+1}\boldsymbol{\alpha}_{i+1}+\cdots+\lambda_m\boldsymbol{\alpha}_m.$$

移项可得

$$\lambda_1\boldsymbol{\alpha}_1+\cdots+\lambda_{i-1}\boldsymbol{\alpha}_{i-1}-\boldsymbol{\alpha}_i+\lambda_{i+1}\boldsymbol{\alpha}_{i+1}+\cdots+\lambda_m\boldsymbol{\alpha}_m=\mathbf{0}.$$

由于上式中 $\lambda_1,\cdots,\lambda_{i-1},-1,\lambda_{i+1},\cdots,\lambda_m$ 不全为零,从而 $\boldsymbol{\alpha}_1,\boldsymbol{\alpha}_2,\cdots,\boldsymbol{\alpha}_m$ 线性相关. □

定理 3 设向量 $\boldsymbol{\beta}$ 可由向量组 $\boldsymbol{\alpha}_1,\boldsymbol{\alpha}_2,\cdots,\boldsymbol{\alpha}_m$ 线性表出. 如果 $\boldsymbol{\alpha}_1,\boldsymbol{\alpha}_2,\cdots,\boldsymbol{\alpha}_m$ 线性无关,则表示法唯一;如果 $\boldsymbol{\alpha}_1,\boldsymbol{\alpha}_2,\cdots,\boldsymbol{\alpha}_m$ 线性相关,则表示法不唯一.

证 设 $\boldsymbol{\alpha}_1,\boldsymbol{\alpha}_2,\cdots,\boldsymbol{\alpha}_m$ 线性无关,如果有两种表示法

$$\boldsymbol{\beta}=k_1\boldsymbol{\alpha}_1+k_2\boldsymbol{\alpha}_2+\cdots+k_m\boldsymbol{\alpha}_m \quad \text{和} \quad \boldsymbol{\beta}=l_1\boldsymbol{\alpha}_1+l_2\boldsymbol{\alpha}_2+\cdots+l_m\boldsymbol{\alpha}_m.$$

相减得

$$(k_1-l_1)\boldsymbol{\alpha}_1+(k_2-l_2)\boldsymbol{\alpha}_2+\cdots+(k_m-l_m)\boldsymbol{\alpha}_m=\mathbf{0}.$$

由于 $\boldsymbol{\alpha}_1,\boldsymbol{\alpha}_2,\cdots,\boldsymbol{\alpha}_m$ 线性无关,故上式只有当 $k_1-l_1=k_2-l_2=\cdots=k_m-l_m=0$ 时才能

成立. 由此得到

$$k_1=l_1,\quad k_2=l_2,\quad \cdots,\quad k_m=l_m,$$

所以表示法唯一.

另一方面,设 $\boldsymbol{\beta}=l_1\boldsymbol{\alpha}_1+l_2\boldsymbol{\alpha}_2+\cdots+l_m\boldsymbol{\alpha}_m$,由 $\boldsymbol{\alpha}_1,\boldsymbol{\alpha}_2,\cdots,\boldsymbol{\alpha}_m$ 线性相关知存在不全为零的数 $k_1,k_2,\cdots,k_m$,使得

$$k_1\boldsymbol{\alpha}_1+k_2\boldsymbol{\alpha}_2+\cdots+k_m\boldsymbol{\alpha}_m=\mathbf{0}.$$

由上述两式可以得到

$$\boldsymbol{\beta}=(k_1+l_1)\boldsymbol{\alpha}_1+(k_2+l_2)\boldsymbol{\alpha}_2+\cdots+(k_m+l_m)\boldsymbol{\alpha}_m.$$

因为 $k_1,k_2,\cdots,k_m$ 不全为零,故 $l_1,l_2,\cdots,l_m$ 与 $k_1+l_1,k_2+l_2,\cdots,k_m+l_m$ 必不全相同,所以表示法不唯一. □

注 2 如果向量组的一个部分组线性相关,则这个向量组也线性相关. 反之,如果向量组线性无关,则其任一部分组也线性无关.

定理 4 设向量组 $\boldsymbol{\alpha}_1,\boldsymbol{\alpha}_2,\cdots,\boldsymbol{\alpha}_m$ 线性无关,而向量组 $\boldsymbol{\alpha}_1,\boldsymbol{\alpha}_2,\cdots,\boldsymbol{\alpha}_m,\boldsymbol{\beta}$ 线性相关,则 $\boldsymbol{\beta}$ 可以表为 $\boldsymbol{\alpha}_1,\boldsymbol{\alpha}_2,\cdots,\boldsymbol{\alpha}_m$ 的线性组合.

证 由于 $\boldsymbol{\alpha}_1,\boldsymbol{\alpha}_2,\cdots,\boldsymbol{\alpha}_m,\boldsymbol{\beta}$ 线性相关,因此存在不全为零的数 $k_1,k_2,\cdots,k_m,k_{m+1}$ 使得

$$k_1\boldsymbol{\alpha}_1+k_2\boldsymbol{\alpha}_2+\cdots+k_m\boldsymbol{\alpha}_m+k_{m+1}\boldsymbol{\beta}=\mathbf{0},\tag{4.4}$$

则 k_{m+1} 必不为零. 否则,如果 $k_{m+1}=0$,则上式即为

$$k_1\boldsymbol{\alpha}_1+k_2\boldsymbol{\alpha}_2+\cdots+k_m\boldsymbol{\alpha}_m=\mathbf{0},$$

其中 $k_1,k_2,\cdots,k_m$ 不全为零,从而推出 $\boldsymbol{\alpha}_1,\boldsymbol{\alpha}_2,\cdots,\boldsymbol{\alpha}_m$ 线性相关,与条件矛盾.

因此 $k_{m+1}\neq 0$. 于是由(4.4)式得到

$$\boldsymbol{\beta}=-\frac{k_1}{k_{m+1}}\boldsymbol{\alpha}_1-\frac{k_2}{k_{m+1}}\boldsymbol{\alpha}_2-\cdots-\frac{k_m}{k_{m+1}}\boldsymbol{\alpha}_m.$$

即 $\boldsymbol{\beta}$ 可以表示为 $\boldsymbol{\alpha}_1,\boldsymbol{\alpha}_2,\cdots,\boldsymbol{\alpha}_m$ 的线性组合. □

例 4 判断向量组

$$\boldsymbol{\beta}_1=\begin{pmatrix}1\\0\\-1\end{pmatrix},\quad \boldsymbol{\beta}_2=\begin{pmatrix}1\\1\\1\end{pmatrix},\quad \boldsymbol{\beta}_3=\begin{pmatrix}3\\1\\-1\end{pmatrix},\quad \boldsymbol{\beta}_4=\begin{pmatrix}5\\3\\1\end{pmatrix}$$

的线性相关性.

解 设 $k_1\boldsymbol{\beta}_1+k_2\boldsymbol{\beta}_2+k_3\boldsymbol{\beta}_3+k_4\boldsymbol{\beta}_4=\mathbf{0}$,比较两端的对应分量可得齐次线性方程组

$$\begin{cases}k_1+k_2+3k_3+5k_4=0,\\ \qquad k_2+k_3+3k_4=0,\\ -k_1+k_2-k_3+k_4=0,\end{cases}$$

k_1,k_2,k_3,k_4 为这个齐次线性方程组的解. 其系数矩阵为

$$\mathbf{A}=\begin{pmatrix}1 & 1 & 3 & 5\\ 0 & 1 & 1 & 3\\ -1 & 1 & -1 & 1\end{pmatrix},$$

$R(\mathbf{A})<4$，所以齐次线性方程组 $\mathbf{A}\boldsymbol{x}=\mathbf{0}$ 有非零解，即 k_1,k_2,k_3,k_4 不全为零.，所以 $\boldsymbol{\beta}_1,\boldsymbol{\beta}_2,\boldsymbol{\beta}_3,\boldsymbol{\beta}_4$ 线性相关.

对于向量组 $\boldsymbol{\alpha}_1,\boldsymbol{\alpha}_2,\cdots,\boldsymbol{\alpha}_m(m\geqslant 1)$，其中 $\boldsymbol{\alpha}_i=(a_{i1},a_{i2},\cdots,a_{in})^{\mathrm{T}}(i=1,2,\cdots,m)$：

向量组 $\boldsymbol{\alpha}_1,\boldsymbol{\alpha}_2,\cdots,\boldsymbol{\alpha}_m$ 线性相关 $\Longleftrightarrow$ m 元齐次线性方程组

$$\begin{cases}a_{11}x_1+a_{21}x_2+\cdots+a_{m1}x_m=0,\\ a_{12}x_1+a_{22}x_2+\cdots+a_{m2}x_m=0,\\ \cdots\cdots\cdots\cdots\\ a_{1n}x_1+a_{2n}x_2+\cdots+a_{mn}x_m=0\end{cases}\tag{4.5}$$

有非零解.

向量组 $\boldsymbol{\alpha}_1,\boldsymbol{\alpha}_2,\cdots,\boldsymbol{\alpha}_m$ 线性无关 $\Longleftrightarrow$ m 元齐次线性方程组(4.5)仅有零解.

特别地，当 $m=n$ 时，有：

向量组 $\boldsymbol{\alpha}_1,\boldsymbol{\alpha}_2,\cdots,\boldsymbol{\alpha}_m$ 线性相关 $\Longleftrightarrow$ 方程组(4.5)的系数行列式

$$\det\begin{pmatrix}a_{11} & a_{21} & \cdots & a_{n1}\\ a_{12} & a_{22} & \cdots & a_{n2}\\ \vdots & \vdots & & \vdots\\ a_{1n} & a_{2n} & \cdots & a_{nn}\end{pmatrix}=0;$$

向量组 $\boldsymbol{\alpha}_1,\boldsymbol{\alpha}_2,\cdots,\boldsymbol{\alpha}_m$ 线性无关 $\Longleftrightarrow$ 方程组(4.5)的系数行列式

$$\det\begin{pmatrix}a_{11} & a_{21} & \cdots & a_{n1}\\ a_{12} & a_{22} & \cdots & a_{n2}\\ \vdots & \vdots & & \vdots\\ a_{1n} & a_{2n} & \cdots & a_{nn}\end{pmatrix}\neq 0.$$

由上面的讨论，可得如下定理：

定理 5　设向量组 $\boldsymbol{\alpha}_1,\boldsymbol{\alpha}_2,\cdots,\boldsymbol{\alpha}_m$(其中 $\boldsymbol{\alpha}_j=(a_{j1},a_{j2},\cdots,a_{jn})^{\mathrm{T}},j=1,2,\cdots,m$)构成的矩阵为 $\mathbf{A}=(\boldsymbol{\alpha}_1,\boldsymbol{\alpha}_2,\cdots,\boldsymbol{\alpha}_m)$，则

(1) 向量组 $\boldsymbol{\alpha}_1,\boldsymbol{\alpha}_2,\cdots,\boldsymbol{\alpha}_m$ 线性相关当且仅当 $R(\mathbf{A})<m$；

(2) 向量组 $\boldsymbol{\alpha}_1,\boldsymbol{\alpha}_2,\cdots,\boldsymbol{\alpha}_m$ 线性无关当且仅当 $R(\mathbf{A})=m$.

例 5　讨论向量组

$$\boldsymbol{\alpha}_1=(a_{11},a_{12},a_{13}),\quad \boldsymbol{\alpha}_2=(0,a_{22},a_{23}),\quad \boldsymbol{\alpha}_3=(0,0,a_{33})$$

的线性相关性，其中 a_{11},a_{22},a_{33} 都是不等于零的数.

解　由于

$$\det\begin{pmatrix} a_{11} & 0 & 0 \\ a_{12} & a_{22} & 0 \\ a_{13} & a_{23} & a_{33} \end{pmatrix} = a_{11}a_{22}a_{33} \neq 0,$$

故向量组 $\boldsymbol{\alpha}_1,\boldsymbol{\alpha}_2,\boldsymbol{\alpha}_3$ 线性无关.

例 6 设向量组 $\boldsymbol{\alpha}_1,\boldsymbol{\alpha}_2,\cdots,\boldsymbol{\alpha}_r$ 线性无关,其中 $\boldsymbol{\alpha}_j=(a_{j1},a_{j2},\cdots,a_{jn})^{\mathrm{T}},j=1,2,\cdots,r$. 若将该向量组的每一个向量都增加 m 个分量,得到向量组 $\boldsymbol{\alpha}'_1,\boldsymbol{\alpha}'_2,\cdots,\boldsymbol{\alpha}'_r$,其中

$$\boldsymbol{\alpha}'_j=(a_{j1},a_{j2},\cdots,a_{jn},a_{j,n+1},\cdots,a_{j,n+m})^{\mathrm{T}},\quad j=1,2,\cdots,r.$$

则向量组 $\boldsymbol{\alpha}'_1,\boldsymbol{\alpha}'_2,\cdots,\boldsymbol{\alpha}'_r$ 也线性无关.

证 由于 $\boldsymbol{\alpha}_1,\boldsymbol{\alpha}_2,\cdots,\boldsymbol{\alpha}_r$ 线性无关,故齐次线性方程组

$$x_1\boldsymbol{\alpha}_1+x_2\boldsymbol{\alpha}_2+\cdots+x_r\boldsymbol{\alpha}_r=\mathbf{0} \tag{4.6}$$

仅有零解. 由条件可以看出,方程组(4.6)恰为齐次线性方程组

$$x_1\boldsymbol{\alpha}'_1+x_2\boldsymbol{\alpha}'_2+\cdots+x_r\boldsymbol{\alpha}'_r=\mathbf{0} \tag{4.7}$$

中的前 n 个方程. 故方程组(4.7)的解集包含于方程组(4.6)的解集中,从而方程组(4.7)也仅有零解. 因此向量组 $\boldsymbol{\alpha}'_1,\boldsymbol{\alpha}'_2,\cdots,\boldsymbol{\alpha}'_r$ 也线性无关.

§ 4.3 向量组的秩

一、等价向量组

为了更深入地研究向量组的极大无关组的性质,我们需要讨论两个向量组之间的关系.

定义 7 设有两个向量组:

Ⅰ:$\boldsymbol{\alpha}_1,\boldsymbol{\alpha}_2,\cdots,\boldsymbol{\alpha}_r$;

Ⅱ:$\boldsymbol{\beta}_1,\boldsymbol{\beta}_2,\cdots,\boldsymbol{\beta}_s$.

如果向量组Ⅰ的每一个向量都可以由向量组Ⅱ线性表出,则称向量组Ⅰ可由向量组Ⅱ**线性表出**;如果向量组Ⅰ和Ⅱ可以互相线性表出,则称向量组Ⅰ和向量组Ⅱ**等价**. 记作

$$\{\boldsymbol{\alpha}_1,\boldsymbol{\alpha}_2,\cdots,\boldsymbol{\alpha}_r\}\cong\{\boldsymbol{\beta}_1,\boldsymbol{\beta}_2,\cdots,\boldsymbol{\beta}_s\}.$$

例如,若 $\boldsymbol{\beta}_1=\boldsymbol{\alpha}_1+\boldsymbol{\alpha}_2,\boldsymbol{\beta}_2=\boldsymbol{\alpha}_1-2\boldsymbol{\alpha}_2,\boldsymbol{\beta}_3=\boldsymbol{\alpha}_1$,则说明向量组 $\{\boldsymbol{\beta}_1,\boldsymbol{\beta}_2,\boldsymbol{\beta}_3\}$ 可由向量组 $\{\boldsymbol{\alpha}_1,\boldsymbol{\alpha}_2\}$ 线性表示. 进一步又容易得到

$$\boldsymbol{\alpha}_1=\frac{2}{3}\boldsymbol{\beta}_1+\frac{1}{3}\boldsymbol{\beta}_2+0\boldsymbol{\beta}_3,\quad \boldsymbol{\alpha}_2=\frac{1}{3}\boldsymbol{\beta}_1-\frac{1}{3}\boldsymbol{\beta}_2+0\boldsymbol{\beta}_3.$$

这表明向量组 $\{\boldsymbol{\alpha}_1,\boldsymbol{\alpha}_2\}$ 也可由向量组 $\{\boldsymbol{\beta}_1,\boldsymbol{\beta}_2,\boldsymbol{\beta}_3\}$ 线性表出,由此知向量组 $\{\boldsymbol{\alpha}_1,\boldsymbol{\alpha}_2\}$ 和向量组 $\{\boldsymbol{\beta}_1,\boldsymbol{\beta}_2,\boldsymbol{\beta}_3\}$ 等价.

向量组的等价关系具有下列基本性质:

(1) 反身性:任一向量组与其自身等价,即

$$\{\boldsymbol{\alpha}_1,\boldsymbol{\alpha}_2,\cdots,\boldsymbol{\alpha}_r\}\cong\{\boldsymbol{\alpha}_1,\boldsymbol{\alpha}_2,\cdots,\boldsymbol{\alpha}_r\};$$

(2) 对称性：$\{\boldsymbol{\alpha}_1,\boldsymbol{\alpha}_2,\cdots,\boldsymbol{\alpha}_r\}\cong\{\boldsymbol{\beta}_1,\boldsymbol{\beta}_2,\cdots,\boldsymbol{\beta}_s\}$，则

$$\{\boldsymbol{\beta}_1,\boldsymbol{\beta}_2,\cdots,\boldsymbol{\beta}_s\}\cong\{\boldsymbol{\alpha}_1,\boldsymbol{\alpha}_2,\cdots,\boldsymbol{\alpha}_r\};$$

(3) 传递性：$\{\boldsymbol{\alpha}_1,\boldsymbol{\alpha}_2,\cdots,\boldsymbol{\alpha}_r\}\cong\{\boldsymbol{\beta}_1,\boldsymbol{\beta}_2,\cdots,\boldsymbol{\beta}_s\}$，$\{\boldsymbol{\beta}_1,\boldsymbol{\beta}_2,\cdots,\boldsymbol{\beta}_s\}\cong\{\boldsymbol{\gamma}_1,\boldsymbol{\gamma}_2,\cdots,\boldsymbol{\gamma}_t\}$，则

$$\{\boldsymbol{\alpha}_1,\boldsymbol{\alpha}_2,\cdots,\boldsymbol{\alpha}_r\}\cong\{\boldsymbol{\gamma}_1,\boldsymbol{\gamma}_2,\cdots,\boldsymbol{\gamma}_t\}.$$

定理 6　设有向量组Ⅰ：$\boldsymbol{\alpha}_1,\boldsymbol{\alpha}_2,\cdots,\boldsymbol{\alpha}_s$ 可由向量组Ⅱ：$\boldsymbol{\beta}_1,\boldsymbol{\beta}_2,\cdots,\boldsymbol{\beta}_r$ 线性表出，且向量组Ⅰ线性无关，那么 $s\leqslant r$. 等价的说法是，如果向量组Ⅰ：$\boldsymbol{\alpha}_1,\boldsymbol{\alpha}_2,\cdots,\boldsymbol{\alpha}_s$ 可由向量组Ⅱ：$\boldsymbol{\beta}_1,\boldsymbol{\beta}_2,\cdots,\boldsymbol{\beta}_r$ 线性表出且 $s>r$，那么向量组Ⅰ一定线性相关.

证　向量组Ⅰ可由向量组Ⅱ线性表示，即

$$\begin{cases}\alpha_1=k_{11}\beta_1+k_{21}\beta_2+\cdots+k_{r1}\beta_r,\\ \alpha_2=k_{12}\beta_1+k_{22}\beta_2+\cdots+k_{r2}\beta_r,\\ \quad\cdots\cdots\cdots\cdots\\ \alpha_s=k_{1s}\beta_1+k_{2s}\beta_2+\cdots+k_{rs}\beta_r.\end{cases}$$

上式可以表示为

$$(\alpha_1,\alpha_2,\cdots,\alpha_s)=(\beta_1,\beta_2,\cdots\beta_r)\boldsymbol{K},$$

其中

$$\boldsymbol{K}=\begin{pmatrix}k_{11}&k_{12}&\cdots&k_{1s}\\k_{21}&k_{22}&\cdots&k_{2s}\\\vdots&\vdots&&\vdots\\k_{r1}&k_{r2}&\cdots&k_{rs}\end{pmatrix},$$

假如 $s>r$，则齐次线性方程组

$$\boldsymbol{K}\begin{pmatrix}x_1\\x_2\\\vdots\\x_s\end{pmatrix}=\boldsymbol{0}\quad(\text{即 }\boldsymbol{KX}=\boldsymbol{0})\tag{4.8}$$

有非零解(这是因为 $R(\boldsymbol{K})\leqslant r<s$)，设 $\begin{pmatrix}c_1\\c_2\\\vdots\\c_s\end{pmatrix}$ 为方程组(4.8)的一个非零解，则

$$c_1\alpha_1+c_2\alpha_2+\cdots+c_s\alpha_s=(\alpha_1,\alpha_2,\cdots,\alpha_s)\begin{pmatrix}c_1\\c_2\\\vdots\\c_s\end{pmatrix}$$

$$=(\beta_1,\beta_2,\cdots,\beta_r)\begin{pmatrix}k_{11} & k_{12} & \cdots & k_{1s}\\ k_{21} & k_{22} & \cdots & k_{2s}\\ \vdots & \vdots & & \vdots\\ k_{r1} & k_{r2} & \cdots & k_{rs}\end{pmatrix}\begin{pmatrix}c_1\\ c_2\\ \vdots\\ c_s\end{pmatrix}=\begin{pmatrix}0\\ 0\\ \vdots\\ 0\end{pmatrix}=\mathbf{0}.$$

因此向量组Ⅰ线性相关,这与它线性无关相矛盾,所以 $s>r$ 不成立,即 $s\leqslant r$. □

关于定理的等价命题,我们用下面一个例子来说明.

例 7 设向量组 $\boldsymbol{\beta}_1,\boldsymbol{\beta}_2,\boldsymbol{\beta}_3$ 可由向量组 $\boldsymbol{\alpha}_1,\boldsymbol{\alpha}_2$ 线性表示,且已知 $\boldsymbol{\beta}_1=\boldsymbol{\alpha}_1-2\boldsymbol{\alpha}_2,\boldsymbol{\beta}_2=-2\boldsymbol{\alpha}_1+3\boldsymbol{\alpha}_2,\boldsymbol{\beta}_3=\boldsymbol{\alpha}_1+4\boldsymbol{\alpha}_2$,则 $\boldsymbol{\beta}_1,\boldsymbol{\beta}_2,\boldsymbol{\beta}_3$ 一定线性相关.

证 设存在一组实数 x_1,x_2,x_3,使得

$$x_1\boldsymbol{\beta}_1+x_2\boldsymbol{\beta}_2+x_3\boldsymbol{\beta}_3=\mathbf{0}.$$

由于

$$\begin{aligned}x_1\boldsymbol{\beta}_1+x_2\boldsymbol{\beta}_2+x_3\boldsymbol{\beta}_3&=x_1(\boldsymbol{\alpha}_1-2\boldsymbol{\alpha}_2)+x_2(-2\boldsymbol{\alpha}_1+3\boldsymbol{\alpha}_2)+x_3(\boldsymbol{\alpha}_1+4\boldsymbol{\alpha}_4)\\&=(x_1-2x_2+x_3)\boldsymbol{\alpha}_1+(-2x_1+3x_2+4x_3)\boldsymbol{\alpha}_2,\end{aligned}$$

令

$$\begin{cases}x_1-2x_2+x_3=0,\\-2x_1+3x_2+4x_3=0,\end{cases}$$

这是一个三元齐次线性方程组,其方程个数少于未知量个量,故必有非零解. 设 k_1,k_2,k_3 为其非零解,则有

$$k_1\boldsymbol{\beta}_1+k_2\boldsymbol{\beta}_2+k_3\boldsymbol{\beta}_3=\mathbf{0},$$

从而 $\boldsymbol{\beta}_1,\boldsymbol{\beta}_2,\boldsymbol{\beta}_3$ 线性相关.

推论 两个等价且线性无关的向量组所含向量个数相同.

二、向量组的极大线性无关组与向量组的秩

定义 8 如果从向量组Ⅰ:$\boldsymbol{\alpha}_1,\boldsymbol{\alpha}_2,\cdots,\boldsymbol{\alpha}_s$ 中可以选出 $r(r\leqslant s)$个向量 $\boldsymbol{\alpha}_{i_1},\boldsymbol{\alpha}_{i_2},\cdots,\boldsymbol{\alpha}_{i_r}$ 满足以下两个条件:

(1) $\boldsymbol{\alpha}_{i_1},\boldsymbol{\alpha}_{i_2},\cdots,\boldsymbol{\alpha}_{i_r}$ 线性无关;

(2) 向量组Ⅰ中任意 $r+1$ 个(如果有 $r+1$ 个的话)向量都线性相关,

那么称 $\boldsymbol{\alpha}_{i1},\boldsymbol{\alpha}_{i2},\cdots,\boldsymbol{\alpha}_{i_r}$ 为向量组Ⅰ的一个**极大线性无关组**.

注意,如果向量组本身线性无关,那么它的极大线性无关组为它自身,如果向量组本身线性相关,那么它的极大线性无关组为它的部分组.

由定理 4 可得出极大无关组的等价定义:

定义 9 如果从向量组Ⅰ:$\boldsymbol{\alpha}_1,\boldsymbol{\alpha}_2,\cdots,\boldsymbol{\alpha}_s$ 中可以选出 $r(r\leqslant s)$个向量 $\boldsymbol{\alpha}_{i_1},\boldsymbol{\alpha}_{i_2},\cdots,\boldsymbol{\alpha}_{i_r}$ 满足以下两个条件:

(1) $\boldsymbol{\alpha}_{i_1},\boldsymbol{\alpha}_{i_2},\cdots,\boldsymbol{\alpha}_{i_r}$ 线性无关;

(2) 向量组Ⅰ中任意向量都可以由 $\boldsymbol{\alpha}_{i_1},\boldsymbol{\alpha}_{i_2},\cdots,\boldsymbol{\alpha}_{i_r}$ 线性表出，
那么称 $\boldsymbol{\alpha}_{i_1},\boldsymbol{\alpha}_{i_2},\cdots,\boldsymbol{\alpha}_{i_r}$ 为向量组Ⅰ的一个极大线性无关组.

定理 7　向量组和它的极大线性无关组等价.

推论 1　向量组的任意两个极大线性无关组之间等价.

定理 7 表明，在讨论向量组之间的一些关系时，可以用极大线性无关组来代替向量组，使问题的讨论更加方便和简化.

一般说来，一个向量组的极大线性无关组不是唯一的.

例如，向量组 $\boldsymbol{\alpha}_1=(1,0)^{\mathrm{T}},\boldsymbol{\alpha}_2=(0,1)^{\mathrm{T}},\boldsymbol{\alpha}_3=(1,1)^{\mathrm{T}}$ 中，$\boldsymbol{\alpha}_1,\boldsymbol{\alpha}_2$ 线性无关，$\boldsymbol{\alpha}_3=\boldsymbol{\alpha}_1+\boldsymbol{\alpha}_2$；$\boldsymbol{\alpha}_1,\boldsymbol{\alpha}_3$ 线性无关，$\boldsymbol{\alpha}_2=-\boldsymbol{\alpha}_1+\boldsymbol{\alpha}_3$；$\boldsymbol{\alpha}_2,\boldsymbol{\alpha}_3$ 线性无关，$\boldsymbol{\alpha}_1=-\boldsymbol{\alpha}_2+\boldsymbol{\alpha}_3$. 故 $\boldsymbol{\alpha}_1,\boldsymbol{\alpha}_2$；$\boldsymbol{\alpha}_1,\boldsymbol{\alpha}_3$；$\boldsymbol{\alpha}_2,\boldsymbol{\alpha}_3$ 都是向量组 $\boldsymbol{\alpha}_1,\boldsymbol{\alpha}_2,\boldsymbol{\alpha}_3$ 的极大线性无关组.

推论 2　两个等价的向量组的极大线性无关组所含的向量个数相同.

推论 3　一个向量组的任意两个极大线性无关组所含的向量个数相同.

推论 3 表明，一个向量组的所有极大线性无关组所含的向量个数都是相同的，这是向量组的一个重要特征. 因此有必要引入如下定义：

定义 10　向量组 $\boldsymbol{\alpha}_1,\boldsymbol{\alpha}_2,\cdots,\boldsymbol{\alpha}_s$ 的极大线性无关组所含的向量个数称为该向量组的秩，记作 $R(\boldsymbol{\alpha}_1,\boldsymbol{\alpha}_2,\cdots,\boldsymbol{\alpha}_s)$.

由于仅由零向量组成的向量组不含有极大线性无关组，因此规定由零向量组成的向量组的秩为零.

例 8　$\mathbf{R}^n$ 中的任意 $n+1$ 个向量一定线性相关.

证　$\mathbf{R}^n$ 中的向量组 $\boldsymbol{\varepsilon}_1=(1,0,\cdots,0)^{\mathrm{T}},\boldsymbol{\varepsilon}_2=(0,1,\cdots,0)^{\mathrm{T}},\cdots,\boldsymbol{\varepsilon}_n=(0,\cdots,0,1)^{\mathrm{T}}$ 显然向量线性无关，且 $\mathbf{R}^n$ 中任意向量均可由 $\boldsymbol{\varepsilon}_1,\boldsymbol{\varepsilon}_2,\cdots,\boldsymbol{\varepsilon}_n$ 线性表出，$\boldsymbol{\varepsilon}_1,\boldsymbol{\varepsilon}_2,\cdots,\boldsymbol{\varepsilon}_n$ 为 $\mathbf{R}^n$ 所有向量的一个极大线性无关组，所以 $\mathbf{R}^n$ 中任意 $n+1$ 个向量一定线性相关.

由此可知，$\mathbf{R}^2$ 中任意 3 个向量一定线性相关；$\mathbf{R}^3$ 中任意 4 个向量一定线性相关. 一般地，由定理 6 还可得：

定理 8　若向量组Ⅱ能由向量组Ⅰ线性表示，则向量组Ⅱ的秩不大于向量组Ⅰ的秩.

三、向量组的秩与矩阵的秩的关系

在第 2 章中曾经介绍过矩阵的秩的概念，那么，矩阵的秩和向量组的秩之间有什么关系呢？下面讨论这个问题.

设矩阵

$$\boldsymbol{A}=\begin{pmatrix} a_{11} & a_{12} & \cdots & a_{1n} \\ a_{21} & a_{22} & \cdots & a_{2n} \\ \vdots & \vdots & & \vdots \\ a_{m1} & a_{m2} & \cdots & a_{mn} \end{pmatrix},$$

将 $\boldsymbol{A}$ 的每一行看作一个 n 维行向量(或将 $\boldsymbol{A}$ 按行分为 m 块),并记

$$\boldsymbol{\alpha}_1=(a_{11},a_{12},\cdots,a_{1n}),\quad \boldsymbol{\alpha}_2=(a_{21},a_{22},\cdots,a_{2n}),\quad \cdots,\quad \boldsymbol{\alpha}_m=(a_{m1},a_{m2},\cdots,a_{mn})$$

为 $\boldsymbol{A}$ 的行向量组;将 $\boldsymbol{A}$ 的每一列看作一个 m 维列向量(或将 $\boldsymbol{A}$ 按列分为 n 块),并记

$$\boldsymbol{\beta}_1=\begin{pmatrix}a_{11}\\a_{21}\\\vdots\\a_{m1}\end{pmatrix},\quad \boldsymbol{\beta}_2=\begin{pmatrix}a_{22}\\a_{22}\\\vdots\\a_{m2}\end{pmatrix},\quad \cdots,\quad \boldsymbol{\beta}_n=\begin{pmatrix}a_{1n}\\a_{2n}\\\vdots\\a_{mn}\end{pmatrix}$$

为 $\boldsymbol{A}$ 的列向量组. 由此我们有如下定义:

定义 11 矩阵 $\boldsymbol{A}=(a_{ij})_{m\times n}$ 的行向量组 $\boldsymbol{\alpha}_1,\boldsymbol{\alpha}_2,\cdots,\boldsymbol{\alpha}_m$ 的秩称为矩阵 $\boldsymbol{A}$ 的**行秩**;$\boldsymbol{A}$ 的列向量组 $\boldsymbol{\beta}_1,\boldsymbol{\beta}_2,\cdots,\boldsymbol{\beta}_n$ 的秩称为矩阵 $\boldsymbol{A}$ 的**列秩**.

例 9 设矩阵

$$\boldsymbol{A}=\begin{pmatrix}1&0&0&0\\0&2&0&0\\0&0&0&3\end{pmatrix}.$$

显然 $\boldsymbol{A}$ 的行向量组 $\boldsymbol{\alpha}_1=(1,0,0,0),\boldsymbol{\alpha}_2=(0,2,0,0),\boldsymbol{\alpha}_3=(0,0,0,3)$ 线性无关,故 $\boldsymbol{A}$ 的行秩为 3;又 $\boldsymbol{A}$ 的列向量组 $\boldsymbol{\beta}_1=(1,0,0)^{\mathrm{T}},\boldsymbol{\beta}_2=(0,2,0)^{\mathrm{T}},\boldsymbol{\beta}_3=(0,0,0)^{\mathrm{T}},\boldsymbol{\beta}_4=(0,0,3)^{\mathrm{T}}$ 的一个极大无关组为 $\boldsymbol{\beta}_1,\boldsymbol{\beta}_2,\boldsymbol{\beta}_4$,因此 $\boldsymbol{A}$ 的列秩也为 3,即 $\boldsymbol{A}$ 的行秩等于 $\boldsymbol{A}$ 的列秩.

对于一般的 $m\times n$ 矩阵,也有这种结论.

定理 9 矩阵的行秩与列秩相等且都等于矩阵的秩.

例 10 设有向量组:

$$\boldsymbol{\beta}_1=\begin{pmatrix}1\\4\\2\\1\end{pmatrix},\quad \boldsymbol{\beta}_2=\begin{pmatrix}-2\\1\\5\\1\end{pmatrix},\quad \boldsymbol{\beta}_3=\begin{pmatrix}-1\\2\\4\\1\end{pmatrix},\quad \boldsymbol{\beta}_4=\begin{pmatrix}-2\\1\\-1\\1\end{pmatrix},\quad \boldsymbol{\beta}_5=\begin{pmatrix}2\\3\\0\\\frac{1}{3}\end{pmatrix}.$$

(1) 求该向量组的秩;

(2) 求该向量组的一个极大线性无关组;

(3) 将该向量组的其余向量用所求出的极大线性无关组线性表示.

解 (1) 以 $\boldsymbol{\beta}_1,\boldsymbol{\beta}_2,\boldsymbol{\beta}_3,\boldsymbol{\beta}_4,\boldsymbol{\beta}_5$ 为列向量构成矩阵 $\boldsymbol{A}$,用初等行变换将矩阵 $\boldsymbol{A}$ 化为阶梯形矩阵:

$$\boldsymbol{A}=\begin{pmatrix}1&-2&-1&-2&2\\4&1&2&1&3\\2&5&4&-1&0\\1&1&1&1&\frac{1}{3}\end{pmatrix}\xrightarrow[r_3+(-2)r_1]{\substack{r_4+(-1)r_1\\r_2+(-4)r_1}}\begin{pmatrix}1&-2&-1&-2&2\\0&9&6&9&-5\\0&9&6&3&-4\\0&3&2&3&-\frac{5}{3}\end{pmatrix}$$

$$\xrightarrow[r_4+\left(-\frac{1}{3}\right)r_2]{r_3+(-1)r_2}\begin{pmatrix}1 & -2 & -1 & -2 & 2\\ 0 & 9 & 6 & 9 & -5\\ 0 & 0 & 0 & -6 & 1\\ 0 & 0 & 0 & 0 & 0\end{pmatrix}=\boldsymbol{A}_1.$$

于是 $R(\boldsymbol{A})=3$，所以，向量组 $\boldsymbol{\beta}_1,\boldsymbol{\beta}_2,\boldsymbol{\beta}_3,\boldsymbol{\beta}_4,\boldsymbol{\beta}_5$ 的秩为 3.

(2) 由 $\boldsymbol{A}_1$ 可知，$\boldsymbol{A}_1$ 的第 1,2,4 列构成阶梯形，故 $\boldsymbol{\beta}_1,\boldsymbol{\beta}_2,\boldsymbol{\beta}_4$ 为向量组 $\boldsymbol{\beta}_1,\boldsymbol{\beta}_2,\boldsymbol{\beta}_3,\boldsymbol{\beta}_4,\boldsymbol{\beta}_5$ 的一个极大线性无关组. 这是因为

$$(\boldsymbol{\alpha}_1,\boldsymbol{\alpha}_2,\boldsymbol{\alpha}_4)=\begin{pmatrix}1 & -2 & -2\\ 0 & 9 & 9\\ 0 & 0 & -6\\ 0 & 0 & 0\end{pmatrix},$$

所以 $R(\boldsymbol{\alpha}_1,\boldsymbol{\alpha}_2,\boldsymbol{\alpha}_4)=3$，故 $\boldsymbol{\alpha}_1,\boldsymbol{\alpha}_2,\boldsymbol{\alpha}_4$ 线性无关.

(3) 对 $\boldsymbol{A}_1$ 继续作初等行变换，化成行最简形矩阵（将 1,2,4 列化为只有 0 和 1 的列）：

$$\boldsymbol{A}_1\longrightarrow\begin{pmatrix}1 & 0 & \frac{1}{3} & 0 & \frac{8}{9}\\ 0 & 1 & \frac{2}{3} & 1 & -\frac{5}{9}\\ 0 & 0 & 0 & 1 & -\frac{1}{6}\\ 0 & 0 & 0 & 0 & 0\end{pmatrix}\longrightarrow\begin{pmatrix}1 & 0 & \frac{1}{3} & 0 & \frac{8}{9}\\ 0 & 1 & \frac{2}{3} & 0 & -\frac{7}{18}\\ 0 & 0 & 0 & 1 & -\frac{1}{6}\\ 0 & 0 & 0 & 0 & 0\end{pmatrix},$$

即得

$$\boldsymbol{\beta}_3=\frac{1}{3}\boldsymbol{\beta}_1+\frac{2}{3}\boldsymbol{\beta}_2,$$

$$\boldsymbol{\beta}_5=\frac{8}{9}\boldsymbol{\beta}_1-\frac{7}{18}\boldsymbol{\beta}_2-\frac{1}{6}\boldsymbol{\beta}_4.$$

定理 10 设 $\boldsymbol{A},\boldsymbol{B}$ 均为 $m\times n$ 的矩阵，那么 $R(\boldsymbol{A}+\boldsymbol{B})\leqslant R(\boldsymbol{A})+R(\boldsymbol{B})$

定理 11 设 $\boldsymbol{A}$ 为 $m\times p$ 矩阵，$\boldsymbol{B}$ 为 $p\times n$ 的矩阵，那么 $R(\boldsymbol{AB})\leqslant \min(R(\boldsymbol{A}),R(\boldsymbol{B}))$.

推论 设 $\boldsymbol{A}$ 为 $m\times n$ 的矩阵，$\boldsymbol{B}$ 为 n 阶可逆矩阵，那么 $R(\boldsymbol{AB})=R(\boldsymbol{A})$；$\boldsymbol{C}$ 为 m 阶可逆矩阵，$R(\boldsymbol{CA})=R(\boldsymbol{A})$.

§ 4.4 线性方程组解的结构

我们在前面讨论了线性方程组的消元法——用矩阵的初等行变换解线性方程组，并利用矩阵的秩的概念，给出了线性方程组的两个重要结果，即：

(1) 齐次线性方程组 $\boldsymbol{A}_{m\times n}\boldsymbol{x}=\boldsymbol{0}$ 有非零解的充分必要条件是系数矩阵的秩 $R(\boldsymbol{A})<n$.

(2) 非齐次线性方程组 $\boldsymbol{A}_{m\times n}\boldsymbol{X}=\boldsymbol{B}$ 有解的充分必要条件是 $R(\boldsymbol{A})=R(\bar{\boldsymbol{A}})$，且当 $R(\boldsymbol{A})=R(\bar{\boldsymbol{A}})=n$ 时，方程组有唯一解；当 $R(\boldsymbol{A})=R(\bar{\boldsymbol{A}})=r<n$ 时，方程组有无穷多个解.

本节将利用向量组的线性相关性的理论讨论线性方程组的解的结构，从而完善线性方程组的理论.

一、齐次线性方程组解的结构.

设 n 元齐次线性方程组

$$\begin{cases}a_{11}x_1+a_{12}x_2+\cdots+a_{1n}x_n=0,\\ a_{21}x_1+a_{22}x_2+\cdots+a_{2n}x_n=0,\\ \cdots\cdots\cdots\cdots\\ a_{m1}x_1+a_{m2}x_2+\cdots+a_{mn}x_n=0\end{cases}\tag{4.9}$$

的矩阵形式为 $\boldsymbol{AX}=\boldsymbol{0}$，其中 $\boldsymbol{A}=(a_{ij})_{m\times n}$，$\boldsymbol{X}=(x_1,x_2,\cdots,x_n)^{\mathrm{T}}$，$\boldsymbol{0}=(0,0,\cdots,0)^{\mathrm{T}}$.

显然方程组(4.9)的一个解，实际上也是 $\mathbf{R}^n$ 中一个向量，称之为方程组(4.9)的**解向量**，有时也简称为**解**.

下面我们将从向量的角度来研究方程组解的结构，首先我们来讨论齐次线性方程组的解向量的性质.

性质 1 如果 $\boldsymbol{\xi}_1,\boldsymbol{\xi}_2$ 是齐次线性方程组(4.9)的两个解，则 $\boldsymbol{\xi}_1+\boldsymbol{\xi}_2$ 也是该方程组的解.

证 由于 $\boldsymbol{\xi}_1,\boldsymbol{\xi}_2$ 均为方程组(4.9)的解，则有

$$\boldsymbol{A\xi}_1=\boldsymbol{0},\quad \boldsymbol{A\xi}_2=\boldsymbol{0},$$

从而有

$$\boldsymbol{A}(\boldsymbol{\xi}_1+\boldsymbol{\xi}_2)=\boldsymbol{A\xi}_1+\boldsymbol{A\xi}_2=\boldsymbol{0}+\boldsymbol{0}=\boldsymbol{0},$$

即 $\boldsymbol{\xi}_1+\boldsymbol{\xi}_2$ 也是方程组(4.9)的解. □

类似地，可以有如下性质：

性质 2 如果 $\boldsymbol{\xi}$ 是齐次性方程组(4.9)的解，则对任意常数 k，$k\boldsymbol{\xi}$ 也是该方程组的解.

由于性质 1 和性质 2 可以推出：如果 $\boldsymbol{\xi}_1,\boldsymbol{\xi}_2,\cdots,\boldsymbol{\xi}_r$ 均为齐次线性方程组(4.9)的解，则它们的线性组合

$$k_1\boldsymbol{\xi}_1+k_2\boldsymbol{\xi}_2+\cdots+k_r\boldsymbol{\xi}_r\quad(k_1,k_2,\cdots,k_r\text{ 为任意常数})$$

也是该方程组的解.

我们知道，当齐次线性方程组有非零解时，必然有无穷多解，那么无穷多解向量怎么表达出来呢？能否用有限个解向量表达出无穷多解向量呢？这就是我们接下来要研究的主要问题. 为此，先引入基础解系的概念.

定义 12 如果齐次线性方程组(4.9)的有限个解向量 $\boldsymbol{\xi}_1,\boldsymbol{\xi}_2,\cdots,\boldsymbol{\xi}_r$ 满足下列条件：

(1) $\boldsymbol{\xi}_1,\boldsymbol{\xi}_2,\cdots,\boldsymbol{\xi}_r$ 线性无关；

(2) 方程组(4.9)的任意解都可以由 $\boldsymbol{\xi}_1,\boldsymbol{\xi}_2,\cdots,\boldsymbol{\xi}_r$ 线性表示，

则称 $\boldsymbol{\xi}_1,\boldsymbol{\xi}_2,\cdots,\boldsymbol{\xi}_r$ 为该方程组的一个**基础解系**.

显然，如果方程组有基础解系，基础解系实际上就是方程组所有解向量的极大线性无关组.由极大线性无关组的特点可知，方程组的基础解系不唯一，但是每个基础解系中所含解向量的个数一定相同. 而且方程组所有的解都可以用它的基础解系线性表示，所以基础解系的线性组合就是方程组的通解.

方程组什么情况下有基础解系，又怎么求基础解系呢？

定理 12 如果 n 元齐次线性方程组(4.9)的系数矩阵 $\boldsymbol{A}$ 的秩 $R(\boldsymbol{A})=r<n$(即方程组有非零解)，则该方程组必存在基础解系，并且它的任意一个基础解系中均含有 $n-r$ 个线性无关的解向量.

下面给出的定理证明是一种构造性证明，即在证明中同时给出了一种求基础解系的方法.

证 设方程组 4.9 系数矩阵 $\boldsymbol{A}=(a_{ij})_{m\times n}$ 的秩为 r，则对 $\boldsymbol{A}$ 作初等行变换可以将 $\boldsymbol{A}$ 化为：

$$\boldsymbol{A}\rightarrow\begin{pmatrix}1 & \cdots & 0 & b_{11} & \cdots & b_{1,n-r}\\ \vdots & & \vdots & \vdots & & \vdots\\ 0 & \cdots & 1 & b_{r1} & \cdots & b_{r,n-r}\\ 0 & \cdots & 0 & 0 & \cdots & 0\\ \vdots & & \vdots & \vdots & & \vdots\\ 0 & \cdots & 0 & 0 & \cdots & 0\end{pmatrix},$$

对应的齐次线性方程组为

$$\begin{cases}x_1=-b_{11}x_{r+1}-\cdots-b_{1,n-r}x_n,\\ x_2=-b_{21}x_{r+1}-\cdots-b_{2,n-r}x_n,\\ \cdots\cdots\cdots\cdots\\ x_r=-b_{r1}x_{r+1}-\cdots-b_{r,n-r}x_n.\end{cases}\tag{4.10}$$

由于方程组(4.10)与方程组(4.9)同解.在方程组(4.10)中，任给 $x_{r+1},\cdots,x_n$ 的一组值，就可以唯一确定 $x_1,\cdots,x_r$ 的值，就得到方程组(4.10)的一个解，也就是方程组(4.9)的解.

现依次取自由未知量 $x_{r+1},\cdots,x_n$ 为下述 $n-r$ 组值：

$$\begin{pmatrix}x_{r+1}\\ x_{r+2}\\ x_{r+3}\\ \vdots\\ x_n\end{pmatrix}=\begin{pmatrix}1\\ 0\\ 0\\ \vdots\\ 0\end{pmatrix},\begin{pmatrix}0\\ 1\\ 0\\ \vdots\\ 0\end{pmatrix},\cdots,\begin{pmatrix}0\\ 0\\ \vdots\\ 0\\ 1\end{pmatrix},$$

分别代入(4.10)式，即可得到方程组(4.9)的 $n-r$ 个解：

$$\boldsymbol{\xi}_1=\begin{pmatrix}-b_{11}\\-b_{21}\\\vdots\\-b_{r1}\\1\\0\\\vdots\\0\end{pmatrix},\quad \boldsymbol{\xi}_2=\begin{pmatrix}-b_{12}\\-b_{22}\\\vdots\\-b_{r2}\\0\\1\\\vdots\\0\end{pmatrix},\quad \cdots,\quad \boldsymbol{\xi}_{n-r}=\begin{pmatrix}-b_{1,n-r}\\-b_{2,n-r}\\\vdots\\-b_{r,n-r}\\0\\0\\\vdots\\1\end{pmatrix}.$$

下面我们来证明，$\boldsymbol{\xi}_1,\boldsymbol{\xi}_2,\cdots,\boldsymbol{\xi}_{n-r}$就是方程组(4.9)的基础解系. 为此，先证明 $\boldsymbol{\xi}_1,\boldsymbol{\xi}_2,\cdots,\boldsymbol{\xi}_{n-r}$线性无关，然后证明方程组(4.9)的任意一个解，都可以表为 $\boldsymbol{\xi}_1,\boldsymbol{\xi}_2,\cdots,\boldsymbol{\xi}_{n-r}$ 的线性组合.

注意到 $\boldsymbol{\xi}_1,\boldsymbol{\xi}_2,\cdots,\boldsymbol{\xi}_{n-r}$ 的后 $n-r$ 个分量组成的 $n-r$ 维向量组

$$\begin{pmatrix}1\\0\\0\\\vdots\\0\end{pmatrix},\quad \begin{pmatrix}0\\1\\0\\\vdots\\0\end{pmatrix},\quad \cdots,\quad \begin{pmatrix}0\\0\\0\\\vdots\\1\end{pmatrix}$$

是线性无关的. 由§4.2 的例 6 知，这 $n-r$ 个向量分别增加 r 个分量得到的向量组 $\boldsymbol{\xi}_1,\boldsymbol{\xi}_2,\cdots,\boldsymbol{\xi}_{n-r}$也线性无关.

又设

$$\boldsymbol{\xi}=\begin{pmatrix}c_1\\\vdots\\c_r\\c_{r+1}\\\vdots\\c_n\end{pmatrix}$$

为方程组(4.9)的任意一个解. 因为 $\boldsymbol{\xi}_1,\boldsymbol{\xi}_2,\cdots,\boldsymbol{\xi}_{n-r}$ 都是方程组(4.9)的解，由性质 1,2 可知，它们的线性组合

$$\boldsymbol{\eta}=c_{r+1}\boldsymbol{\xi}_1+c_{r+2}\boldsymbol{\xi}_2+\cdots+c_n\boldsymbol{\xi}_{n-r}=\begin{pmatrix}*\\*\\\vdots\\*\\c_{r+1}\\\vdots\\c_n\end{pmatrix}$$

仍是(4.9)的解. 比较后 $n-r$ 个分量可知,$\boldsymbol{\xi}$ 与 $\boldsymbol{\eta}$ 的后面 $n-r$ 个分量,也就是自由未知量对应相等,由于它们都满足方程组(4.9),从而知它们的前面的 r 个分量必对应相等. 因此

$$\boldsymbol{\xi}=\boldsymbol{\eta}=c_{r+1}\boldsymbol{\xi}_1+c_{r+2}\boldsymbol{\xi}_2+\cdots+c_n\boldsymbol{\xi}_{n-r},$$

即方程组(4.9)的任意一个解 $\boldsymbol{\xi}$ 都可以表为 $\boldsymbol{\xi}_1,\boldsymbol{\xi}_2,\cdots,\boldsymbol{\xi}_{n-r}$ 的线性组合. 因此 $\boldsymbol{\xi}_1,\boldsymbol{\xi}_2,\cdots,\boldsymbol{\xi}_{n-r}$ 为齐次线性方程组(4.9)的一个基础解系,它含有 $n-r$ 个线性无关的解向量. □

对于给定的齐次线性方程组,当存在非零解时,即可按定理 12 的证明中给出的求基础解系的方法,求出该方程组的一个基础解系 $\boldsymbol{\xi}_1,\boldsymbol{\xi}_2,\cdots,\boldsymbol{\xi}_{n-r}$,此时,该方程组的全部解均可表为下述形式:

$$c_1\boldsymbol{\xi}_1+c_2\boldsymbol{\xi}_2+\cdots+c_{n-r}\boldsymbol{\xi}_{n-r},$$

其中 $c_1,c_2,\cdots,c_{n-r}$ 为任意常数.

例 11　求齐次线性方程组

$$\begin{cases}x_1-2x_2-\ x_3-\ x_4=0,\\2x_1-4x_2+5x_3+3x_4=0,\\4x_1-8x_2+17x_3+11x_4=0\end{cases}$$

的一个基础解系,并给出通解.

解　设方程组的系数矩阵为 $\boldsymbol{A}$,对 $\boldsymbol{A}$ 实施初等行变换,化为行最简形矩阵,即

$$\boldsymbol{A}=\begin{pmatrix}1&-2&-1&-1\\2&-4&5&3\\4&-8&17&11\end{pmatrix}\to\begin{pmatrix}1&-2&-1&-1\\0&0&7&5\\0&0&21&15\end{pmatrix}$$

$$\to\begin{pmatrix}1&-2&-1&-1\\0&0&7&5\\0&0&0&0\end{pmatrix}\to\begin{pmatrix}1&-2&0&-\dfrac{2}{7}\\0&0&1&\dfrac{5}{7}\\0&0&0&0\end{pmatrix}.$$

由此可得方程组

$$\begin{cases}x_1=2x_2+\dfrac{2}{7}x_4,\\x_3=\qquad-\dfrac{5}{7}x_4,\end{cases}$$

其中 x_2, x_4为自由未知量. 令

$$\begin{pmatrix}x_2\\x_4\end{pmatrix}=\begin{pmatrix}1\\0\end{pmatrix},\begin{pmatrix}0\\1\end{pmatrix},$$

得到方程组的一个基础解系

$$\boldsymbol{\xi}_1=\begin{pmatrix}2\\1\\0\\0\end{pmatrix},\quad \boldsymbol{\xi}_2=\begin{pmatrix}\frac{2}{7}\\0\\-\frac{5}{7}\\1\end{pmatrix}.$$

因此,方程组的通解为 $\boldsymbol{\xi}=c_1\boldsymbol{\xi}_1+c_2\boldsymbol{\xi}_2$($c_1,c_2$ 为任意常数).

例 12 设 $m\times n$ 矩阵 $\boldsymbol{A}$ 与 $n\times s$ 矩阵 $\boldsymbol{B}$ 满足 $\boldsymbol{AB}=\boldsymbol{O}$,并且 $R(\boldsymbol{A})<n$. 求证:

$$R(\boldsymbol{A})+R(\boldsymbol{B})\leqslant n.$$

证 已知 $R(\boldsymbol{A})=r<n$,故以 $\boldsymbol{A}$ 为系数矩阵的 n 元齐次线性方程组

$$\boldsymbol{AX}=\boldsymbol{0}$$

存在基础解系且由 $n-r$ 个解向量组成,即方程组 $\boldsymbol{AX}=\boldsymbol{0}$ 解向量组的秩为 $n-r$.

将 $\boldsymbol{B}$ 按列分块为 $\boldsymbol{B}=(\boldsymbol{\beta}_1,\boldsymbol{\beta}_2,\cdots,\boldsymbol{\beta}_s)$,由条件 $\boldsymbol{AB}=\boldsymbol{O}$,得

$$\boldsymbol{A\beta}_j=\boldsymbol{0}\quad(j=1,2,\cdots,s).$$

这表明矩阵 $\boldsymbol{B}$ 的每一个列向量,都是齐次线性方程组 $\boldsymbol{AX}=\boldsymbol{0}$ 的解,而 $\boldsymbol{AX}=\boldsymbol{0}$ 的基础解系含 $n-r$ 个解向量. 因此,可知 $R(\boldsymbol{\beta}_1,\boldsymbol{\beta}_2,\cdots,\boldsymbol{\beta}_s)\leqslant n-r$,即 $R(\boldsymbol{B})\leqslant n-r$. 所以

$$R(\boldsymbol{A})+R(\boldsymbol{B})\leqslant n.$$

二、非齐次线性方程组解的结构

设 n 元非齐次线性方程组

$$\begin{cases}a_{11}x_1+a_{12}x_2+\cdots+a_{1n}x_n=b_1,\\a_{21}x_1+a_{22}x_2+\cdots+a_{2n}x_n=b_2,\\\cdots\cdots\cdots\cdots\\a_{m1}x_1+a_{m2}x_2+\cdots+a_{mn}x_n=b_m\end{cases}\tag{4.11}$$

的矩阵形式为 $\boldsymbol{AX}=\boldsymbol{B}$,其中 $\boldsymbol{A}=(a_{ij})_{m\times n}$,$\boldsymbol{X}=(x_1,x_2,\cdots,x_n)^{\mathrm{T}}$,$\boldsymbol{B}=(b_1,b_2,\cdots,b_m)^{\mathrm{T}}\neq\boldsymbol{0}$. 若将方程组(4.11)的常数项 $b_1,b_2,\cdots,b_m$ 全部换成零,就得到 n 元齐次线性方程组 $\boldsymbol{AX}=\boldsymbol{0}$. 这时称齐次线性方程组 $\boldsymbol{AX}=\boldsymbol{0}$ 是非齐次线性方程组 $\boldsymbol{AX}=\boldsymbol{B}$ 的**导出组**.

非齐次线性方程组 $\boldsymbol{AX}=\boldsymbol{B}$ 与其导出组 $\boldsymbol{AX}=\boldsymbol{0}$ 的解具有以下性质:

性质 1 如果 $\boldsymbol{\gamma}$ 是方程组 $\boldsymbol{AX}=\boldsymbol{B}$ 的一个解,$\boldsymbol{\eta}$ 是其导出组 $\boldsymbol{AX}=\boldsymbol{0}$ 的一个解,则 $\boldsymbol{\gamma}+\boldsymbol{\eta}$ 是方程组 $\boldsymbol{AX}=\boldsymbol{B}$ 的解.

证 由于 $\boldsymbol{\gamma}$ 是方程组 $\boldsymbol{AX}=\boldsymbol{B}$ 的解,故 $\boldsymbol{A\gamma}=\boldsymbol{B}$;$\boldsymbol{\eta}$ 是其导出组 $\boldsymbol{AX}=\boldsymbol{0}$ 的解,则 $\boldsymbol{A\eta}=\boldsymbol{0}$,从而 $\boldsymbol{A}(\boldsymbol{\gamma}+\boldsymbol{\eta})=\boldsymbol{A\gamma}+\boldsymbol{A\eta}=\boldsymbol{B}+\boldsymbol{0}=\boldsymbol{B}$. 即 $\boldsymbol{\gamma}+\boldsymbol{\eta}$ 是方程组 $\boldsymbol{AX}=\boldsymbol{B}$ 的解. □

性质 2 如果 $\boldsymbol{\gamma}_1,\boldsymbol{\gamma}_2$ 是方程组 $\boldsymbol{AX}=\boldsymbol{B}$ 的解,则 $\boldsymbol{\gamma}_1-\boldsymbol{\gamma}_2$ 为其导出组 $\boldsymbol{AX}=\boldsymbol{0}$ 的解.

证明的方法与证明性质 1 类似,留给读者自行证明.

由性质 1 和性质 2 可以得到：

定理 13　设 $\boldsymbol{\eta}^*$ 为非齐次线性方程组 $\boldsymbol{AX}=\boldsymbol{B}$ 的一个解，$\boldsymbol{\xi}_1,\boldsymbol{\xi}_2,\cdots,\boldsymbol{\xi}_{n-r}$ 为其导出 $\boldsymbol{AX}=\boldsymbol{0}$ 的一个基础解系，则方程组 $\boldsymbol{AX}=\boldsymbol{B}$ 的全部解可以表为

$$k_1\boldsymbol{\xi}_1+k_2\boldsymbol{\xi}_2+\cdots+k_{n-r}\boldsymbol{\xi}_{n-r}+\boldsymbol{\eta}^*,$$

其中 $k_1,k_2,\cdots,k_{n-r}$ 为任意常数.

证　设 $\boldsymbol{\eta}$ 是方程组 $\boldsymbol{AX}=\boldsymbol{B}$ 的任一解，由于 $\boldsymbol{A\eta}^*=\boldsymbol{B}$，故 $\boldsymbol{\eta}-\boldsymbol{\eta}^*$ 为 $\boldsymbol{AX}=\boldsymbol{0}$ 的解. 而 $\boldsymbol{\xi}_1,\boldsymbol{\xi}_2,\cdots,\boldsymbol{\xi}_{n-r}$ 是 $\boldsymbol{AX}=\boldsymbol{0}$ 的基础解系，所以

$$\boldsymbol{\eta}-\boldsymbol{\eta}^*=k_1\boldsymbol{\xi}_1+k_2\boldsymbol{\xi}_2+\cdots+k_{n-r}\boldsymbol{\xi}_{n-r},$$

即

$$\boldsymbol{\eta}=k_1\boldsymbol{\xi}_1+k_2\boldsymbol{\xi}_2+\cdots+k_{n-r}\boldsymbol{\xi}_{n-r}+\boldsymbol{\eta}^*,$$

其中 $k_1,k_2,\cdots,k_{n-r}$ 为任意常数. 定理得证. □

例 13　解线性方程组

$$\begin{cases}x_1+2x_2-2x_3+3x_4=2,\\2x_1+4x_2-3x_3+4x_4=5,\\5x_1+10x_2-8x_3+11x_4=12.\end{cases}$$

解　对线性方程组的增广矩阵 $\overline{\boldsymbol{A}}$ 施行初等行变换将其化为最简形：

$$\overline{\boldsymbol{A}}=\begin{pmatrix}1&2&-2&3&2\\2&4&-3&4&5\\5&10&-8&11&12\end{pmatrix}\to\begin{pmatrix}1&2&-2&3&2\\0&0&1&-2&1\\0&0&2&-4&2\end{pmatrix}\to\begin{pmatrix}1&2&0&-1&4\\0&0&1&-2&1\\0&0&0&0&0\end{pmatrix}.$$

可见 $R(\boldsymbol{A})=R(\overline{\boldsymbol{A}})=2<4$. 故方程组有无穷多个解.

取 x_2,x_4 为自由未知量，原方程组的同解方程组为

$$\begin{cases}x_1=4-2x_2+x_4,\\x_3=1\qquad\quad+2x_4.\end{cases}\tag{4.12}$$

令 $x_2=x_4=0$，得 $x_1=4,x_3=1$，即得非齐次线性方程组的一个解

$$\boldsymbol{\eta}^*=\begin{pmatrix}4\\0\\1\\0\end{pmatrix}.$$

方程组(4.12)对应的齐次线性方程组为

$$\begin{cases}x_1=-2x_2+x_4,\\x_3=\qquad\quad 2x_4.\end{cases}$$

令

$$\begin{pmatrix}x_2\\x_4\end{pmatrix}=\begin{pmatrix}1\\0\end{pmatrix},\begin{pmatrix}0\\1\end{pmatrix},$$

得
$$\begin{pmatrix}x_1\\x_3\end{pmatrix}=\begin{pmatrix}-2\\0\end{pmatrix},\begin{pmatrix}1\\2\end{pmatrix}.$$
因此，得到对应的齐次线性方程组的一个基础解系为
$$\boldsymbol{\xi}_1=\begin{pmatrix}-2\\1\\0\\0\end{pmatrix},\quad \boldsymbol{\xi}_2=\begin{pmatrix}1\\0\\2\\1\end{pmatrix}.$$
于是，原方程组的通解为
$$\boldsymbol{\eta}=c_1\boldsymbol{\xi}_1+c_2\boldsymbol{\xi}_2+\boldsymbol{\eta}^*\quad (c_1,c_2\text{ 为任意常数}).$$

例 14 设线性方程组
$$\begin{cases}x_1+2x_2-x_3-2x_4=0,\\2x_1-x_2-x_3+x_4=1,\\3x_1+x_2-2x_3-x_4=a.\end{cases}$$
试确定 a 的值，使方程组有解；并求其全部解.

解 对线性方程组的增广矩阵 $\overline{\boldsymbol{A}}$ 作初等行变换：
$$\overline{\boldsymbol{A}}=\begin{pmatrix}1&2&-1&-2&0\\2&-1&-1&1&1\\3&1&-2&-1&a\end{pmatrix}\to\begin{pmatrix}1&2&-1&-2&0\\0&-5&1&5&1\\0&-5&1&5&a\end{pmatrix}\to\begin{pmatrix}1&2&-1&-2&0\\0&-5&1&5&1\\0&0&0&0&a-1\end{pmatrix}.$$
因此，当 $a=1$ 时，$R(\boldsymbol{A})=R(\overline{\boldsymbol{A}})=2<4$，方程组有解且有无穷多个解.

当 $a=1$ 时，
$$\overline{\boldsymbol{A}}\to\begin{pmatrix}1&2&-1&-2&0\\0&-5&1&5&1\\0&0&0&0&0\end{pmatrix}\to\begin{pmatrix}1&-3&0&3&1\\0&-5&1&5&1\\0&0&0&0&0\end{pmatrix},$$
得到一般解
$$\begin{cases}x_1=1+3x_2-3x_4,\\x_3=1+5x_2-5x_4,\end{cases}\tag{4.13}$$
其中 x_2,x_4 为自由未知量，令 $x_2=x_4=0$，得 $x_1=1,x_3=1$，即得非齐次线性方程组的一个解
$$\boldsymbol{\eta}^*=\begin{pmatrix}1\\0\\1\\0\end{pmatrix}.$$

方程组(4.13)对应的齐次线性方程组为

$$\begin{cases}x_1=3x_2-3x_4,\\x_3=5x_2-5x_4,\end{cases}$$

令
$$\begin{pmatrix}x_2\\x_4\end{pmatrix}=\begin{pmatrix}1\\0\end{pmatrix},\begin{pmatrix}0\\1\end{pmatrix},$$

得
$$\begin{pmatrix}x_1\\x_3\end{pmatrix}=\begin{pmatrix}3\\5\end{pmatrix},\begin{pmatrix}-3\\-5\end{pmatrix}.$$

因此,得到对应的齐次线性方程组的一个基础解系为

$$\boldsymbol{\eta}_1=\begin{pmatrix}3\\1\\5\\0\end{pmatrix},\quad \boldsymbol{\xi}_2=\begin{pmatrix}-3\\0\\-5\\1\end{pmatrix}.$$

于是,原方程组的通解为

$$\boldsymbol{x}=c_1\boldsymbol{\xi}_1+c_2\boldsymbol{\xi}_2+\boldsymbol{\eta}^*\quad(c_1,c_2\text{ 为任意常数}).$$

例 15　设 $\boldsymbol{A}=(a_{ij})$为四阶方阵,$\boldsymbol{B}=(b_1,b_2,b_3,b_4)^{\mathrm{T}}$. 已知 $R(\boldsymbol{A})=3$,$\boldsymbol{\eta}_1$,$\boldsymbol{\eta}_2$,$\boldsymbol{\eta}_3$ 是非齐次线性方程组 $\boldsymbol{AX}=\boldsymbol{B}$ 的三个解,且 $\boldsymbol{\eta}_1+\boldsymbol{\eta}_2=(1,2,2,1)^{\mathrm{T}}$,$\boldsymbol{\eta}_3=(1,2,3,4)^{\mathrm{T}}$. 求 $\boldsymbol{AX}=\boldsymbol{B}$ 的通解.

解　因为 $R(\boldsymbol{A})=3<4$,所以 $\boldsymbol{AX}=\boldsymbol{0}$ 的基础解系中含有一个解向量.

由于 $\boldsymbol{A\eta}_i=\boldsymbol{B}(i=1,2,3)$,故

$$\boldsymbol{A}(\boldsymbol{\eta}_1+\boldsymbol{\eta}_2-2\boldsymbol{\eta}_3)=\boldsymbol{A\eta}_1+\boldsymbol{A\eta}_2-2\boldsymbol{A\eta}_3=\boldsymbol{B}+\boldsymbol{B}-2\boldsymbol{B}=\boldsymbol{0},$$

所以

$$\boldsymbol{\xi}=\boldsymbol{\eta}_1+\boldsymbol{\eta}_2-2\boldsymbol{\eta}_3=(-1,-2,-4,-7)^{\mathrm{T}}$$

是 $\boldsymbol{AX}=\boldsymbol{0}$ 的解,也构成它的基础解系.

又 $\boldsymbol{\eta}_3$ 是 $\boldsymbol{AX}=\boldsymbol{B}$ 的一个解,故 $\boldsymbol{AX}=\boldsymbol{B}$ 的通解为

$$\boldsymbol{X}=c\boldsymbol{\xi}+\boldsymbol{\eta}_3\quad(c\text{ 为任意常数}).$$

习　题　4

1. 设向量 $\boldsymbol{\alpha}=(1,1,1)^{\mathrm{T}}$,$\boldsymbol{\beta}=(0,1,2)^{\mathrm{T}}$,$\boldsymbol{\gamma}=(2,3,1)^{\mathrm{T}}$,求 $\boldsymbol{\alpha}-2\boldsymbol{\beta}$ 及 $2\boldsymbol{\alpha}+3\boldsymbol{\beta}-\boldsymbol{\gamma}$.

2. 设 $3\boldsymbol{\alpha}+4\boldsymbol{\beta}=(2,1,1,2)^{\mathrm{T}}$,$2\boldsymbol{\alpha}+3\boldsymbol{\beta}=(-1,2,3,1)^{\mathrm{T}}$,求向量 $\boldsymbol{\alpha}$,$\boldsymbol{\beta}$.

3. 判定下列各组中的向量 $\boldsymbol{\beta}$ 是否可以表示为其余向量的线性组合. 若可以,试求出其表示式:

(1) $\boldsymbol{\beta}=(4,5,6)^{\mathrm{T}}$,$\boldsymbol{\alpha}_1=(3,-3,2)^{\mathrm{T}}$,$\boldsymbol{\alpha}_2=(-2,1,2)^{\mathrm{T}}$,$\boldsymbol{\alpha}_3=(1,2,-1)^{\mathrm{T}}$;

(2) $\boldsymbol{\beta}=(-1,1,3,1)^{\mathrm{T}}$,$\boldsymbol{\alpha}_1=(1,2,1,1)^{\mathrm{T}}$,$\boldsymbol{\alpha}_2=(1,1,1,2)^{\mathrm{T}}$,$\boldsymbol{\alpha}_3=(-3,-2,1,-3)^{\mathrm{T}}$;

(3) $\boldsymbol{\beta}=\left(1,0,-\frac{1}{2}\right)^{\mathrm{T}}$,$\boldsymbol{\alpha}_1=(1,1,1)^{\mathrm{T}}$,$\boldsymbol{\alpha}_2=(1,-1,-2)^{\mathrm{T}}$,$\boldsymbol{\alpha}_3=(-1,1,2)^{\mathrm{T}}$.

4. 设 $\boldsymbol{\alpha}_1=(1+\lambda,1,1)^{\mathrm{T}}$,$\boldsymbol{\alpha}_2=(1,1+\lambda,1)^{\mathrm{T}}$,$\boldsymbol{\alpha}_3=(1,1,1+\lambda)^{\mathrm{T}}$,$\boldsymbol{\beta}=(0,\lambda,\lambda^2)^{\mathrm{T}}$,问 $\boldsymbol{\lambda}$ 为何值时:

(1) $\boldsymbol{\beta}$ 不能由 $\boldsymbol{\alpha}_1,\boldsymbol{\alpha}_2,\boldsymbol{\alpha}_3$ 的线性表出;

(2) $\boldsymbol{\beta}$ 可由 $\boldsymbol{\alpha}_1,\boldsymbol{\alpha}_2,\boldsymbol{\alpha}_3$ 的线性表出,并且表示方法唯一;

(3) $\boldsymbol{\beta}$ 可由 $\boldsymbol{\alpha}_1,\boldsymbol{\alpha}_2,\boldsymbol{\alpha}_3$ 的线性表出,并且表示方法不唯一.

5. 判定下列各向量组是线性相关,还是线性无关?

(1) $\boldsymbol{\alpha}_1=(3,2,0)^{\mathrm{T}}$,$\boldsymbol{\alpha}_2=(-1,2,1)^{\mathrm{T}}$;

(2) $\boldsymbol{\alpha}_1=(1,1,-1,1)^{\mathrm{T}}$,$\boldsymbol{\alpha}_2=(1,-1,2,-1)^{\mathrm{T}}$,$\boldsymbol{\alpha}_3=(3,1,0,1)^{\mathrm{T}}$;

(3) $\boldsymbol{\alpha}_1=(2,1,3)^{\mathrm{T}}$,$\boldsymbol{\alpha}_2=(-3,1,1,)^{\mathrm{T}}$,$\boldsymbol{\alpha}_3=(1,1,-2)^{\mathrm{T}}$.

6. 设向量组 $\boldsymbol{\alpha}_1=(a,2,1)^{\mathrm{T}}$,$\boldsymbol{\alpha}_2=(2,a,0)^{\mathrm{T}}$,$\boldsymbol{\alpha}_3=(1,-1,1)^{\mathrm{T}}$,试确定 a 为何值时,向量组线性相关.

7. 设向量组 $\boldsymbol{\alpha},\boldsymbol{\beta},\boldsymbol{\gamma}$ 线性无关.证明:向量组 $2\boldsymbol{\alpha}+\boldsymbol{\beta}$,$\boldsymbol{\beta}+5\boldsymbol{\gamma}$,$3\boldsymbol{\alpha}+4\boldsymbol{\gamma}$ 也线性无关.

8. 设向量组 $\boldsymbol{\alpha}_1,\boldsymbol{\alpha}_2,\boldsymbol{\alpha}_3$ 线性相关,而向量组 $\boldsymbol{\alpha}_2,\boldsymbol{\alpha}_3,\boldsymbol{\alpha}_4$ 线性无关. 证明:

(1) $\boldsymbol{\alpha}_1$ 能由 $\boldsymbol{\alpha}_2,\boldsymbol{\alpha}_3$ 线性表示;

(2) $\boldsymbol{\alpha}_4$ 不能由 $\boldsymbol{\alpha}_1,\boldsymbol{\alpha}_2,\boldsymbol{\alpha}_3$ 线性表示.

9. 设向量组 $\boldsymbol{\alpha}_1,\boldsymbol{\alpha}_2,\cdots,\boldsymbol{\alpha}_s$ 线性无关($s>2$),试证明下列各向量组线性无关:

(1) $\boldsymbol{\alpha}_1,\boldsymbol{\alpha}_1+\boldsymbol{\alpha}_2,\cdots,\boldsymbol{\alpha}_1+\boldsymbol{\alpha}_2+\cdots+\boldsymbol{\alpha}_s$;

(2) $-\boldsymbol{\alpha}_1+\boldsymbol{\alpha}_2+\cdots+\boldsymbol{\alpha}_s,\boldsymbol{\alpha}_1-\boldsymbol{\alpha}_2+\boldsymbol{\alpha}_3+\cdots+\boldsymbol{\alpha}_s,\cdots,\boldsymbol{\alpha}_1+\boldsymbol{\alpha}_2+\cdots+\boldsymbol{\alpha}_{s-1}-\boldsymbol{\alpha}_s$;

10. 判定下列各组中给定的两个向量组是否等价:

(1) $\boldsymbol{\alpha}_1=(1,0)^{\mathrm{T}}$,$\boldsymbol{\alpha}_2=(0,1)^{\mathrm{T}}$ 与 $\boldsymbol{\beta}_1=(1,2)^{\mathrm{T}}$,$\boldsymbol{\beta}_2=(-1,1)^{\mathrm{T}}$;

(2) $\boldsymbol{\alpha}_1=(1,1)^{\mathrm{T}}$,$\boldsymbol{\alpha}_2=(0,-1)^{\mathrm{T}}$ 与 $\boldsymbol{\beta}_1=(2,2)^{\mathrm{T}}$,$\boldsymbol{\beta}_2=(0,0)^{\mathrm{T}}$.

11. 已知向量组 $\boldsymbol{\alpha}_1,\boldsymbol{\alpha}_2,\boldsymbol{\alpha}_3$ 与 $\boldsymbol{\beta}_1,\boldsymbol{\beta}_2,\boldsymbol{\beta}_3$ 满足

$$\begin{cases}\boldsymbol{\beta}_1=\boldsymbol{\alpha}_1-\boldsymbol{\alpha}_2+\boldsymbol{\alpha}_3,\\ \boldsymbol{\beta}_2=\boldsymbol{\alpha}_1+\boldsymbol{\alpha}_2-\boldsymbol{\alpha}_3,\\ \boldsymbol{\beta}_3=-\boldsymbol{\alpha}_1+\boldsymbol{\alpha}_2+\boldsymbol{\alpha}_3,\end{cases}$$

证明:$\{\boldsymbol{\alpha}_1,\boldsymbol{\alpha}_2,\boldsymbol{\alpha}_3\}$与$\{\boldsymbol{\beta}_1,\boldsymbol{\beta}_2,\boldsymbol{\beta}_3\}$等价.

12. 设 n 维向量组

$$\boldsymbol{\alpha}_1=(1,0,\cdots,0)^{\mathrm{T}},\quad \boldsymbol{\alpha}_2=(1,1,0,\cdots,0)^{\mathrm{T}},\quad \cdots,\quad \boldsymbol{\alpha}_n=(1,1,\cdots,1)^{\mathrm{T}}.$$

证明:向量组 $\boldsymbol{\alpha}_1,\boldsymbol{\alpha}_2,\cdots,\boldsymbol{\alpha}_n$ 与 n 维向量组

$$\boldsymbol{\varepsilon}_1=(1,0,\cdots,0)^{\mathrm{T}},\quad \boldsymbol{\varepsilon}_2=(0,1,0,\cdots,0)^{\mathrm{T}},\quad \cdots,\quad \boldsymbol{\varepsilon}_n=(0,0,\cdots,1)^{\mathrm{T}}$$

等价.

13. 设向量组 $\boldsymbol{\alpha}_1,\boldsymbol{\alpha}_2,\cdots,\boldsymbol{\alpha}_s(s>1)$中 ,$\boldsymbol{\alpha}_1\neq\mathbf{0}$,并且 $\boldsymbol{\alpha}_i$ 不能由 $\boldsymbol{\alpha}_1,\boldsymbol{\alpha}_2,\cdots,\boldsymbol{\alpha}_{i-1}$线性表出,

$i=2,3,\cdots,s$. 证明:向量组 $\boldsymbol{\alpha}_1,\boldsymbol{\alpha}_2,\cdots,\boldsymbol{\alpha}_s$ 线性无关.

14. 设向量 $\boldsymbol{\beta}$ 可由向量组 $\boldsymbol{\alpha}_1,\boldsymbol{\alpha}_2,\cdots,\boldsymbol{\alpha}_s$ 线性表出,但不能由 $\boldsymbol{\alpha}_1,\boldsymbol{\alpha}_2,\cdots,\boldsymbol{\alpha}_{s-1}$ 线性表出. 证明:$\{\boldsymbol{\alpha}_1,\boldsymbol{\alpha}_2,\cdots,\boldsymbol{\alpha}_s\}$ 与 $\{\boldsymbol{\alpha}_1,\boldsymbol{\alpha}_2,\cdots,\boldsymbol{\alpha}_{s-1},\boldsymbol{\beta}\}$ 等价.

15. 设向量组 $\boldsymbol{\alpha}_1,\boldsymbol{\alpha}_2,\cdots,\boldsymbol{\alpha}_s$ 的秩为 $r(r<s)$. 证明:$\boldsymbol{\alpha}_1,\boldsymbol{\alpha}_2,\cdots,\boldsymbol{\alpha}_s$ 中任意 r 个线性无关的向量均可以成为该向量组的极大无关组.

16. 如果向量组 $\boldsymbol{\alpha}_1,\boldsymbol{\alpha}_2,\cdots,\boldsymbol{\alpha}_s$ 可由向量组 $\boldsymbol{\beta}_1,\boldsymbol{\beta}_2,\cdots,\boldsymbol{\beta}_t$ 线性表出. 证明:

(1) $R(\boldsymbol{\alpha}_1,\boldsymbol{\alpha}_2,\cdots,\boldsymbol{\alpha}_s)\leqslant R(\boldsymbol{\beta}_1,\boldsymbol{\beta}_2,\cdots,\boldsymbol{\beta}_t)$;

(2) $R(\boldsymbol{\alpha}_1,\boldsymbol{\alpha}_2,\cdots,\boldsymbol{\alpha}_s,\boldsymbol{\beta}_1,\boldsymbol{\beta}_2,\cdots,\boldsymbol{\beta}_t)=R(\boldsymbol{\beta}_1,\boldsymbol{\beta}_2,\cdots,\boldsymbol{\beta}_t)$.

17. 设 $\boldsymbol{A},\boldsymbol{B}$ 均为 $m\times n$ 矩阵. 证明:$R(\boldsymbol{A}+\boldsymbol{B})\leqslant R(\boldsymbol{A})+R(\boldsymbol{B})$.

18. 设 $\boldsymbol{A},\boldsymbol{B}$ 为 n 阶矩阵,$\boldsymbol{AB}=\boldsymbol{0}$. 证明:$R(\boldsymbol{A})+R(\boldsymbol{B})\leqslant n$.

19. 设 $\boldsymbol{A}$ 为 n 阶矩阵$(n>2)$,$\boldsymbol{A}^*$ 为 $\boldsymbol{A}$ 的伴随矩阵. 证明:

$$R(\boldsymbol{A}^*)=\begin{cases}n, & R(\boldsymbol{A})=n,\\ 1, & R(\boldsymbol{A})=n-1,\\ 0, & R(\boldsymbol{A})<n-1.\end{cases}$$

20. 求下列向量组的秩:

$$\boldsymbol{\alpha}_1=(1,2,3,4)^{\mathrm{T}},\ \boldsymbol{\alpha}_2=(2,3,4,5)^{\mathrm{T}},\ \boldsymbol{\alpha}_3=(3,4,5,6)^{\mathrm{T}},\ \boldsymbol{\alpha}_4=(4,5,6,7)^{\mathrm{T}}.$$

21. 求下列各向量组的一个极大线性无关组,并将其余向量表示为该极大线性无关组的线性组合:

(1) $\boldsymbol{\alpha}_1=(1,-2,5)^{\mathrm{T}},\boldsymbol{\alpha}_2=(3,2,-1)^{\mathrm{T}},\boldsymbol{\alpha}_3=(3,10,-17)^{\mathrm{T}}$;

(2) $\boldsymbol{\alpha}_1=(1,-1,0,4)^{\mathrm{T}},\boldsymbol{\alpha}_2=(2,1,5,6)^{\mathrm{T}},\boldsymbol{\alpha}_3=(1,-1,-2,0)^{\mathrm{T}},\boldsymbol{\alpha}_4=(3,0,7,14)^{\mathrm{T}}$;

(3) $\boldsymbol{\alpha}_1=(1,3,-5,1)^{\mathrm{T}},\boldsymbol{\alpha}_2=(2,6,1,4)^{\mathrm{T}},\boldsymbol{\alpha}_3=(3,9,7,10)^{\mathrm{T}}$.

22. 求下列齐次线性方程组的一个基础解系,并用此基础解系表示方程组的全部解.

(1) $\begin{cases}x_1+x_2-x_3+x_4=0,\\ x_1-x_2+2x_3-x_4=0,\\ 3x_1+x_2+x_4=0;\end{cases}$　　(2) $\begin{cases}x_1-2x_2-x_3-x_4=0,\\ 2x_1-4x_2+5x_3+3x_4=0,\\ 4x_1-8x_2+17x_3+11x_4=0;\end{cases}$

(3) $\begin{cases}2x_1+x_2-x_3-x_4+x_5=0,\\ x_1-x_2+x_3+x_4-2x_5=0,\\ 3x_1+3x_2-3x_3-3x_4+4x_5=0,\\ 4x_1+5x_2-5x_3-5x_4+7x_5=0.\end{cases}$

23. 判断下列线性方程组是否有解,若有解,求其解(在有无穷多解的情况下,求其通解):

(1) $\begin{cases}2x_1-4x_2-x_3=4,\\ -x_1-2x_2-x_4=4,\\ 3x_2+x_3+2x_4=1,\\ 3x_1+x_2+3x_4=-3;\end{cases}$　　(2) $\begin{cases}2x_1-x_2+4x_3-3x_4=-4,\\ x_1+x_3-x_4=-3,\\ 3x_1+x_2+x_3=1,\\ 7x_1+7x_3-3x_4=3;\end{cases}$

(3) $\begin{cases} x_1+x_2+x_3+x_4+x_5=-1, \\ 3x_1+2x_2+x_3+x_4-3x_5=-5, \\ x_2+2x_3+2x_4+6x_5=2, \\ 5x_1+4x_2+3x_3+3x_4-x_5=-7; \end{cases}$　(4) $\begin{cases} 2x_1+3x_2-x_3-5x_4=-2, \\ x_1+2x_2-x_3+x_4=-2, \\ x_1+x_2+x_3+x_4=5, \\ 3x_1+x_2+2x_3+3x_4=4. \end{cases}$

24. 设 4 元线性方程组系数矩阵的秩为 3，$\boldsymbol{\eta}_1,\boldsymbol{\eta}_2,\boldsymbol{\eta}_3$ 是它的三个解向量，且

$$\boldsymbol{\eta}_1=\begin{pmatrix}2\\3\\4\\5\end{pmatrix},\quad \boldsymbol{\eta}_2+\boldsymbol{\eta}_3=\begin{pmatrix}1\\2\\3\\4\end{pmatrix},$$

求该方程组的通解.

25. 设齐次线性方程组

$$\begin{cases} a_{11}x_1+a_{12}x_2+\cdots+a_{1n}x_n=0, \\ a_{21}x_1+a_{22}x_2+\cdots+a_{2n}x_n=0, \\ \cdots\cdots\cdots\cdots \\ a_{n1}x_1+a_{n2}x_2+\cdots+a_{nn}x_n=0 \end{cases}$$

的系数矩阵 $\boldsymbol{A}=(a_{ij})_{n\times n}$ 的秩为 $n-1$. 求证：此方程组的全部解为

$$\boldsymbol{\eta}=c(A_{i1},A_{i2},\cdots,A_{in})^{\mathrm{T}},$$

其中 $A_{ij}(1\leqslant j\leqslant n)$ 为元素 a_{ij} 的代数余子式，且至少有一个 $A_{ij}\neq 0$，c 为任意常数.

自 测 题 4

一、判断题(结论对的请在括号内打“√”，错的打“×”)

1. 若 $m>n$，则 n 维向量组 $\boldsymbol{\alpha}_1,\boldsymbol{\alpha}_2,\cdots,\boldsymbol{\alpha}_m$ 线性相关.　(　　)
2. 若向量组线性相关，那么其任意一个部分组都线性相关.　(　　)
3. 如果向量组 $\boldsymbol{\alpha}_1,\boldsymbol{\alpha}_2,\cdots,\boldsymbol{\alpha}_m$ 线性相关，则它的秩小于 m，反之亦然.　(　　)
4. 向量组 $\boldsymbol{\alpha}_1=(1,0,3,0)$，$\boldsymbol{\alpha}_2=(4,2,1,5)$，$\boldsymbol{\alpha}_3=(0,0,2,1)$ 的最大线性无关组为 $\boldsymbol{\alpha}_1,\boldsymbol{\alpha}_2$.　(　　)
5. 如果 n 阶方阵 $\boldsymbol{A}$ 的行列式不等于零，则 $\boldsymbol{A}$ 的行向量组线性相关.　(　　)

二、填空题

1. 单个向量 $\boldsymbol{\alpha}$ 线性无关的充分必要条件是________.
2. 向量组 $\boldsymbol{\alpha}_1=\begin{pmatrix}1\\2\\3\end{pmatrix}$，$\boldsymbol{\alpha}_2=\begin{pmatrix}2\\4\\5\end{pmatrix}$，$\boldsymbol{\alpha}_3=\begin{pmatrix}0\\0\\6\end{pmatrix}$ 的秩为________.
3. 设 $\boldsymbol{\alpha}_1,\boldsymbol{\alpha}_2,\cdots,\boldsymbol{\alpha}_m$ 为 n 维向量组，且 $R(\boldsymbol{\alpha}_1,\boldsymbol{\alpha}_2,\cdots,\boldsymbol{\alpha}_m)=n$，则 n ____ m.

4. 若向量组 U 与向量组 $\begin{pmatrix}1\\2\\3\\4\end{pmatrix},\begin{pmatrix}2\\3\\4\\5\end{pmatrix},\begin{pmatrix}0\\0\\1\\2\end{pmatrix}$ 等价，则 U 的秩为________.

5. 若向量组 $\boldsymbol{\alpha}_1=\begin{pmatrix}1\\t+1\\0\end{pmatrix},\boldsymbol{\alpha}_2=\begin{pmatrix}1\\2\\0\end{pmatrix},\boldsymbol{\alpha}_3=\begin{pmatrix}0\\0\\t^2+1\end{pmatrix}$ 线性相关，则 $t=$____.

6. 若 $\boldsymbol{\alpha}_1,\boldsymbol{\alpha}_2$ 线性无关，而 $\boldsymbol{\alpha}_1,\boldsymbol{\alpha}_2,\boldsymbol{\alpha}_3$ 线性相关，则向量组 $\boldsymbol{\alpha}_1,2\boldsymbol{\alpha}_2,3\boldsymbol{\alpha}_3$ 的极大线性无关组为________.

7. 若 $\boldsymbol{\alpha}_1,\boldsymbol{\alpha}_2$ 都是齐次线性方程组 $\boldsymbol{AX}=\boldsymbol{0}$ 的解向量，则 $\boldsymbol{A}(3\boldsymbol{\alpha}_1-4\boldsymbol{\alpha}_2)=$________.

8. 一个齐次线性方程组中共有 n_1 个线性方程、n_2 个未知量，其系数矩阵的秩为 n_3，若它有非零解，则它的基础解系所含解的个数为________.

三、单项选择题

1. 已知 $5\begin{pmatrix}1\\0\\-1\end{pmatrix}-3\boldsymbol{\alpha}-\begin{pmatrix}1\\0\\2\end{pmatrix}=\begin{pmatrix}2\\-3\\-1\end{pmatrix}$，则 $\boldsymbol{\alpha}=$(　　).

A. $\begin{pmatrix}\frac{2}{3}\\1\\-2\end{pmatrix}$；　　B. $\begin{pmatrix}-\frac{2}{3}\\1\\-2\end{pmatrix}$；　　C. $\begin{pmatrix}1\\\frac{2}{3}\\-2\end{pmatrix}$；　　D. $\begin{pmatrix}1\\1\\-\frac{4}{3}\end{pmatrix}$.

2. 若向量组中含有零向量，则此向量组(　　).

A. 线性相关；　　B. 线性无关；

C. 线性相关或线性无关；　　D. 不一定.

3. 向量组 $\boldsymbol{\alpha}_1,\boldsymbol{\alpha}_2,\cdots,\boldsymbol{\alpha}_m$ 线性相关的充分必要条件是(　　).

A. $\boldsymbol{\alpha}_1,\boldsymbol{\alpha}_2,\cdots,\boldsymbol{\alpha}_m$ 中每个向量都可由组中其余向量线性表示；

B. $\boldsymbol{\alpha}_1,\boldsymbol{\alpha}_2,\cdots,\boldsymbol{\alpha}_m$ 中至少有一个向量都可由组中其余向量线性表示；

C. $\boldsymbol{\alpha}_1,\boldsymbol{\alpha}_2,\cdots,\boldsymbol{\alpha}_m$ 中只有一个向量可由组中其余向量线性表示；

D. $\boldsymbol{\alpha}_1,\boldsymbol{\alpha}_2,\cdots,\boldsymbol{\alpha}_m$ 中不包含零向量.

4. 向量组 $\boldsymbol{\alpha}_1,\boldsymbol{\alpha}_2,\cdots,\boldsymbol{\alpha}_m$ 线性无关的充分必要条件是(　　).

A. 若 $k_1\boldsymbol{\alpha}_1+k_2\boldsymbol{\alpha}_2+\cdots+k_m\boldsymbol{\alpha}_m=0$，则 $k_1,k_2,\cdots,k_m$ 全为零；

B. 存在不全为零的数 $k_1,k_2,\cdots,k_m$，使 $k_1\boldsymbol{\alpha}_1+k_2\boldsymbol{\alpha}_2+\cdots+k_m\boldsymbol{\alpha}_m\neq\boldsymbol{0}$；

C. 存在全不为零的数 $k_1,k_2,\cdots,k_m$，使 $k_1\boldsymbol{\alpha}_1+k_2\boldsymbol{\alpha}_2+\cdots+k_m\boldsymbol{\alpha}_m\neq\boldsymbol{0}$；

D. 向量组 $\boldsymbol{\alpha}_1,\boldsymbol{\alpha}_2,\cdots,\boldsymbol{\alpha}_m$ 的秩小于 m.

5. 设 $\boldsymbol{\alpha}_1,\boldsymbol{\alpha}_2,\boldsymbol{\alpha}_3$ 是方程组 $\boldsymbol{AX}=\boldsymbol{0}$ 的基础解系，则下列向量组中也可作为 $\boldsymbol{AX}=\boldsymbol{0}$ 的基础

解系的是(　　).

A. $\boldsymbol{\alpha}_1+\boldsymbol{\alpha}_2,\boldsymbol{\alpha}_2+\boldsymbol{\alpha}_3,\boldsymbol{\alpha}_3-\boldsymbol{\alpha}_1$;

B. $\boldsymbol{\alpha}_1+\boldsymbol{\alpha}_2,\boldsymbol{\alpha}_2+\boldsymbol{\alpha}_3,\boldsymbol{\alpha}_1+2\boldsymbol{\alpha}_2+\boldsymbol{\alpha}_3$;

C. $\boldsymbol{\alpha}_1,\boldsymbol{\alpha}_1+\boldsymbol{\alpha}_2,\boldsymbol{\alpha}_1-\boldsymbol{\alpha}_2$;

D. $\boldsymbol{\alpha}_1+\boldsymbol{\alpha}_2,\boldsymbol{\alpha}_1-\boldsymbol{\alpha}_2,\boldsymbol{\alpha}_3$.

6. 设矩阵

$$\boldsymbol{A}=\begin{pmatrix}1&2&3&4\\0&1&-1&3\\0&0&4&5\\0&0&2&3\end{pmatrix},$$

4 维列向量组 $\boldsymbol{\alpha}_1,\boldsymbol{\alpha}_2,\boldsymbol{\alpha}_3,\boldsymbol{\alpha}_4$ 线性无关,则向量组 $\boldsymbol{A}\boldsymbol{\alpha}_1,\boldsymbol{A}\boldsymbol{\alpha}_2,\boldsymbol{A}\boldsymbol{\alpha}_3,\boldsymbol{A}\boldsymbol{\alpha}_4$ 的秩等于(　　).

A. 1;　　B. 2;　　C. 3;　　D. 4.

7. 设向量组Ⅰ:$\boldsymbol{\alpha}_1,\boldsymbol{\alpha}_2,\boldsymbol{\alpha}_3$ 与向量组Ⅱ:$\boldsymbol{\beta}_1,\boldsymbol{\beta}_2$ 等价,则必有(　　).

A. 向量组Ⅰ线性相关;

B. 向量组Ⅱ线性无关;

C. 向量组Ⅰ的秩大于向量组Ⅱ的秩;

D. $\boldsymbol{\alpha}_3$ 不能由 $\boldsymbol{\alpha}_1,\boldsymbol{\beta}_1,\boldsymbol{\beta}_2$ 线性表示.

8. n 元齐次线性方程组 $\boldsymbol{AX}=\boldsymbol{0}$ 存在非零解的充分必要条件是(　　).

A. $\boldsymbol{A}$ 的列线性无关;　　B. $\boldsymbol{A}$ 的行线性无关;

C. $\boldsymbol{A}$ 的列线性相关;　　D. $\boldsymbol{A}$ 的行线性相关.

四、计算题

1. 设向量组

$$\boldsymbol{\alpha}_1=\begin{pmatrix}1\\2\\0\end{pmatrix},\quad \boldsymbol{\alpha}_2=\begin{pmatrix}-1\\0\\1\end{pmatrix},\quad \boldsymbol{\alpha}_3=\begin{pmatrix}-1\\2\\2\end{pmatrix},$$

求常数 k_1,k_2,k_3 使 $k_1\boldsymbol{\alpha}_1+k_2\boldsymbol{\alpha}_2+k_3\boldsymbol{\alpha}_3=\boldsymbol{0}$.

2. 求向量组

$$\boldsymbol{\alpha}_1=\begin{pmatrix}2\\-1\\0\\-3\end{pmatrix},\quad \boldsymbol{\alpha}_2=\begin{pmatrix}1\\2\\5\\-1\end{pmatrix},\quad \boldsymbol{\alpha}_3=\begin{pmatrix}7\\-1\\5\\8\end{pmatrix}$$

的秩,并指出向量组是线性相关还是线性无关.

3. 求下列向量组的秩及一个极大线性无关组,并用极大线性无关组表出组中其余向量:

$$\boldsymbol{\alpha}_1=\begin{pmatrix}1\\2\\3\\-1\end{pmatrix},\quad \boldsymbol{\alpha}_2=\begin{pmatrix}3\\2\\1\\-1\end{pmatrix},\quad \boldsymbol{\alpha}_3=\begin{pmatrix}2\\3\\1\\1\end{pmatrix},\quad \boldsymbol{\alpha}_4=\begin{pmatrix}2\\2\\2\\-1\end{pmatrix}.$$

4. 若方程组

$$\begin{pmatrix}1 & 2 & -2\\3 & 1 & -1\\2 & -1 & \lambda\end{pmatrix}\begin{pmatrix}x_1\\x_2\\x_3\end{pmatrix}=\begin{pmatrix}0\\0\\0\end{pmatrix}$$

存在基础解系,求常数 λ 的值,并指出基础解系含几个向量.

5. a,b 为何值时,方程组

$$\begin{cases}x_1+x_2+2x_3=1,\\x_1+x_3=2,\\5x_1+3x_2+(a+8)x_3=b+7\end{cases}$$

无解,有唯一解,有无穷多解?在有无穷多解时,求出方程组的通解.

五、证明题

1. 设向量组 $\boldsymbol{\alpha}_1,\boldsymbol{\alpha}_2,\boldsymbol{\alpha}_3$ 线性无关. 证明:向量组

$$\boldsymbol{\beta}_1=\boldsymbol{\alpha}_1+2\boldsymbol{\alpha}_2+3\boldsymbol{\alpha}_3,\quad \boldsymbol{\beta}_2=2\boldsymbol{\alpha}_1+3\boldsymbol{\alpha}_2+4\boldsymbol{\alpha}_3,\quad \boldsymbol{\beta}_3=4\boldsymbol{\alpha}_3$$

也线性无关.

2. 若 $\boldsymbol{\alpha}_0,\boldsymbol{\alpha}_1,\cdots,\boldsymbol{\alpha}_t$ 是非齐次线性方程组 $\boldsymbol{AX}=\boldsymbol{B}$ 的线性无关的解. 证明:$\boldsymbol{\alpha}_1-\boldsymbol{\alpha}_0,\boldsymbol{\alpha}_2-\boldsymbol{\alpha}_0,\cdots,\boldsymbol{\alpha}_t-\boldsymbol{\alpha}_0$ 也是方程组 $\boldsymbol{AX}=\boldsymbol{0}$ 的线性无关的解.

第 5 章 矩阵的特征值和特征向量

矩阵的特征值、特征向量和相似标准形的理论是矩阵理论的重要组成部分，在许多科学技术领域和数量经济分析等领域也有广泛的应用. 本章主要介绍特征值和特征向量的定义、性质、求法，相似矩阵的概念和性质，矩阵的相似对角化等内容.

§5.1 矩阵的特征值和特征向量

一、特征值、特征向量的概念

定义 1 设 $\boldsymbol{A}=(a_{ij})$ 是一个 n 阶方阵，如果存在数 λ_0 与非零 n 维向量 $\boldsymbol{\alpha}$，使得

$$\boldsymbol{A\alpha}=\lambda_0\boldsymbol{\alpha} \tag{5.1}$$

或

$$(\lambda_0\boldsymbol{E}-\boldsymbol{A})\boldsymbol{\alpha}=\boldsymbol{0}, \tag{5.2}$$

则称 λ_0 为方阵 $\boldsymbol{A}$ 的一个**特征值**，称非零向量 $\boldsymbol{\alpha}$ 为方阵 $\boldsymbol{A}$ 的属于特征值 λ_0 的**特征向量**.

关于特征向量，要特别注意它是非零向量.

例如，设 $\boldsymbol{A}=\begin{pmatrix}3&1\\5&-1\end{pmatrix}$，$\lambda_0=-2$，$\boldsymbol{\alpha}=\begin{pmatrix}1\\-5\end{pmatrix}$，有

$$\boldsymbol{A\alpha}=\begin{pmatrix}3&1\\5&-1\end{pmatrix}\begin{pmatrix}1\\-5\end{pmatrix}=-2\begin{pmatrix}1\\-5\end{pmatrix},$$

则 $\lambda_0=-2$ 为方阵 $\boldsymbol{A}$ 的一个特征值，$\boldsymbol{\alpha}=\begin{pmatrix}1\\-5\end{pmatrix}$为 $\boldsymbol{A}$ 的属于 $\lambda_0=-2$ 的特征向量.

例 1 设 $\boldsymbol{A}=\begin{pmatrix}2&-1&2\\5&a&3\\-1&b&-2\end{pmatrix}$的一个特征向量为 $\boldsymbol{\xi}=\begin{pmatrix}1\\1\\-1\end{pmatrix}$，求数 a，b 及特征向量 $\boldsymbol{\xi}$ 所对应的特征值 λ.

解 由定义1可知 $\boldsymbol{A\xi}=\lambda\boldsymbol{\xi}$,即

$$\begin{pmatrix} 2 & -1 & 2 \\ 5 & a & 3 \\ -1 & b & -2 \end{pmatrix}\begin{pmatrix} 1 \\ 1 \\ -1 \end{pmatrix}=\lambda\begin{pmatrix} 1 \\ 1 \\ -1 \end{pmatrix}.$$

于是

$$\begin{pmatrix} -1 \\ a+2 \\ b+1 \end{pmatrix}=\begin{pmatrix} \lambda \\ \lambda \\ -\lambda \end{pmatrix},$$

解得

$$\begin{cases} \lambda=-1, \\ a=-3, \\ b=0. \end{cases}$$

由定义1不难推出以下结论:

(1) 如果 $\boldsymbol{\alpha}$ 为方阵 $\boldsymbol{A}$ 的属于特征值 λ_0 的一个特征向量,则对于任意常数 k,$k\boldsymbol{\alpha}$ 也是属于特征值 λ_0 的特征向量.

事实上,由(5.1)式,有

$$\boldsymbol{A}(k\boldsymbol{\alpha})=k(\boldsymbol{A\alpha})=k(\lambda_0\boldsymbol{\alpha})=\lambda_0(k\boldsymbol{\alpha}),$$

由定义知非零向量 $k\boldsymbol{\alpha}$ 是属于特征值 λ_0 的特征向量. 这说明方阵 $\boldsymbol{A}$ 的属于特征值 λ_0 的特征向量不是唯一的.

(2) 如果 $\boldsymbol{\alpha}_1,\boldsymbol{\alpha}_2$ 是方阵 $\boldsymbol{A}$ 的属于特征值 λ_0 的两个特征向量,且 $\boldsymbol{\alpha}_1+\boldsymbol{\alpha}_2\neq\boldsymbol{0}$,则 $\boldsymbol{\alpha}_1+\boldsymbol{\alpha}_2$ 也是属于特征值 λ_0 的特征向量.

事实上,由(5.1)式,有

$$\boldsymbol{A}(\boldsymbol{\alpha}_1+\boldsymbol{\alpha}_2)=\boldsymbol{A\alpha}_1+\boldsymbol{A\alpha}_2=\lambda_0\boldsymbol{\alpha}_1+\lambda_0\boldsymbol{\alpha}_2=\lambda_0(\boldsymbol{\alpha}_1+\boldsymbol{\alpha}_2),$$

由定义知非零向量 $\boldsymbol{\alpha}_1+\boldsymbol{\alpha}_2$ 是属于特征值 λ_0 的特征向量.

综合(1)、(2)可知,属于特征值 λ_0 的若干特征向量 $\boldsymbol{\alpha}_1,\boldsymbol{\alpha}_2,\cdots,\boldsymbol{\alpha}_m$ 的任意一个非零线性组合

$$\boldsymbol{\alpha}=k_1\boldsymbol{\alpha}_1+k_2\boldsymbol{\alpha}_2+\cdots+k_m\boldsymbol{\alpha}_m$$

也是属于特征值 λ_0 的特征向量(其中 $k_1,k_2,\cdots,k_m$ 为常数).

二、特征值、特征向量的求法

要研究特征值、特征向量的求法,先引入下面定义:

定义2 设 $\boldsymbol{A}=(a_{ij})$ 为 n 阶矩阵,矩阵 $\lambda\boldsymbol{E}-\boldsymbol{A}$ 称为 $\boldsymbol{A}$ 的特征矩阵. 其行列式

$$|\lambda\boldsymbol{E}-\boldsymbol{A}|=\begin{vmatrix} \lambda-a_{11} & -a_{12} & \cdots & -a_{1n} \\ -a_{21} & \lambda-a_{22} & \cdots & -a_{2n} \\ \vdots & \vdots & & \vdots \\ -a_{n1} & -a_{n2} & \cdots & \lambda-a_{nn} \end{vmatrix}$$

称为 $\boldsymbol{A}$ 的**特征多项式**. $|\lambda\boldsymbol{E}-\boldsymbol{A}|=0$ 称为 $\boldsymbol{A}$ 的**特征方程**.

下面由定义来讨论矩阵 $\boldsymbol{A}$ 的特征值和特征向量的求法.

由(5.2)式

$$(\lambda_0\boldsymbol{E}-\boldsymbol{A})\boldsymbol{\alpha}=\boldsymbol{0}$$

易知,属于特征值 λ_0 的特征向量 $\boldsymbol{\alpha}$ 是齐次线性方程组

$$(\lambda_0\boldsymbol{E}-\boldsymbol{A})\boldsymbol{X}=\boldsymbol{0} \tag{5.3}$$

的非零解向量. 反之,齐次线性方程组(5.3)的任一非零解向量 $\boldsymbol{\alpha}$,都是 $\boldsymbol{A}$ 的属于 λ_0 的特征向量.

由齐次线性方程组有非零解的充分必要条件知,方程组(5.3)的系数行列式

$$|\lambda_0\boldsymbol{E}-\boldsymbol{A}|=0,$$

这说明矩阵 $\boldsymbol{A}$ 的特征值 λ_0 是 $\boldsymbol{A}$ 的特征方程 $|\lambda\boldsymbol{E}-\boldsymbol{A}|=0$ 的根.

根据上面的分析,可得:

定理 1 设 $\boldsymbol{A}=(a_{ij})$ 为 n 阶矩阵,则 λ_0 是 $\boldsymbol{A}$ 的特征值,$\boldsymbol{\alpha}$ 是 $\boldsymbol{A}$ 的属于 λ_0 的特征向量的充分必要条件是:λ_0 为特征方程 $|\lambda\boldsymbol{E}-\boldsymbol{A}|=0$ 的根,$\boldsymbol{\alpha}$ 是齐次线性方程组 $(\lambda_0\boldsymbol{E}-\boldsymbol{A})\boldsymbol{X}=\boldsymbol{0}$ 的非零解.

利用定理 1,可以得到下述求 n 阶方阵 $\boldsymbol{A}$ 的全部特征值和特征向量的方法:

(1) 计算特征多项式 $f(\lambda)=|\lambda\boldsymbol{E}-\boldsymbol{A}|$;

(2) 求特征方程 $|\lambda\boldsymbol{E}-\boldsymbol{A}|=0$ 全部的根,即求 n 阶方阵 $\boldsymbol{A}$ 的全部特征值 $\lambda_1,\lambda_2,\cdots,\lambda_t$;

(3) 对于 $\boldsymbol{A}$ 的每一个特征值 $\lambda_i(i=1,2,\cdots,t)$,求对应的齐次线性方程组 $(\lambda_i\boldsymbol{E}-\boldsymbol{A})\boldsymbol{X}=\boldsymbol{0}$ 的一个基础解系 $\boldsymbol{\xi}_1,\boldsymbol{\xi}_2,\cdots,\boldsymbol{\xi}_{n-r_i}$(其中 r_i 为矩阵 $\lambda_i\boldsymbol{E}-\boldsymbol{A}$ 的秩),则 $\boldsymbol{A}$ 的属于 λ_i 的全部特征向量为

$$k_1\boldsymbol{\xi}_1+k_2\boldsymbol{\xi}_2+\cdots+k_{n-r_i}\boldsymbol{\xi}_{n-r_i},$$

其中 $k_1,k_2,\cdots,k_{n-r_i}$ 为不全为零的常数.

例 2 求矩阵

$$\boldsymbol{A}=\begin{pmatrix}-2&1&1\\0&2&0\\-4&1&3\end{pmatrix}$$

的特征值与特征向量.

解 矩阵 $\boldsymbol{A}$ 的特征多项式为

$$f(\lambda)=|\lambda\boldsymbol{E}-\boldsymbol{A}|=\begin{vmatrix}\lambda+2&-1&-1\\0&\lambda-2&0\\4&-1&\lambda-3\end{vmatrix}=-(\lambda-2)^2(\lambda+1),$$

由 $|\lambda\boldsymbol{E}-\boldsymbol{A}|=0$ 可得 $\boldsymbol{A}$ 的特征值 $\lambda_1=\lambda_2=2,\lambda_3=-1$.

对于特征值 $\lambda_1=\lambda_2=2$,解齐次线性方程组 $(2\boldsymbol{E}-\boldsymbol{A})\boldsymbol{X}=\boldsymbol{0}$,即

$$\begin{pmatrix}4 & -1 & -1\\0 & 0 & 0\\4 & -1 & -1\end{pmatrix}\begin{pmatrix}x_1\\x_2\\x_3\end{pmatrix}=\begin{pmatrix}0\\0\\0\end{pmatrix},$$

解得方程组的基础解系 $\boldsymbol{\alpha}_1=(1,0,4)^{\mathrm{T}}$，$\boldsymbol{\alpha}_2=(0,1,-1)^{\mathrm{T}}$. 于是 $\boldsymbol{A}$ 的属于特征值 λ_1，λ_2 的全部特征向量为 $c_1\boldsymbol{\alpha}_1+c_2\boldsymbol{\alpha}_2$（$c_1$，$c_2$ 为不全等于零的常数）.

对于特征值 $\lambda_3=-1$，解齐次线性方程组 $(-\boldsymbol{E}-\boldsymbol{A})\boldsymbol{X}=\boldsymbol{0}$，即

$$\begin{pmatrix}1 & -1 & -1\\0 & -3 & 0\\4 & -1 & -4\end{pmatrix}\begin{pmatrix}x_1\\x_2\\x_3\end{pmatrix}=\begin{pmatrix}0\\0\\0\end{pmatrix},$$

解得方程组的基础解系 $\boldsymbol{\alpha}_3=(1,0,1)^{\mathrm{T}}$.于是 $\boldsymbol{A}$ 的属于特征值 λ_3 的全部特征向量为 $c_3\boldsymbol{\alpha}_3$（$c_3\neq0$）.

例 3 求矩阵

$$\boldsymbol{A}=\begin{pmatrix}4 & 2 & -5\\6 & 4 & -9\\5 & 3 & -7\end{pmatrix}$$

的特征值与特征向量.

解 矩阵 $\boldsymbol{A}$ 的特征多项式为

$$f(\lambda)=|\lambda\boldsymbol{E}-\boldsymbol{A}|=\begin{vmatrix}\lambda-4 & -2 & 5\\-6 & \lambda-4 & 9\\-5 & -3 & \lambda+7\end{vmatrix}=\lambda^2(\lambda-1),$$

由 $|\lambda\boldsymbol{E}-\boldsymbol{A}|=0$ 可得 $\boldsymbol{A}$ 的特征值 $\lambda_1=\lambda_2=0$，$\lambda_3=1$.

对于特征值 $\lambda_1=\lambda_2=0$，解齐次线性方程组 $-\boldsymbol{A}\boldsymbol{X}=\boldsymbol{0}$，即

$$\begin{pmatrix}-4 & -2 & 5\\-6 & -4 & 9\\-5 & -3 & 7\end{pmatrix}\begin{pmatrix}x_1\\x_2\\x_3\end{pmatrix}=\begin{pmatrix}0\\0\\0\end{pmatrix},$$

解得方程组 $-\boldsymbol{A}\boldsymbol{X}=\boldsymbol{0}$ 的基础解系 $\boldsymbol{\alpha}_1=(1,3,2)^{\mathrm{T}}$.故 $k_1\boldsymbol{\alpha}_1$（$k_1\neq0$）是对应于特征值 $\lambda_1=\lambda_2=0$ 的全部特征值向量.

对于特征值 $\lambda_3=1$，解齐次线性方程组 $(\boldsymbol{E}-\boldsymbol{A})\boldsymbol{X}=\boldsymbol{0}$，即

$$\begin{pmatrix}-3 & -2 & 5\\-6 & -3 & 9\\-5 & -3 & 8\end{pmatrix}\begin{pmatrix}x_1\\x_2\\x_3\end{pmatrix}=\begin{pmatrix}0\\0\\0\end{pmatrix},$$

解得方程组 $(\boldsymbol{E}-\boldsymbol{A})\boldsymbol{X}=\boldsymbol{0}$ 的基础解系 $\boldsymbol{\alpha}_2=(1,1,1)^{\mathrm{T}}$.故 $k_2\boldsymbol{\alpha}_2$（$k_2\neq0$）是对应于特征值 $\lambda_3=1$ 的全部特征值向量.

例 4 求矩阵

$$A=\begin{pmatrix}1&2&3\\2&1&3\\3&3&6\end{pmatrix}$$

的特征值与特征向量.

解 矩阵 A 的特征多项式为

$$f(\lambda)=|\lambda E-A|=\begin{vmatrix}\lambda-1&-2&-3\\-2&\lambda-1&-3\\-3&-3&\lambda-6\end{vmatrix}=\lambda(\lambda+1)(\lambda-9).$$

由 $|\lambda E-A|=0$ 可得 A 的特征值为 $\lambda_1=0,\lambda_2=-1,\lambda_3=9$.

对于特征值 $\lambda_1=0$,解齐次线性方程组 $-AX=0$,即

$$\begin{pmatrix}-1&-2&-3\\-2&-1&-3\\-3&-3&-6\end{pmatrix}\begin{pmatrix}x_1\\x_2\\x_3\end{pmatrix}=\begin{pmatrix}0\\0\\0\end{pmatrix},$$

解得方程组 $-AX=0$ 的基础解系 $\alpha_1=(-1,-1,1)^T$.故 $k_1\alpha_1(k_1\neq0)$是对应于特征值 $\lambda_1=0$ 的全部特征值向量.

对于特征值 $\lambda_2=-1$,解齐次线性方程组$(E+A)X=0$,即

$$\begin{pmatrix}2&2&3\\2&2&3\\3&3&7\end{pmatrix}\begin{pmatrix}x_1\\x_2\\x_3\end{pmatrix}=\begin{pmatrix}0\\0\\0\end{pmatrix},$$

解得方程组$(E+A)X=0$ 的基础解系 $\alpha_2=(-1,1,0)^T$.故 $k_2\alpha_2(k_2\neq0)$是对应于特征值 $\lambda_2=-1$ 的全部特征值向量.

对于特征值 $\lambda_3=9$,解齐次线性方程组$(9E-A)X=0$,即

$$\begin{pmatrix}8&-2&-3\\-2&8&-3\\-3&-3&3\end{pmatrix}\begin{pmatrix}x_1\\x_2\\x_3\end{pmatrix}=\begin{pmatrix}0\\0\\0\end{pmatrix},$$

解得方程组$(E+A)X=0$ 的基础解系 $\alpha_3=(1,1,2)^T$.故 $k_3\alpha_3(k_3\neq0)$是对应于特征值 $\lambda_3=9$ 的全部特征值向量.

三、特征值和特征向量的性质

性质 1 设 A 为 n 阶方阵,λ 为 A 的特征值,则有下列性质:

(1) $k\lambda$ 为 kA 的特征值;

(2) λ^n 为 A^n 的特征值;

(3) A 与 A^T 有相同的特征值;

(4) 如果 $\boldsymbol{A}$ 可逆，那么 $\lambda\neq 0$ 且 $\dfrac{1}{\lambda}$ 为 $\boldsymbol{A}^{-1}$ 的特征值.

证 (1),(2)由特征值、特征向量定义很容易证明，下面证明(3),(4).

(3) 由于

$$|\lambda\boldsymbol{E}-\boldsymbol{A}|=|(\lambda\boldsymbol{E}-\boldsymbol{A})^{\mathrm{T}}|=|\lambda\boldsymbol{E}-\boldsymbol{A}^{\mathrm{T}}|,$$

所以 $\boldsymbol{A}$ 与 $\boldsymbol{A}^{\mathrm{T}}$ 有相同特征多项式，从而有相同的特征值.

(4) 若 n 阶方阵 $\boldsymbol{A}$ 可逆，则 $|\boldsymbol{A}|\neq 0$，从而

$$|0\boldsymbol{E}-\boldsymbol{A}|=|-\boldsymbol{A}|=(-1)^n|\boldsymbol{A}|\neq 0,$$

即 0 不是 $\boldsymbol{A}$ 的特征值，$\lambda\neq 0$. 设 $\boldsymbol{\alpha}$ 为 $\boldsymbol{A}$ 的属于 λ 的特征向量，即 $\boldsymbol{A\alpha}=\lambda\boldsymbol{\alpha}$，两边同时左乘 $\boldsymbol{A}^{-1}$ 得 $\boldsymbol{\alpha}=\lambda\boldsymbol{A}^{-1}\boldsymbol{\alpha}$，从而 $\boldsymbol{A}^{-1}\boldsymbol{\alpha}=\dfrac{1}{\lambda}\boldsymbol{\alpha}$，所以 $\dfrac{1}{\lambda}$ 为 $\boldsymbol{A}^{-1}$ 的特征值. □

性质 2 设 $\boldsymbol{A}$ 为 n 阶方阵，$\lambda_1,\lambda_2,\cdots,\lambda_m$ 是 $\boldsymbol{A}$ 的 m 个不同的特征值，$\boldsymbol{\alpha}_1,\boldsymbol{\alpha}_2,\cdots,\boldsymbol{\alpha}_m$ 分别是 $\boldsymbol{A}$ 的属于 $\lambda_1,\lambda_2,\cdots,\lambda_m$ 的特征向量，则 $\boldsymbol{\alpha}_1,\boldsymbol{\alpha}_2,\cdots,\boldsymbol{\alpha}_m$ 线性无关，即属于互不相同特征值的特征向量线性无关.

证 对不同的特征值个数作数学归纳法.

当 $m=1$ 时，$\boldsymbol{A}$ 的属于特征值 λ_1 的特征向量 $\boldsymbol{\alpha}_1\neq 0$，而单个的非零向量 $\boldsymbol{\alpha}_1$ 是线性无关的.

设 $m=s-1$ 时，结论成立. 只需证明 $m=s$ 时，向量 $\boldsymbol{\alpha}_1,\boldsymbol{\alpha}_2,\cdots,\boldsymbol{\alpha}_s$ 线性无关. 设有数 k_1, $k_2,\cdots,k_s$ 使

$$k_1\boldsymbol{\alpha}_1+k_2\boldsymbol{\alpha}_2+\cdots+k_s\boldsymbol{\alpha}_s=\boldsymbol{0}. \tag{5.4}$$

在上式两边左乘矩阵 $\boldsymbol{A}$，并注意到 $\boldsymbol{A\alpha}_i=\lambda_i\boldsymbol{\alpha}_i\,(i=1,2,\cdots,s)$，有

$$k_1\lambda_1\boldsymbol{\alpha}_1+k_2\lambda_2\boldsymbol{\alpha}_2+\cdots+k_s\lambda_s\boldsymbol{\alpha}_s=\boldsymbol{0}. \tag{5.5}$$

在(5.4)式两边乘 λ_s，得

$$k_1\lambda_s\boldsymbol{\alpha}_1+k_2\lambda_s\boldsymbol{\alpha}_2+\cdots+k_s\lambda_s\boldsymbol{\alpha}_s=\boldsymbol{0}. \tag{5.6}$$

(5.6)式减去(5.5)式，得

$$k_1(\lambda_s-\lambda_1)\boldsymbol{\alpha}_1+k_2(\lambda_s-\lambda_2)\boldsymbol{\alpha}_2+\cdots+k_{s-1}(\lambda_s-\lambda_{s-1})\boldsymbol{\alpha}_{s-1}=\boldsymbol{0}.$$

由归纳假设，$\boldsymbol{\alpha}_1,\boldsymbol{\alpha}_2,\cdots,\boldsymbol{\alpha}_{s-1}$ 线性无关. 所以

$$k_i(\lambda_s-\lambda_i)=0\quad(i=1,2,\cdots,s-1).$$

但 $\lambda_s\neq\lambda_i\,(i=1,2,\cdots,s-1)$，所以，必有 $k_1=k_2=\cdots=k_{s-1}=0$. 代入(5.4)式，又有 $k_s\boldsymbol{\alpha}_s=\boldsymbol{0}$ $(\boldsymbol{\alpha}_s\neq\boldsymbol{0})$. 于是 $k_s=0$，即(5.4)式中

$$k_1=k_2=\cdots=k_s=0.$$

因此，$\boldsymbol{\alpha}_1,\boldsymbol{\alpha}_2,\cdots,\boldsymbol{\alpha}_s$ 线性无关. 由数学归纳法可知，对任意正整数 m，结论成立. □

利用类似的方法，可以证明如下性质：

性质 3 设 $\boldsymbol{A}$ 为 n 阶方阵，$\lambda_1,\lambda_2,\cdots,\lambda_m$ 是 $\boldsymbol{A}$ 的 m 个不同的特征值.若 $\boldsymbol{A}$ 的属于 λ_i 的线

性无关的特征向量为 $\boldsymbol{\alpha}_{i1},\boldsymbol{\alpha}_{i2},\cdots,\boldsymbol{\alpha}_{ik_i}(i=1,2,\cdots,m)$,则向量组

$$\boldsymbol{\alpha}_{11},\boldsymbol{\alpha}_{12},\cdots,\boldsymbol{\alpha}_{1k_1},\boldsymbol{\alpha}_{21},\boldsymbol{\alpha}_{22},\cdots,\boldsymbol{\alpha}_{2k_2},\cdots,\boldsymbol{\alpha}_{m1},\boldsymbol{\alpha}_{m2},\cdots,\boldsymbol{\alpha}_{mk_m}$$

也线性无关.(证明略.)

例如,在本节例 2 中,属于 $\lambda_1=\lambda_2=2$ 的线性无关的特征向量为 $\boldsymbol{\alpha}_1,\boldsymbol{\alpha}_2$,而属于 $\lambda_3=1$ 的特征向量为 $\boldsymbol{\alpha}_3$,不难验证 $\boldsymbol{\alpha}_1,\boldsymbol{\alpha}_2,\boldsymbol{\alpha}_3$ 线性无关,事实上,因为

$$\det(\boldsymbol{\alpha}_1,\boldsymbol{\alpha}_2,\boldsymbol{\alpha}_3)=\begin{vmatrix}1 & 0 & 1\\ 0 & -1 & 0\\ 4 & 1 & 1\end{vmatrix}=3\neq 0,$$

所以 $\boldsymbol{\alpha}_1,\boldsymbol{\alpha}_2,\boldsymbol{\alpha}_3$ 线性无关.

对于 n 阶方阵 $\boldsymbol{A}=(a_{ij})$,其特征多项式

$$|\lambda\boldsymbol{E}-\boldsymbol{A}|=\begin{vmatrix}\lambda-a_{11} & -a_{12} & \cdots & -a_{1n}\\ -a_{21} & \lambda-a_{22} & \cdots & -a_{2n}\\ \vdots & \vdots & & \vdots\\ -a_{n1} & -a_{n2} & \cdots & \lambda-a_{nn}\end{vmatrix}\tag{5.7}$$

是一个关于 λ 的 n 次多项式. 根据 n 阶行列式的定义,$|\lambda\boldsymbol{E}-\boldsymbol{A}|$ 的最高次项 λ^n 出现在主对角线上的元素的乘积

$$(\lambda-a_{11})(\lambda-a_{22})\cdots(\lambda-a_{nn})\tag{5.8}$$

里. 行列式的展开式中其余的项至多含有 $n-2$ 个主对角线上的元素,因此,$\det(\lambda\boldsymbol{E}-\boldsymbol{A})$ 中次数大于 $n-2$ 的项只出现在乘积(5.8)里,所以

$$|x\boldsymbol{E}-\boldsymbol{A}|=\lambda^n-(a_{11}+a_{22}+\cdots+a_{nn})\lambda^{n-1}+\cdots+(-1)^n\ |\boldsymbol{A}|,\tag{5.9}$$

这里没有写出的项的次数至多是 $n-2$.

设 $\lambda_1,\lambda_2,\cdots,\lambda_n$ 是矩阵 $\boldsymbol{A}$ 的全部特征值,那么

$$\begin{aligned}|\lambda\boldsymbol{E}-\boldsymbol{A}|&=(\lambda-\lambda_1)(\lambda-\lambda_2)\cdots(\lambda-\lambda_n)\\ &=\lambda^n-(\lambda_1+\lambda_2+\cdots+\lambda_n)\lambda^{n-1}+\cdots+(-1)^n\lambda_1\lambda_2\cdots\lambda_n,\end{aligned}$$

比较 λ 的系数,有

$$\lambda_1+\lambda_2+\cdots+\lambda_n=a_{11}+a_{22}+\cdots+a_{nn},$$
$$\lambda_1\lambda_2\cdots\lambda_n=|\boldsymbol{A}|.$$

由此得到如下性质:

性质 4 n 阶矩阵 $\boldsymbol{A}$ 的所有特征值之和等于 $\sum\limits_{i=1}^{n}a_{ii}$,所有特征值之积等于 $|\boldsymbol{A}|$.

n 阶方阵 $\boldsymbol{A}=(a_{ij})$ 主对角线的元素之和也称为矩阵 $\boldsymbol{A}$ 的**迹**. 记作 $\mathrm{tr}\boldsymbol{A}=\sum\limits_{i=1}^{n}a_{ii}$.

例如,对 2 阶方阵 $\boldsymbol{A}=(a_{ij})$,$\boldsymbol{A}$ 的特征多项式为

$$|\lambda E - A| = \begin{vmatrix} \lambda - a_{11} & -a_{12} \\ -a_{21} & \lambda - a_{22} \end{vmatrix} = \lambda^2 - (a_{11} + a_{22})\lambda + (a_{11}a_{22} - a_{12}a_{22}).$$

如果 A 的特征值是 λ_1, λ_2 则有

$$\lambda_1 + \lambda_2 = a_{11} + a_{22} = \mathrm{tr}A, \quad \lambda_1\lambda_2 = a_{11}a_{22} - a_{12}a_{21} = |A|.$$

§5.2 相似矩阵

对角矩阵是最简单的一类矩阵. 对于任一 n 阶方阵 A,是否可将它与对角矩阵联系起来在理论和应用上都具有重要意义.

一、相似矩阵及其性质

定义 3 A,B 均为 n 阶矩阵. 如果存在一个 n 阶可逆矩阵 P,使得

$$P^{-1}AP = B, \tag{5.10}$$

则称矩阵 A 与 B 相似,记作 $A \sim B$.

例如,设

$$A = \begin{pmatrix} 2 & 1 \\ -1 & 0 \end{pmatrix}, \quad B = \begin{pmatrix} 1 & 1 \\ 0 & 1 \end{pmatrix}, \quad P = \begin{pmatrix} 1 & -1 \\ -1 & 2 \end{pmatrix},$$

则有

$$\begin{aligned} P^{-1}AP &= \begin{pmatrix} 1 & -1 \\ -1 & 2 \end{pmatrix}^{-1} \begin{pmatrix} 2 & 1 \\ -1 & 0 \end{pmatrix} \begin{pmatrix} 1 & -1 \\ -1 & 2 \end{pmatrix} \\ &= \begin{pmatrix} 2 & 1 \\ 1 & 1 \end{pmatrix} \begin{pmatrix} 2 & 1 \\ -1 & 0 \end{pmatrix} \begin{pmatrix} 1 & -1 \\ -1 & 2 \end{pmatrix} = \begin{pmatrix} 1 & 1 \\ 0 & 1 \end{pmatrix} \\ &= B, \end{aligned}$$

所以 $A \sim B$.

由相似矩阵的定义可知,矩阵的相似关系具有以下简单性质:

(1) 反身性:$A \sim A$.

事实上,对方阵 A,存在同阶单位矩阵 E 使得

$$E^{-1}AE = A.$$

(2) 对称性:若 $A \sim B$,则 $B \sim A$.

事实上,由 $A \sim B$ 可知,存在可逆矩阵 P,使得

$$P^{-1}AP = B,$$

即

$$A = PBP^{-1} = (P^{-1})^{-1}BP^{-1},$$

故 $B \sim A$.

(3) 传递性:若 $A \sim B, B \sim C$,则 $A \sim C$.

事实上,由 $\boldsymbol{A}\sim\boldsymbol{B},\boldsymbol{B}\sim\boldsymbol{C}$,必存在 n 阶可逆矩阵 $\boldsymbol{P},\boldsymbol{Q}$,使得

$$\boldsymbol{P}^{-1}\boldsymbol{A}\boldsymbol{P}=\boldsymbol{B},\quad \boldsymbol{Q}^{-1}\boldsymbol{B}\boldsymbol{Q}=\boldsymbol{C}.$$

于是有

$$\boldsymbol{C}=\boldsymbol{Q}^{-1}\boldsymbol{B}\boldsymbol{Q}=\boldsymbol{Q}^{-1}(\boldsymbol{P}^{-1}\boldsymbol{A}\boldsymbol{P})\boldsymbol{Q}=(\boldsymbol{Q}^{-1}\boldsymbol{P}^{-1})\boldsymbol{A}(\boldsymbol{P}\boldsymbol{Q})=(\boldsymbol{P}\boldsymbol{Q})^{-1}\boldsymbol{A}(\boldsymbol{P}\boldsymbol{Q}).$$

由于方阵 $\boldsymbol{P}\boldsymbol{Q}$ 可逆,所以由定义知 $\boldsymbol{A}\sim\boldsymbol{C}$.

相似矩阵还有下述重要性质:

性质 1 若 $\boldsymbol{A}\sim\boldsymbol{B}$,则 $\boldsymbol{A},\boldsymbol{B}$ 具有相同的特征值.

证 只需证明 $\boldsymbol{A},\boldsymbol{B}$ 具有相同的特征多项式.

实际上,由 $\boldsymbol{A}\sim\boldsymbol{B}$,必存在 n 阶可逆矩阵 $\boldsymbol{P}$,使得 $\boldsymbol{P}^{-1}\boldsymbol{A}\boldsymbol{P}=\boldsymbol{B}$,于是

$$\begin{aligned}\det(\lambda\boldsymbol{E}-\boldsymbol{B})&=\det(\lambda\boldsymbol{E}-\boldsymbol{P}^{-1}\boldsymbol{A}\boldsymbol{P})=\det[\boldsymbol{P}^{-1}(\lambda\boldsymbol{E}-\boldsymbol{A})\boldsymbol{P}]\\&=\det(\boldsymbol{P}^{-1})\cdot\det(\lambda\boldsymbol{E}-\boldsymbol{A})\cdot\det\boldsymbol{P}\\&=\det(\boldsymbol{P}^{-1})\cdot\det\boldsymbol{P}\cdot\det(\lambda\boldsymbol{E}-\boldsymbol{A})\\&=\det(\lambda\boldsymbol{E}-\boldsymbol{A}),\end{aligned}$$

所以,$\boldsymbol{A},\boldsymbol{B}$ 有相同的特征值. □

但必须注意,有相同的特征值(或特征多项式),只是同阶矩阵相似的必要条件,而不是充分条件. 例如下列两个矩阵

$$\boldsymbol{A}=\begin{pmatrix}1&1\\0&1\end{pmatrix},\quad \boldsymbol{E}=\begin{pmatrix}1&0\\0&1\end{pmatrix}$$

有相同的特征多项式 $(\lambda-1)^2$,但 $\boldsymbol{A},\boldsymbol{E}$ 不相似,因为与单位矩阵相似的矩阵只能是单位矩阵(若 $\boldsymbol{P}^{-1}\boldsymbol{A}\boldsymbol{P}=\boldsymbol{E}$,则 $\boldsymbol{A}=\boldsymbol{P}\boldsymbol{E}\boldsymbol{P}^{-1}=\boldsymbol{P}\boldsymbol{P}^{-1}=\boldsymbol{E}$).

性质 2 若 $\boldsymbol{A}\sim\boldsymbol{B}$,则 $\det\boldsymbol{A}=\det\boldsymbol{B}$.

性质 3 若 $\boldsymbol{A}\sim\boldsymbol{B}$,则 $R(\boldsymbol{A})=R(\boldsymbol{B})$.

性质 4 若 $\boldsymbol{A}\sim\boldsymbol{B}$,则 $\boldsymbol{A}$ 可逆的充分必要条件为 $\boldsymbol{B}$ 可逆.

性质 5 若 $\boldsymbol{A}\sim\boldsymbol{B}$,则 $\boldsymbol{A}^{-1}\sim\boldsymbol{B}^{-1}$.

性质 2—5 都可由相似矩阵的定义得证,请读者自行证明.

可见相似矩阵有许多共同的性质. 因此,如果方阵 $\boldsymbol{A}$ 与一个简单方阵 $\boldsymbol{B}$ 相似,则可通过研究这个较简单方阵 $\boldsymbol{B}$ 的性质,获得方阵 $\boldsymbol{A}$ 的若干性质. 最简单的矩阵是对角矩阵,下面我们来讨论方阵相似于对角矩阵的问题.

二、矩阵可对角化的条件

如果 n 阶矩阵 $\boldsymbol{A}$ 与一个 n 阶对角矩阵 $\boldsymbol{D}$ 相似,则称 $\boldsymbol{A}$ **可相似对角化**,简称为 $\boldsymbol{A}$ **可对角化**. 但并非所有的 n 阶矩阵都可对角化,例如矩阵

$$\boldsymbol{A}=\begin{pmatrix}1&1\\0&1\end{pmatrix}$$

就不能对角化. 因为假设存在可逆矩阵 $\boldsymbol{P}$,使

$$\boldsymbol{P}^{-1}\boldsymbol{A}\boldsymbol{P}=\begin{pmatrix}\lambda_1 & \\ & \lambda_2\end{pmatrix}=\boldsymbol{D},$$

由定理 1 知道,$\boldsymbol{A}$ 与 $\boldsymbol{D}$ 有相同的特征值. 而 $\boldsymbol{A}$ 的特征值为二重特征值 1,显然对角矩阵 $\boldsymbol{D}$ 的特征值就是其主对角线上的元素. 因此 $\lambda_1=\lambda_2=1$,故 $\boldsymbol{D}=\boldsymbol{E}$,由此即得

$$\boldsymbol{A}=\boldsymbol{P}\boldsymbol{D}\boldsymbol{P}^{-1}=\boldsymbol{P}\boldsymbol{E}\boldsymbol{P}^{-1}=\boldsymbol{E}.$$

这与 $\boldsymbol{A}\neq\boldsymbol{E}$ 矛盾,所以 $\boldsymbol{A}$ 不能对角化.

下面我们就来讨论矩阵可对角化的充分必要条件.

定理 2(方阵可对角化的充分必要条件) n 阶矩阵 $\boldsymbol{A}$ 与对角矩阵 $\boldsymbol{D}$ 相似的充分必要条件是 $\boldsymbol{A}$ 有 n 个线性无关的特征向量.

证 *必要性* 设 $\boldsymbol{A}\sim\boldsymbol{D}$,其中

$$\boldsymbol{D}=\begin{pmatrix}\lambda_1 & & & \\ & \lambda_2 & & \\ & & \ddots & \\ & & & \lambda_n\end{pmatrix},$$

则存在可逆矩阵 $\boldsymbol{P}$,使得

$$\boldsymbol{P}^{-1}\boldsymbol{A}\boldsymbol{P}=\begin{pmatrix}\lambda_1 & & & \\ & \lambda_2 & & \\ & & \ddots & \\ & & & \lambda_n\end{pmatrix},$$

即

$$\boldsymbol{A}\boldsymbol{P}=\boldsymbol{P}\begin{pmatrix}\lambda_1 & & & \\ & \lambda_2 & & \\ & & \ddots & \\ & & & \lambda_n\end{pmatrix}. \tag{5.11}$$

把可逆矩阵 $\boldsymbol{P}$ 按列向量表示为

$$\boldsymbol{P}=(\boldsymbol{\alpha}_1,\boldsymbol{\alpha}_2,\cdots,\boldsymbol{\alpha}_n),$$

其中 $\boldsymbol{\alpha}_i(\neq 0)$ 是矩阵 $\boldsymbol{P}$ 的第 i 个列向量($i=1,2,\cdots,n$).则(5.11)式可写成

$$\boldsymbol{A}(\boldsymbol{\alpha}_1,\boldsymbol{\alpha}_2,\cdots,\boldsymbol{\alpha}_n)=(\boldsymbol{\alpha}_1,\boldsymbol{\alpha}_2,\cdots,\boldsymbol{\alpha}_n)\begin{pmatrix}\lambda_1 & & & \\ & \lambda_2 & & \\ & & \ddots & \\ & & & \lambda_n\end{pmatrix},$$

即

$$(\boldsymbol{A\alpha}_1,\boldsymbol{A\alpha}_2,\cdots,\boldsymbol{A\alpha}_n)=(\lambda_1\boldsymbol{\alpha}_1,\lambda_2\boldsymbol{\alpha}_2,\cdots,\lambda_n\boldsymbol{\alpha}_n).$$

由此可得 $\boldsymbol{A\alpha}_j=\lambda_j\boldsymbol{\alpha}_j(j=1,2,\cdots,n)$. 因为 $\boldsymbol{P}$ 可逆，则 $\boldsymbol{\alpha}_j\neq\boldsymbol{0}$. 因此，$\lambda_j$ 是矩阵 $\boldsymbol{A}$ 的特征值，$\boldsymbol{\alpha}_j$ 是 $\boldsymbol{A}$ 的属于特征值 λ_j 的特征向量.

又由 $\boldsymbol{P}$ 可逆可知 $\boldsymbol{\alpha}_1,\boldsymbol{\alpha}_2,\cdots,\boldsymbol{\alpha}_n$ 线性无关，所以 $\boldsymbol{A}$ 有 n 个线性无关的特征向量 $\boldsymbol{\alpha}_1,\boldsymbol{\alpha}_2,\cdots,\boldsymbol{\alpha}_n$.

充分性　设 $\boldsymbol{A}$ 有 n 个线性无关的特征向量 $\boldsymbol{\alpha}_1,\boldsymbol{\alpha}_2,\cdots,\boldsymbol{\alpha}_n$，它们对应的特征值依次为 $\lambda_1,\lambda_2,\cdots,\lambda_n$，即 $\boldsymbol{A\alpha}_j=\lambda_j\boldsymbol{\alpha}_j(j=1,2,\cdots,n)$.

记矩阵 $\boldsymbol{P}=(\boldsymbol{\alpha}_1,\boldsymbol{\alpha}_2,\cdots,\boldsymbol{\alpha}_n)$，由于 $\boldsymbol{\alpha}_1,\boldsymbol{\alpha}_2,\cdots,\boldsymbol{\alpha}_n$ 线性无关，故 $\boldsymbol{P}$ 可逆. 又由

$$(\boldsymbol{A\alpha}_1,\boldsymbol{A\alpha}_2,\cdots,\boldsymbol{A\alpha}_n)=(\lambda_1\boldsymbol{\alpha}_1,\lambda_2\boldsymbol{\alpha}_2,\cdots,\lambda_n\boldsymbol{\alpha}_n),$$

得

$$\boldsymbol{A}(\boldsymbol{\alpha}_1,\boldsymbol{\alpha}_2,\cdots,\boldsymbol{\alpha}_n)=(\boldsymbol{\alpha}_1,\boldsymbol{\alpha}_2,\cdots,\boldsymbol{\alpha}_n)\begin{pmatrix}\lambda_1 & & & \\ & \lambda_2 & & \\ & & \ddots & \\ & & & \lambda_n\end{pmatrix},$$

也就是

$$\boldsymbol{AP}=\boldsymbol{P}\begin{pmatrix}\lambda_1 & & & \\ & \lambda_2 & & \\ & & \ddots & \\ & & & \lambda_n\end{pmatrix},$$

左乘 $\boldsymbol{P}^{-1}$ 得

$$\boldsymbol{P}^{-1}\boldsymbol{AP}=\begin{pmatrix}\lambda_1 & & & \\ & \lambda_2 & & \\ & & \ddots & \\ & & & \lambda_n\end{pmatrix}=\boldsymbol{D},$$

所以矩阵 $\boldsymbol{A}$ 与对角矩阵 $\boldsymbol{D}$ 相似. □

推论　如果 n 阶矩阵 $\boldsymbol{A}$ 有 n 个互不相同的特征值 $\lambda_1,\lambda_2,\cdots,\lambda_n$，则 $\boldsymbol{A}$ 一定相似于一个对角矩阵.

注意，推论的逆命题不成立，由 n 阶矩阵 $\boldsymbol{A}$ 可对角化，并不能断定 $\boldsymbol{A}$ 必须有 n 个互不相同的特征值. 例如，数量矩阵 $a\boldsymbol{E}$ 是可对角化的，但它只有特征值 a(n 重根).

根据定理 2，n 阶矩阵 $\boldsymbol{A}$ 是否相似于对角矩阵，取决于 $\boldsymbol{A}$ 是否有 n 个线性无关的特征向量. 当 $\boldsymbol{A}$ 有 n 个线性无关的特征向量时，$\boldsymbol{A}$ 必可对角化，这时，以这 n 个线性无关的特征向量为列做成可逆矩阵 $\boldsymbol{P}$，则有

$$\boldsymbol{P}^{-1}\boldsymbol{AP}=\mathrm{diag}(\lambda_1,\lambda_2,\cdots,\lambda_n),$$

其中 $\lambda_1,\lambda_2,\cdots,\lambda_n$ 是方阵 $\boldsymbol{A}$ 的全部特征值. 可见，求可逆矩阵 $\boldsymbol{P}$ 实际上就是求 $\boldsymbol{A}$ 的 n 个线性

无关的特征向量,求与 $\boldsymbol{A}$ 相似的对角矩阵主对角线上的元素实际上就是求 $\boldsymbol{A}$ 的特征值.

现在利用定理 2 及其推论,分别来看§5.1 中的例 2、例 3 及例 4 中的方阵可否对角化.

例 2 中的三阶方阵 $\boldsymbol{A}$ 有三个线性无关的特征向量:

$$\boldsymbol{\alpha}_1=\begin{pmatrix}1\\0\\4\end{pmatrix},\quad \boldsymbol{\alpha}_2=\begin{pmatrix}0\\1\\-1\end{pmatrix},\quad \boldsymbol{\alpha}_3=\begin{pmatrix}1\\0\\1\end{pmatrix},$$

其中 $\boldsymbol{\alpha}_1,\boldsymbol{\alpha}_2,\boldsymbol{\alpha}_3$ 分别是 $\boldsymbol{A}$ 的属于特征值 $2,2,-1$ 的特征向量,所以由定理 2 即知 $\boldsymbol{A}$ 可对角化. 令

$$\boldsymbol{P}=(\boldsymbol{\alpha}_1,\boldsymbol{\alpha}_2,\boldsymbol{\alpha}_3)=\begin{pmatrix}1&0&1\\0&1&0\\4&-1&1\end{pmatrix},$$

则 $\boldsymbol{P}$ 可逆,且有

$$\boldsymbol{P}^{-1}\boldsymbol{A}\boldsymbol{P}=\begin{pmatrix}2&&\\&2&\\&&-1\end{pmatrix}.$$

但如果令矩阵 $\boldsymbol{P}=(\boldsymbol{\alpha}_1,\boldsymbol{\alpha}_3,\boldsymbol{\alpha}_2)$,则对应的对角矩阵为

$$\boldsymbol{P}^{-1}\boldsymbol{A}\boldsymbol{P}=\begin{pmatrix}2&&\\&-1&\\&&2\end{pmatrix}.$$

可见 $\boldsymbol{A}$ 对角化时可逆矩阵 $\boldsymbol{P}$ 及 $\boldsymbol{A}$ 的相似对角矩阵都不是唯一的.

再来看例 3 中的方阵 $\boldsymbol{A}$,其单特征值 $\lambda_1=1$ 有一个线性无关的特征向量 $\boldsymbol{\alpha}_1=(1,1,1)^{\mathrm{T}}$,其二重特征值 $\lambda_2=\lambda_3=0$ 也只有一个线性无关的特征向量 $\boldsymbol{\alpha}_2=(1,3,2)^{\mathrm{T}}$. 所以三阶方阵 $\boldsymbol{A}$ 的线性无关的特征向量只有两个,由定理 2 知 $\boldsymbol{A}$ 不与对角矩阵相似.

最后来看例 4 中的三阶方阵 $\boldsymbol{A}$,因为它有三个互不相同的特征值,由定理 2 的推论即知 $\boldsymbol{A}$ 相似于对角矩阵. 若令

$$\boldsymbol{P}=(\boldsymbol{\alpha}_1,\boldsymbol{\alpha}_2,\boldsymbol{\alpha}_3)=\begin{pmatrix}-1&-1&\frac{1}{2}\\-1&1&\frac{1}{2}\\1&0&1\end{pmatrix}$$

(它们分别属于特征值 $0,-1,9$),则

$$\boldsymbol{P}^{-1}\boldsymbol{A}\boldsymbol{P}=\begin{pmatrix}0&&\\&-1&\\&&9\end{pmatrix}.$$

从以上几例可以看出，当方阵 $\boldsymbol{A}$ 有 n 个单特征值时，$\boldsymbol{A}$ 必可对角化，这是一种简单情形. 而对有重特征值的方阵，有的可对角化（如例 2），有的则不能对角化（如例 3）. 当有重特征值时怎么判断呢？

定理 3 n 阶方阵 $\boldsymbol{A}$ 与对角矩阵相似的充分必要条件是对于 $\boldsymbol{A}$ 的每一个 n_i 重特征值 λ_i，特征矩阵 $\lambda_i\boldsymbol{E}-\boldsymbol{A}$ 的秩等于 $n-n_i$.

定理 3 也可以叙述为：n 阶方阵 $\boldsymbol{A}$ 与对角矩阵相似的充分必要条件是对于 $\boldsymbol{A}$ 的每一个 n_i 重特征值 λ_i，齐次线性方程组 $(\lambda_i\boldsymbol{E}-\boldsymbol{A})\boldsymbol{x}=\boldsymbol{0}$ 的基础解系中恰好含有 n_i 个线性无关的特征向量.

n 阶方阵 $\boldsymbol{A}$ 能否与对角矩阵相似的判定步骤如下：

(1) 求出矩阵 $\boldsymbol{A}$ 的全部特征值 $\lambda_1,\lambda_2,\cdots,\lambda_m$；

(2) 对于每一个 $\lambda_i(i=1,2,\cdots,m)$，求相应的齐次线性方程组 $(\lambda_i\boldsymbol{E}-\boldsymbol{A})\boldsymbol{X}=\boldsymbol{0}$ 的基础解系 $\boldsymbol{\xi}_{i1},\boldsymbol{\xi}_{i2},\cdots,\boldsymbol{\xi}_{in_i}$，其中 $n_i=n-r_i$，r_i 为矩阵 $\lambda_i\boldsymbol{E}-\boldsymbol{A}$ 的秩；

(3) 如果 $n_1+n_2+\cdots+n_m<n$，那么 $\boldsymbol{A}$ 不能对角化，如果 $n_1+n_2+\cdots+n_m=n$，则 $\boldsymbol{A}$ 可以对角化，此时令

$$\boldsymbol{P}=(\boldsymbol{\xi}_{11},\boldsymbol{\xi}_{12},\cdots,\boldsymbol{\xi}_{1r_1},\boldsymbol{\xi}_{21},\boldsymbol{\xi}_{22},\cdots\boldsymbol{\xi}_{2n_2},\cdots,\boldsymbol{\xi}_{m1},\boldsymbol{\xi}_{m2},\cdots,\boldsymbol{\xi}_{mr_m}),$$

则

$$\boldsymbol{P}^{-1}\boldsymbol{A}\boldsymbol{P}=\mathrm{diag}(\underbrace{\lambda_1,\cdots,\lambda_1}_{r_1\text{个}},\underbrace{\lambda_2,\cdots,\lambda_2}_{r_2\text{个}},\cdots\underbrace{\lambda_m,\cdots,\lambda_m}_{r_m\text{个}}).$$

具体例子见例 2—例 4.

作为方阵对角化的一个应用，我们来看下面的例子：

例 5 设矩阵

$$\boldsymbol{A}=\begin{pmatrix}-1&0&0\\2&1&2\\3&1&2\end{pmatrix},$$

判断 $\boldsymbol{A}$ 是否可相似于一个对角矩阵，并求 $\boldsymbol{A}^{10}$.

解 $\boldsymbol{A}$ 的特征多项式

$$\det(\lambda\boldsymbol{E}-\boldsymbol{A})=\begin{pmatrix}\lambda+1&0&0\\-2&\lambda-1&-2\\-3&-1&\lambda-2\end{pmatrix}=\lambda(\lambda+1)(\lambda-3),$$

所以 $\boldsymbol{A}$ 的特征值为 $\lambda_1=0,\lambda_2=-1,\lambda_3=3$. 由于三阶方阵 $\boldsymbol{A}$ 有三个互不相同的特征值，故 $\boldsymbol{A}$ 可对角化. 现在来求 $\boldsymbol{A}$ 的线性无关的特征向量：

对于 $\lambda_1=0$，解对应的齐次线性方程组 $(-\boldsymbol{A})\boldsymbol{X}=\boldsymbol{0}$，可得基础解系 $\boldsymbol{\alpha}_1=(0,2,-1)^{\mathrm{T}}$.

对于 $\lambda_2=-1$，解齐次线性方程组 $(-\boldsymbol{E}-\boldsymbol{A})\boldsymbol{X}=\boldsymbol{0}$，可得基础解系 $\boldsymbol{\alpha}_2=(1,0,-1)^{\mathrm{T}}$.

对于 $\lambda_3=3$,解齐次线性方程组 $(3\boldsymbol{E}-\boldsymbol{A})\boldsymbol{X}=\boldsymbol{0}$,可得基础解系 $\boldsymbol{\alpha}_3=(0,1,1)^{\mathrm{T}}$. 令矩阵

$$\boldsymbol{P}=(\boldsymbol{\alpha}_1,\boldsymbol{\alpha}_2,\boldsymbol{\alpha}_3)=\begin{pmatrix}0&1&0\\2&0&1\\-1&-1&1\end{pmatrix},$$

则有

$$\boldsymbol{P}^{-1}\boldsymbol{A}\boldsymbol{P}=\begin{pmatrix}0&&\\&-1&\\&&3\end{pmatrix}=\boldsymbol{D}.$$

于是得

$$\boldsymbol{A}=\boldsymbol{P}\boldsymbol{D}\boldsymbol{P}^{-1},$$

所以

$$\boldsymbol{A}^{10}=\underbrace{\boldsymbol{P}\boldsymbol{D}\boldsymbol{P}^{-1}\boldsymbol{P}\boldsymbol{D}\boldsymbol{P}^{-1}\cdots\boldsymbol{P}\boldsymbol{D}\boldsymbol{P}^{-1}}_{10\text{个连乘}}=\boldsymbol{P}\boldsymbol{D}^{10}\boldsymbol{P}^{-1}. \tag{5.12}$$

而

$$\boldsymbol{D}^{10}=\begin{pmatrix}0&&\\&-1&\\&&3\end{pmatrix}^{10}=\begin{pmatrix}0&&\\&1&\\&&3^{10}\end{pmatrix},$$

$$\boldsymbol{P}^{-1}=\frac{1}{3}\begin{pmatrix}-1&1&-1\\3&0&0\\2&1&2\end{pmatrix},$$

把它们代入(5.12)式,计算可得

$$\boldsymbol{A}^{10}=\begin{pmatrix}1&0&0\\2\times3^9&3^9&2\times3^9\\2\times3^9-1&3^9&2\times3^9\end{pmatrix}.$$

§5.3　实向量的内积与正交矩阵

一、内积的基本概念

在中学解析几何中,我们曾定义了向量的内积,即对于两个三维向量

$$\boldsymbol{\alpha}=\begin{pmatrix}a_1\\a_2\\a_3\end{pmatrix},\quad \boldsymbol{\beta}=\begin{pmatrix}b_1\\b_2\\b_3\end{pmatrix},$$

称实数

$$a_1b_1+a_2b_2+a_3b_3$$

为 $\boldsymbol{\alpha}$ 与 $\boldsymbol{\beta}$ 的内积(或数量积,或点积),现在将 $\mathbf{R}^3$ 中向量的内积推广到 $\mathbf{R}^n$ 中去.

定义 4 对于 $\mathbf{R}^n$ 中的两个 n 维实向量

$$\boldsymbol{\alpha}=\begin{pmatrix}a_1\\a_2\\\vdots\\a_n\end{pmatrix},\quad \boldsymbol{\beta}=\begin{pmatrix}b_1\\b_2\\\vdots\\b_n\end{pmatrix},$$

称实数 $a_1b_1+a_2b_2+\cdots+a_nb_n$ 为向量 $\boldsymbol{\alpha}$ 与 $\boldsymbol{\beta}$ 的**内积**,记为 $(\boldsymbol{\alpha},\boldsymbol{\beta})$,即

$$(\boldsymbol{\alpha},\boldsymbol{\beta})=a_1b_1+a_2b_2+\cdots+a_nb_n=\boldsymbol{\alpha}^{\mathrm{T}}\boldsymbol{\beta}.$$

例 6 设 $\boldsymbol{\alpha}=(0,1,5,-2)^{\mathrm{T}}$, $\boldsymbol{\beta}=(-2,0,-1,3)^{\mathrm{T}}$,计算 $(\boldsymbol{\alpha},\boldsymbol{\beta})$, $(\boldsymbol{\alpha},\boldsymbol{\alpha})$.

解 由定义 4,可知

$$(\boldsymbol{\alpha},\boldsymbol{\beta})=0\cdot(-2)+1\cdot 0+5\cdot(-1)+(-2)\cdot 3=-11,$$
$$(\boldsymbol{\alpha},\boldsymbol{\alpha})=0\cdot 0+1\cdot 1+5\cdot 5+(-2)\cdot(-2)=30.$$

类似于三维向量的数量积,n 实向量的内积具有下列基本性质:

(1) 对称性:$(\boldsymbol{\alpha},\boldsymbol{\beta})=(\boldsymbol{\beta},\boldsymbol{\alpha})$;

(2) 线性性质:$(\boldsymbol{\alpha}+\boldsymbol{\beta},\boldsymbol{\gamma})=(\boldsymbol{\alpha},\boldsymbol{\gamma})+(\boldsymbol{\beta},\boldsymbol{\gamma})$,

$(k\boldsymbol{\alpha},\boldsymbol{\beta})=k(\boldsymbol{\alpha},\boldsymbol{\beta})$ (k 为实数);

(3) 非负性:$(\boldsymbol{\alpha},\boldsymbol{\alpha})\geqslant 0$,当且仅当 $\boldsymbol{\alpha}=\mathbf{0}$ 时,$(\boldsymbol{\alpha},\boldsymbol{\alpha})=0$.

事实上,若把向量 $\boldsymbol{\alpha},\boldsymbol{\beta},\boldsymbol{\gamma}$ 都写成列向量,则有

$$(\boldsymbol{\alpha}+\boldsymbol{\beta},\boldsymbol{\gamma})=(\boldsymbol{\alpha}+\boldsymbol{\beta})^{\mathrm{T}}\boldsymbol{\gamma}=(\boldsymbol{\alpha}^{\mathrm{T}}+\boldsymbol{\beta}^{\mathrm{T}})\boldsymbol{\gamma}=\boldsymbol{\alpha}^{\mathrm{T}}\boldsymbol{\gamma}+\boldsymbol{\beta}^{\mathrm{T}}\boldsymbol{\gamma}=(\boldsymbol{\alpha},\boldsymbol{\gamma})+(\boldsymbol{\beta},\boldsymbol{\gamma}),$$
$$(k\boldsymbol{\alpha},\boldsymbol{\beta})=(k\boldsymbol{\alpha})^{\mathrm{T}}\boldsymbol{\beta}=k(\boldsymbol{\alpha}^{\mathrm{T}}\boldsymbol{\beta})=k(\boldsymbol{\alpha},\boldsymbol{\beta}).$$

同三维向量空间一样,可用内积定义 n 维向量的长度和夹角.

定义 5 设 $\boldsymbol{\alpha}$ 为 $\mathbf{R}^n$ 中的向量,称非负实数 $\sqrt{(\boldsymbol{\alpha},\boldsymbol{\alpha})}$ 为 $\boldsymbol{\alpha}$ 的**长度**,记作 $\|\boldsymbol{\alpha}\|$. 当 $\|\boldsymbol{\alpha}\|=1$ 时,称 $\boldsymbol{\alpha}$ 为**单位向量**.

由内积的定义可得:

(1) 如果 $\boldsymbol{\alpha}=(a_1,a_2,\cdots,a_n)$, $\|\boldsymbol{\alpha}\|=\sqrt{a_1^2+a_2^2+\cdots+a_n^2}$;

(2) $\|\boldsymbol{\alpha}\|\geqslant 0$,当且仅当 $\boldsymbol{\alpha}=\mathbf{0}$ 时,才有 $\|\boldsymbol{\alpha}\|=0$;

(3) k 为任意实数,则 $\|k\boldsymbol{\alpha}\|=k\|\boldsymbol{\alpha}\|$.

(4) 若向量 $\boldsymbol{\alpha}\neq\mathbf{0}$,则向量

$$\boldsymbol{\beta}=\frac{\boldsymbol{\alpha}}{\|\boldsymbol{\alpha}\|}$$

是一个单位向量. 由非零向量 $\boldsymbol{\alpha}$ 得到单位向量 $\boldsymbol{\beta}$,称为**向量 $\boldsymbol{\alpha}$ 单位化**.

定理 4(柯西-施瓦茨不等式) 对任意 n 维向量 $\boldsymbol{\alpha},\boldsymbol{\beta}$ 均有

$$|(\boldsymbol{\alpha},\boldsymbol{\beta})|\leqslant\|\boldsymbol{\alpha}\|\cdot\|\boldsymbol{\beta}\|,\tag{5.13}$$

当且仅当 $\boldsymbol{\alpha}$ 与 $\boldsymbol{\beta}$ 线性相关时等号成立.

下面我们来定义向量的夹角.

由柯西-施瓦茨不等式,当 $\boldsymbol{\alpha}\neq\mathbf{0},\boldsymbol{\beta}\neq\mathbf{0}$ 时,就有

$$\left|\frac{(\boldsymbol{\alpha},\boldsymbol{\beta})}{\|\boldsymbol{\alpha}\|\cdot\|\boldsymbol{\beta}\|}\right|\leqslant 1,$$

即

$$-1\leqslant\frac{(\boldsymbol{\alpha},\boldsymbol{\beta})}{\|\boldsymbol{\alpha}\|\cdot\|\boldsymbol{\beta}\|}\leqslant 1.$$

则令

$$\cos\theta=\frac{(\boldsymbol{\alpha},\boldsymbol{\beta})}{\|\boldsymbol{\alpha}\|\cdot\|\boldsymbol{\beta}\|}\quad(0\leqslant\theta\leqslant\pi),\tag{5.14}$$

满足(5.14)的角 θ 称为 $\boldsymbol{\alpha}$ 与 $\boldsymbol{\beta}$ 的**夹角**.

当 $\boldsymbol{\alpha}$ 与 $\boldsymbol{\beta}$ 的夹角为 $\frac{\pi}{2}$ 时,称 $\boldsymbol{\alpha}$ 与 $\boldsymbol{\beta}$ **正交**.

推论 $\boldsymbol{\alpha}$ 与 $\boldsymbol{\beta}$ 正交的充分必要条件为 $(\boldsymbol{\alpha},\boldsymbol{\beta})=\mathbf{0}$.

由于零向量与任何向量内积都为零,所以零向量与任何向量都是正交的.

二、正交向量组

如果一个向量组不含零向量,且其中向量两两正交,则称这个向量组为一个**正交向量组**.

例如,向量组

$$\boldsymbol{\alpha}_1=(1,0,0)^{\mathrm{T}},\quad\boldsymbol{\alpha}_2=(0,1,1)^{\mathrm{T}},\quad\boldsymbol{\alpha}_3=(0,1,-1)^{\mathrm{T}}$$

就是一个正交向量组.

定理 5 正交向量组必是线性无关组.

证 设 $\boldsymbol{\alpha}_1,\boldsymbol{\alpha}_2,\cdots,\boldsymbol{\alpha}_r$ 是一个正交向量组,即

$$(\boldsymbol{\alpha}_i,\boldsymbol{\alpha}_j)=\begin{cases}0, & i\neq j,\\ \|\boldsymbol{\alpha}_i\|^2\neq 0, & i=j.\end{cases}\tag{5.15}$$

我们来证明 $\boldsymbol{\alpha}_1,\boldsymbol{\alpha}_2,\cdots,\boldsymbol{\alpha}_r$ 线性无关. 设有数 $k_1,k_2,\cdots,k_r$,使得

$$k_1\boldsymbol{\alpha}_1+k_2\boldsymbol{\alpha}_2+\cdots+k_r\boldsymbol{\alpha}_r=\mathbf{0},$$

两边与 $\boldsymbol{\alpha}_i$ 作内积($i=1,2,\cdots,r$),并由(5.15)式得

$$k_i(\boldsymbol{\alpha}_i,\boldsymbol{\alpha}_i)=k_i\|\boldsymbol{\alpha}_i\|^2=0.$$

因 $\boldsymbol{\alpha}_i\neq 0$,故 $(\boldsymbol{\alpha}_i,\boldsymbol{\alpha}_i)\neq 0$,从而 $k_i=0(i=1,2,\cdots,r)$,于是 $\boldsymbol{\alpha}_1,\boldsymbol{\alpha}_2,\cdots,\boldsymbol{\alpha}_r$ 线性无关. □

如果一个正交向量组中的每一个向量都是单位向量,则称它为一个**标准正交向量组**,简称**标准正交组**.

例如,向量组

$$\boldsymbol{\beta}_1=(1,0,0)^{\mathrm{T}},\quad \boldsymbol{\beta}_2=\left(0,\frac{1}{\sqrt{2}},\frac{1}{\sqrt{2}}\right)^{\mathrm{T}},\quad \boldsymbol{\beta}_3=\left(0,\frac{1}{\sqrt{2}},-\frac{1}{\sqrt{2}}\right)^{\mathrm{T}}$$

就是一个标准正交向量组.

对于一个正交向量组 $\boldsymbol{\alpha}_1,\boldsymbol{\alpha}_2,\cdots,\boldsymbol{\alpha}_r$，只要把其中每一个向量单位化，则可得到标准正交向量组：

$$\boldsymbol{\beta}_1=\frac{1}{\|\boldsymbol{\alpha}_1\|}\boldsymbol{\alpha}_1,\quad \boldsymbol{\beta}_2=\frac{1}{\|\boldsymbol{\alpha}_2\|}\boldsymbol{\alpha}_2,\quad \cdots,\quad \boldsymbol{\beta}_r=\frac{1}{\|\boldsymbol{\alpha}_r\|}\boldsymbol{\alpha}_r.$$

三、施密特(Schmidt)正交化方法

我们知道，正交向量组线性无关，但是线性无关的向量组未必是正交向量组，那么对于一个线性无关向量组 $\boldsymbol{\alpha}_1,\boldsymbol{\alpha}_2,\cdots,\boldsymbol{\alpha}_r$，能否从它得到一个与其等价的标准正交向量组 $\boldsymbol{\gamma}_1,\boldsymbol{\gamma}_2,\cdots,\boldsymbol{\gamma}_r$ 呢？

施密特正交化方法是将一组线性无关向量组 $\boldsymbol{\alpha}_1,\boldsymbol{\alpha}_2,\cdots,\boldsymbol{\alpha}_r$ 作如下的变换，化为一组与之等价的正交向量组 $\boldsymbol{\beta}_1,\boldsymbol{\beta}_2,\cdots,\boldsymbol{\beta}_r$ 的方法：

令

$$\begin{aligned}
&\boldsymbol{\beta}_1=\boldsymbol{\alpha}_1,\\
&\boldsymbol{\beta}_2=\boldsymbol{\alpha}_2-\frac{(\boldsymbol{\alpha}_2,\boldsymbol{\beta}_1)}{(\boldsymbol{\beta}_1,\boldsymbol{\beta}_1)}\boldsymbol{\beta}_1\\
&\boldsymbol{\beta}_3=\boldsymbol{\alpha}_3-\frac{(\boldsymbol{\alpha}_3,\boldsymbol{\beta}_1)}{(\boldsymbol{\beta}_1,\boldsymbol{\beta}_1)}\boldsymbol{\beta}_1-\frac{(\boldsymbol{\alpha}_3,\boldsymbol{\beta}_2)}{(\boldsymbol{\beta}_2,\boldsymbol{\beta}_2)}\boldsymbol{\beta}_2,\\
&\cdots\cdots\cdots\cdots\cdots\cdots\cdots\cdots\cdots\cdots\\
&\boldsymbol{\beta}_r=\boldsymbol{\alpha}_r-\frac{(\boldsymbol{\alpha}_r,\boldsymbol{\beta}_1)}{(\boldsymbol{\beta}_1,\boldsymbol{\beta}_1)}\boldsymbol{\beta}_1-\frac{(\boldsymbol{\alpha}_r,\boldsymbol{\beta}_2)}{(\boldsymbol{\beta}_2,\boldsymbol{\beta}_2)}\boldsymbol{\beta}_2-\cdots-\frac{(\boldsymbol{\alpha}_r,\boldsymbol{\beta}_{r-1})}{(\boldsymbol{\beta}_{r-1},\boldsymbol{\beta}_{r-1})}\boldsymbol{\beta}_{r-1}.
\end{aligned}$$

可以证明 $\boldsymbol{\beta}_1,\boldsymbol{\beta}_2,\cdots,\boldsymbol{\beta}_r$ 两两正交，而且向量组 $\boldsymbol{\beta}_1,\boldsymbol{\beta}_2,\cdots,\boldsymbol{\beta}_r$ 与向量组 $\boldsymbol{\alpha}_1,\boldsymbol{\alpha}_2,\cdots,\boldsymbol{\alpha}_r$ 等价.再将 $\boldsymbol{\beta}_1,\boldsymbol{\beta}_2,\cdots,\boldsymbol{\beta}_r$ 单位化，即得满足要求的标准正交向量组：

$$\boldsymbol{\gamma}_1=\frac{1}{\|\boldsymbol{\beta}_1\|}\boldsymbol{\beta}_1,\quad \boldsymbol{\gamma}_2=\frac{1}{\|\boldsymbol{\beta}_2\|}\boldsymbol{\beta}_2,\quad \cdots,\quad \boldsymbol{\gamma}_r=\frac{1}{\|\boldsymbol{\beta}_r\|}\boldsymbol{\beta}_r$$

例 7 用施密特正交化方法把向量组

$$\boldsymbol{\alpha}_1=\begin{pmatrix}1\\0\\-1\\1\end{pmatrix},\quad \boldsymbol{\alpha}_2=\begin{pmatrix}1\\-1\\0\\1\end{pmatrix},\quad \boldsymbol{\alpha}_3=\begin{pmatrix}-1\\1\\1\\0\end{pmatrix}$$

化为标准正交向量组.

解 先将 $\boldsymbol{\alpha}_1,\boldsymbol{\alpha}_2,\boldsymbol{\alpha}_3$ 正交化，得

$$\boldsymbol{\beta}_1=\boldsymbol{\alpha}_1=\begin{pmatrix}1\\0\\-1\\1\end{pmatrix},$$

$$\boldsymbol{\beta}_2=\boldsymbol{\alpha}_2-\frac{(\boldsymbol{\alpha}_2,\boldsymbol{\beta}_1)}{(\boldsymbol{\beta}_1,\boldsymbol{\beta}_1)}\boldsymbol{\beta}_1=\begin{pmatrix}1\\-1\\0\\1\end{pmatrix}-\frac{2}{3}\begin{pmatrix}1\\0\\-1\\1\end{pmatrix}=\frac{1}{3}\begin{pmatrix}1\\-3\\2\\1\end{pmatrix},$$

$$\boldsymbol{\beta}_3=\boldsymbol{\alpha}_3-\frac{(\boldsymbol{\alpha}_3,\boldsymbol{\beta}_1)}{(\boldsymbol{\beta}_1,\boldsymbol{\beta}_1)}\boldsymbol{\beta}_1-\frac{(\boldsymbol{\alpha}_3,\boldsymbol{\beta}_2)}{(\boldsymbol{\beta}_2,\boldsymbol{\beta}_2)}\boldsymbol{\beta}_2=\frac{1}{5}\begin{pmatrix}-1\\3\\3\\4\end{pmatrix}.$$

再单位化,即得所求的标准正交向量组

$$\boldsymbol{\gamma}_1=\frac{1}{\sqrt{3}}\begin{pmatrix}1\\0\\-1\\1\end{pmatrix},\quad \boldsymbol{\gamma}_2=\frac{1}{\sqrt{15}}\begin{pmatrix}1\\-3\\2\\1\end{pmatrix},\quad \boldsymbol{\gamma}_3=\frac{1}{\sqrt{35}}\begin{pmatrix}-1\\3\\3\\4\end{pmatrix}.$$

四、正交矩阵

下面介绍在应用中很重要的正交矩阵.

定义 6 如果实方阵 $\boldsymbol{A}$ 满足

$$\boldsymbol{A}\boldsymbol{A}^{\mathrm{T}}=\boldsymbol{A}^{\mathrm{T}}\boldsymbol{A}=\boldsymbol{E}\quad(\text{或 }\boldsymbol{A}^{-1}=\boldsymbol{A}^{\mathrm{T}}),$$

则称方阵 $\boldsymbol{A}$ 为**正交矩阵**.

例如,矩阵

$$\begin{pmatrix}1&0\\0&1\end{pmatrix},\quad \begin{pmatrix}\cos\theta&-\sin\theta\\ \sin\theta&\cos\theta\end{pmatrix},\quad \begin{pmatrix}1&0&0\\0&\frac{1}{\sqrt{2}}&-\frac{1}{\sqrt{2}}\\0&\frac{1}{\sqrt{2}}&\frac{1}{\sqrt{2}}\end{pmatrix}$$

分别都是正交矩阵.

正交矩阵具有下列性质:

性质 1 设 $\boldsymbol{A}$ 为正交矩阵,则 $\det\boldsymbol{A}=\pm1$.

性质 2 设 $\boldsymbol{A}$ 为正交矩阵,则 $\boldsymbol{A}$ 可逆且 $\boldsymbol{A}^{-1}=\boldsymbol{A}^{\mathrm{T}}$.

性质 3 设 $\boldsymbol{A}$ 为正交矩阵,则 $\boldsymbol{A}^{\mathrm{T}},\boldsymbol{A}^{-1}$ 也都是正交矩阵.

性质 4 设 $\boldsymbol{A},\boldsymbol{B}$ 为同阶正交矩阵,则 $\boldsymbol{AB}$ 也是正交矩阵.

性质 5 $\boldsymbol{A}$ 为正交矩阵的充分必要条件是 $\boldsymbol{A}$ 的列(行)向量组为标准正交向量组.

证 性质 1—3 的证明留给读者完成,下面只证性质 4 和 5.

先证性质 4. 因为 $\boldsymbol{A},\boldsymbol{B}$ 为正交矩阵,所以有

$$\boldsymbol{AA}^{\mathrm{T}}=\boldsymbol{E},\quad \boldsymbol{B}^{\mathrm{T}}\boldsymbol{B}=\boldsymbol{E},$$

从而有

$$(\boldsymbol{AB})^{\mathrm{T}}(\boldsymbol{AB})=\boldsymbol{B}^{\mathrm{T}}(\boldsymbol{A}^{\mathrm{T}}\boldsymbol{A})\boldsymbol{B}=\boldsymbol{B}^{\mathrm{T}}\boldsymbol{EB}=\boldsymbol{B}^{\mathrm{T}}\boldsymbol{B}=\boldsymbol{E},$$

所以 $\boldsymbol{AB}$ 也是正交矩阵.

再证性质 5. 设方阵 $\boldsymbol{A}$ 按列向量分块为

$$\boldsymbol{A}=(\boldsymbol{\alpha}_1,\boldsymbol{\alpha}_2,\cdots,\boldsymbol{\alpha}_n).$$

必要性 设 $\boldsymbol{A}$ 为正交矩阵,则有

$$\boldsymbol{A}^{\mathrm{T}}\boldsymbol{A}=\boldsymbol{E},$$

即

$$\begin{pmatrix}\boldsymbol{\alpha}_1^{\mathrm{T}}\\ \boldsymbol{\alpha}_2^{\mathrm{T}}\\ \vdots\\ \boldsymbol{\alpha}_n^{\mathrm{T}}\end{pmatrix}(\boldsymbol{\alpha}_1,\boldsymbol{\alpha}_2,\cdots,\boldsymbol{\alpha}_n)=\boldsymbol{E},$$

亦即

$$\begin{pmatrix}\boldsymbol{\alpha}_1^{\mathrm{T}}\boldsymbol{\alpha}_1 & \boldsymbol{\alpha}_1^{\mathrm{T}}\boldsymbol{\alpha}_2 & \cdots & \boldsymbol{\alpha}_1^{\mathrm{T}}\boldsymbol{\alpha}_n\\ \boldsymbol{\alpha}_2^{\mathrm{T}}\boldsymbol{\alpha}_1 & \boldsymbol{\alpha}_2^{\mathrm{T}}\boldsymbol{\alpha}_2 & \cdots & \boldsymbol{\alpha}_2^{\mathrm{T}}\boldsymbol{\alpha}_n\\ \vdots & \vdots & & \vdots\\ \boldsymbol{\alpha}_n^{\mathrm{T}}\boldsymbol{\alpha}_1 & \boldsymbol{\alpha}_n^{\mathrm{T}}\boldsymbol{\alpha}_2 & \cdots & \boldsymbol{\alpha}_n^{\mathrm{T}}\boldsymbol{\alpha}_n\end{pmatrix}=\begin{pmatrix}1 & & & \\ & 1 & & \\ & & \ddots & \\ & & & 1\end{pmatrix},$$

所以

$$\boldsymbol{\alpha}_i^{\mathrm{T}}\boldsymbol{\alpha}_j=(\alpha_i,\alpha_j)=\begin{cases}1, & 当\ i=j,\\ 0, & 当\ i\neq j\end{cases}\quad (i,j=1,2,\cdots,n),$$

则 $\boldsymbol{A}$ 的列向量组 $\boldsymbol{\alpha}_1,\boldsymbol{\alpha}_2,\cdots,\boldsymbol{\alpha}_n$ 为标准正交向量组.

把以上证明逆向推理,即得到充分性的证明.

当 $\boldsymbol{A}$ 为正交矩阵时,$\boldsymbol{A}^{\mathrm{T}}$ 也是正交矩阵,因此,由已证明的结果知 $\boldsymbol{A}^{\mathrm{T}}$ 的列向量组,即 $\boldsymbol{A}$ 的行向量组也是标准正交向量组. □

利用性质 5,容易验证方阵是否为正交矩阵. 例如,对于矩阵

$$A=\begin{pmatrix}\frac{1}{\sqrt{3}} & \frac{1}{\sqrt{2}} & \frac{1}{\sqrt{6}}\\ \frac{1}{\sqrt{3}} & 0 & -\frac{2}{\sqrt{6}}\\ \frac{1}{\sqrt{3}} & -\frac{1}{\sqrt{2}} & \frac{1}{\sqrt{6}}\end{pmatrix},$$

不难看出 $\boldsymbol{A}$ 的列向量两两正交，且每个列向量都是单位向量，所以由性质 5 即知 $\boldsymbol{A}$ 为正交矩阵.

§5.4 实对称矩阵的对角化

由 §5.2 可知 n 阶矩阵不一定可对角化，但实对称矩阵却一定可对角化，并且对于实对称矩阵 $\boldsymbol{A}$ 不仅能找到可逆矩阵 $\boldsymbol{P}$，使得 $\boldsymbol{P}^{-1}\boldsymbol{AP}$ 为对角阵，而且还能找到一个正交矩阵 $\boldsymbol{U}$，使得 $\boldsymbol{U}^{-1}\boldsymbol{AU}$ 为对角阵.

对矩阵 $\boldsymbol{A}=(a_{ij})_{m\times n}$，把它的每个元素 a_{ij} 变成其共轭复数 $\bar{a}_{ij}$，称这样得到的矩阵为 $\boldsymbol{A}$ 的**共轭矩阵**，记为 $\bar{\boldsymbol{A}}$，即

$$\bar{\boldsymbol{A}}=(\bar{a}_{ij})_{m\times n}\quad(\bar{a}_{ij}\text{ 为 }a_{ij}\text{ 的共轭复数}).$$

矩阵 $\boldsymbol{A}$ 为实矩阵当且仅当 $\bar{\boldsymbol{A}}=\boldsymbol{A}$. 由复数的运算及矩阵的运算容易验证：对任意矩阵 $\boldsymbol{A},\boldsymbol{B}$，及任意的数 λ，都有

$$\overline{\boldsymbol{AB}}=\bar{\boldsymbol{A}}\bar{\boldsymbol{B}},\quad \overline{\lambda\boldsymbol{A}}=\bar{\lambda}\bar{\boldsymbol{A}},$$

且其特征值和特征向量具有一些特殊的性质.

一、实对称矩阵特征值的性质

定理 6 实对称矩阵的特征值都是实数.

证 设 $\boldsymbol{A}$ 是 n 阶实对称矩阵，λ 是 $\boldsymbol{A}$ 在复数域上的任一特征值，$\boldsymbol{\alpha}$ 为 $\boldsymbol{A}$ 的属于 λ 的特征向量，即 $\boldsymbol{A\alpha}=\lambda\boldsymbol{\alpha}$.

两边同时左乘 $\bar{\boldsymbol{\alpha}}^{\mathrm{T}}$ 得

$$\bar{\boldsymbol{\alpha}}^{\mathrm{T}}\boldsymbol{A\alpha}=\lambda\bar{\boldsymbol{\alpha}}^{\mathrm{T}}\boldsymbol{\alpha},$$

又

$$\bar{\boldsymbol{\alpha}}^{\mathrm{T}}\boldsymbol{A\alpha}=\bar{\boldsymbol{\alpha}}^{\mathrm{T}}\boldsymbol{A}^{\mathrm{T}}\boldsymbol{\alpha}=(\overline{\boldsymbol{A\alpha}})^{\mathrm{T}}\boldsymbol{\alpha}=(\overline{\lambda\boldsymbol{\alpha}})^{\mathrm{T}}\boldsymbol{\alpha}=\bar{\lambda}\bar{\boldsymbol{\alpha}}^{\mathrm{T}}\boldsymbol{\alpha},$$

所以

$$\lambda\bar{\boldsymbol{\alpha}}^{\mathrm{T}}\boldsymbol{\alpha}=\bar{\lambda}\bar{\boldsymbol{\alpha}}^{\mathrm{T}}\boldsymbol{\alpha}.$$

于是得

$$(\lambda-\bar{\lambda})\bar{\boldsymbol{\alpha}}^{\mathrm{T}}\boldsymbol{\alpha}=0. \tag{5.16}$$

由于特征向量 $\boldsymbol{\alpha}\neq\mathbf{0}$,所以 $\bar{\boldsymbol{\alpha}}^{\mathrm{T}}\boldsymbol{\alpha}\neq0$,于是由(5.16)式可得 $\lambda-\bar{\lambda}=0$,即 $\lambda=\bar{\lambda}$, 故 λ 为实数. □

既然实对称矩阵 $\boldsymbol{A}$ 的任一特征值 λ_i 都是实数,所以方程组 $(\lambda_i\boldsymbol{E}-\boldsymbol{A})\boldsymbol{x}=\mathbf{0}$ 的系数矩阵 $\lambda_i\boldsymbol{E}-\boldsymbol{A}$ 是实矩阵,因而该方程的非零解——即对应于特征值 λ_i 的特征向量都可以取为实向量. 所以,以下我们在讨论实对称矩阵的对角化问题时,所有的特征值及特征向量都是实的.

定理 7 实对称矩阵的属于不同特征值的特征向量相互正交.

证 设 λ_1 和 λ_2 是实对称矩阵 $\boldsymbol{A}$ 的不同特征值. $\boldsymbol{\alpha}_1,\boldsymbol{\alpha}_2$ 分别为 $\boldsymbol{A}$ 的属于特征值 λ_1 和 λ_2 的特征向量. 由 $\boldsymbol{A}\boldsymbol{\alpha}_1=\lambda_1\boldsymbol{\alpha}_1$ 取转置及 $\boldsymbol{A}^{\mathrm{T}}=\boldsymbol{A}$ 得

$$\boldsymbol{\alpha}_1^{\mathrm{T}}\boldsymbol{A}=\lambda_1\boldsymbol{\alpha}_1^{\mathrm{T}}.$$

上式两边右乘 $\boldsymbol{\alpha}_2$,得

$$\boldsymbol{\alpha}_1^{\mathrm{T}}\boldsymbol{A}\boldsymbol{\alpha}_2=\lambda_1\boldsymbol{\alpha}_1^{\mathrm{T}}\boldsymbol{\alpha}_2.$$

由于 $\boldsymbol{A}\boldsymbol{\alpha}_2=\lambda_2\boldsymbol{\alpha}_2$,于是 $\lambda_2\boldsymbol{\alpha}_1^{\mathrm{T}}\boldsymbol{\alpha}_2=\lambda_1\boldsymbol{\alpha}_1^{\mathrm{T}}\boldsymbol{\alpha}_2$,即

$$(\lambda_2-\lambda_1)\boldsymbol{\alpha}_1^{\mathrm{T}}\boldsymbol{\alpha}_2=0.$$

因为 $\lambda_1\neq\lambda_2$,所以由上式即得

$$\boldsymbol{\alpha}_1^{\mathrm{T}}\boldsymbol{\alpha}_2=0,$$

这就是说 $\boldsymbol{\alpha}_1$ 与 $\boldsymbol{\alpha}_2$ 是正交的. □

定理 8 设 $\boldsymbol{A}$ 是 n 阶实对称矩阵,λ 是 $\boldsymbol{A}$ 的 k 重特征值,则矩阵 $\lambda\boldsymbol{E}-\boldsymbol{A}$ 的秩 $R(\lambda\boldsymbol{E}-\boldsymbol{A})=n-k$, 从而 λ 恰好有 k 个线性无关的特征向量.(证明略).

由定理 8 并结合特征值与特征向量的性质可知,n 阶实对称矩阵正好有 n 个线性无关的特征向量. 因此,实对称矩阵必可对角化.

二、实对称矩阵的对角化

对实对称矩阵 $\boldsymbol{A}$,如何确定一个正交矩阵 $\boldsymbol{U}$,使得 $\boldsymbol{U}^{-1}\boldsymbol{A}\boldsymbol{U}$ 为对角矩阵?

首先,由 $\boldsymbol{U}^{-1}\boldsymbol{A}\boldsymbol{U}$ 为对角矩阵可知,$\boldsymbol{U}$ 的每个列向量都是 $\boldsymbol{A}$ 特征向量;其次,由 $\boldsymbol{U}$ 为正交矩阵可知,$\boldsymbol{U}$ 的列向量是标准正交向量组. 因此,先求出 $\boldsymbol{A}$ 的 n 个线性无关的特征向量,再对这 n 个特征向量用施密特正交化法正交化、单位化后组成的矩阵即为正交矩阵 $\boldsymbol{U}$.

求正交矩阵 $\boldsymbol{U}$ 的步骤如下:

(1) 求出 $\boldsymbol{A}$ 的特征方程 $|\lambda\boldsymbol{E}-\boldsymbol{A}|=0$ 的全部根,即得到 $\boldsymbol{A}$ 的全部特征值 $\lambda_1,\lambda_2,\cdots,\lambda_t$;

(2) 对每一个特征值 λ_i,求相应的齐次线性方程组 $(\lambda_i\boldsymbol{E}-\boldsymbol{A})\boldsymbol{X}=\mathbf{0}$ 的基础解系 $\boldsymbol{\xi}_{i1},\boldsymbol{\xi}_{i2},\cdots,\boldsymbol{\xi}_{ik_i}$,再将其正交化、单位化得 $\boldsymbol{\gamma}_{i1},\boldsymbol{\gamma}_{i2},\cdots,\boldsymbol{\gamma}_{ik_i}(i=1,2,\cdots,t)$;

(3) 令 $\boldsymbol{U}=(\boldsymbol{\gamma}_{11},\boldsymbol{\gamma}_{12},\cdots,\boldsymbol{\gamma}_{1k_1},\boldsymbol{\gamma}_{21},\boldsymbol{\gamma}_{22},\cdots,\boldsymbol{\gamma}_{2k_2},\cdots,\boldsymbol{\gamma}_{t1},\boldsymbol{\gamma}_{t2},\cdots,\boldsymbol{\gamma}_{tk_t})$,则 $\boldsymbol{U}$ 即为所求的正交矩阵,

$$U^{-1}AU=\mathrm{diag}(\underbrace{\lambda_1,\cdots,\lambda_1}_{k_1个},\underbrace{\lambda_2,\cdots,\lambda_2}_{k_2个},\cdots,\underbrace{\lambda_t,\cdots,\lambda_t}_{k_t个}).$$

例 8 设有实对称矩阵

$$\boldsymbol{A}=\begin{pmatrix}2&-2&0\\-2&1&-2\\0&-2&0\end{pmatrix},$$

求一个正交矩阵 $\boldsymbol{U}$,使 $\boldsymbol{U}^{-1}\boldsymbol{A}\boldsymbol{U}$ 为对角矩阵.

解 先求 $\boldsymbol{A}$ 的全部特征值,由特征方程

$$\det(\lambda\boldsymbol{E}-\boldsymbol{A})=\begin{vmatrix}\lambda-2&2&0\\2&\lambda-1&2\\0&2&\lambda\end{vmatrix}=(\lambda+2)(\lambda-4)(\lambda-1)=0$$

解得 $\boldsymbol{A}$ 的特征值 $\lambda_1=-2,\lambda_2=4,\lambda_3=1$.

对于 $\lambda_1=-2$,解齐次线性方程组 $(-2\boldsymbol{E}-\boldsymbol{A})\boldsymbol{X}=\boldsymbol{0}$,由

$$-2\boldsymbol{E}-\boldsymbol{A}=\begin{pmatrix}-4&2&0\\2&-3&2\\0&2&-2\end{pmatrix}\to\begin{pmatrix}1&0&-\frac{1}{2}\\0&1&-1\\0&0&0\end{pmatrix}$$

可得方程组的一个基础解系 $\boldsymbol{\alpha}_1=(1,2,2)^{\mathrm{T}}$,把 $\boldsymbol{\alpha}_1$ 单位化,得属于 $\lambda_1=-2$ 的单位特征向量

$$\boldsymbol{\gamma}_1=\left(\frac{1}{3},\frac{2}{3},\frac{2}{3}\right)^{\mathrm{T}}.$$

对于 $\lambda_2=4$,解齐次线性方程组 $(4\boldsymbol{E}-\boldsymbol{A})\boldsymbol{X}=\boldsymbol{0}$,由

$$4\boldsymbol{E}-\boldsymbol{A}=\begin{pmatrix}2&2&0\\2&3&2\\0&2&4\end{pmatrix}\to\begin{pmatrix}1&0&-2\\0&1&2\\0&0&0\end{pmatrix}$$

可得方程组的一个基础解系 $\boldsymbol{\alpha}_2=(2,-2,1)^{\mathrm{T}}$,把 $\boldsymbol{\alpha}_2$ 单位化,得属于 $\lambda_1=4$ 的单位特征向量

$$\boldsymbol{\gamma}_2=\left(\frac{2}{3},-\frac{2}{3},\frac{1}{3}\right)^{\mathrm{T}}.$$

对于 $\lambda_3=1$,解齐次线性方程组 $(\boldsymbol{E}-\boldsymbol{A})\boldsymbol{X}=\boldsymbol{0}$,由

$$\boldsymbol{E}-\boldsymbol{A}=\begin{pmatrix}-1&2&0\\2&0&2\\0&2&1\end{pmatrix}\to\begin{pmatrix}1&0&1\\0&1&\frac{1}{2}\\0&0&0\end{pmatrix}$$

可得方程组的一个基础解系 $\boldsymbol{\alpha}_3=(2,1,-2)^{\mathrm{T}}$,把 $\boldsymbol{\alpha}_3$ 单位化,得属于 $\lambda_3=1$ 的单位特征向量

$$\boldsymbol{\gamma}_3=\left(\frac{2}{3},\frac{1}{3},-\frac{2}{3}\right)^{\mathrm{T}}.$$

由于 $\lambda_1=-2,\lambda_2=4,\lambda_3=1$ 是实对称矩阵 $\boldsymbol{A}$ 的互异的特征值，根据定理 7 可知，对应的特征向量 $\boldsymbol{\gamma}_1,\boldsymbol{\gamma}_2,\boldsymbol{\gamma}_3$ 两两正交. 故 $\boldsymbol{\gamma}_1,\boldsymbol{\gamma}_2,\boldsymbol{\gamma}_3$ 就是 $\boldsymbol{A}$ 的正交化单位化的特征向量. 令

$$\boldsymbol{U}=(\boldsymbol{\gamma}_1,\boldsymbol{\gamma}_2,\boldsymbol{\gamma}_3)=\begin{pmatrix}\frac{1}{3} & \frac{2}{3} & \frac{2}{3}\\ \frac{2}{3} & -\frac{2}{3} & \frac{1}{3}\\ \frac{2}{3} & \frac{1}{3} & -\frac{2}{3}\end{pmatrix},$$

则 $\boldsymbol{U}$ 就是所求的正交矩阵，且有

$$\boldsymbol{U}^{-1}\boldsymbol{A}\boldsymbol{U}=\begin{pmatrix}-2 & 0 & 0\\ 0 & 4 & 0\\ 0 & 0 & 1\end{pmatrix}.$$

例 9 设有实对称矩阵

$$\boldsymbol{A}=\begin{pmatrix}2 & 2 & -2\\ 2 & 5 & -4\\ -2 & -4 & 5\end{pmatrix},$$

求一个正交矩阵 $\boldsymbol{U}$，使 $\boldsymbol{U}^{-1}\boldsymbol{A}\boldsymbol{U}$ 为对角矩阵.

解 由 $\boldsymbol{A}$ 的特征方程

$$\det(\lambda\boldsymbol{E}-\boldsymbol{A})=\begin{vmatrix}\lambda-2 & -2 & 2\\ -2 & \lambda-5 & 4\\ 2 & 4 & \lambda-5\end{vmatrix}=(\lambda-10)(\lambda-1)^2=0$$

解得 $\boldsymbol{A}$ 的特征值为 $\lambda_1=\lambda_2=1,\lambda_3=10$.

对于 $\lambda_1=\lambda_2=1$，解齐次线性方程组 $(\boldsymbol{E}-\boldsymbol{A})\boldsymbol{X}=\boldsymbol{0}$，由

$$\boldsymbol{E}-\boldsymbol{A}=\begin{pmatrix}-1 & -2 & 2\\ -2 & -4 & 4\\ 2 & 4 & -4\end{pmatrix}\to\begin{pmatrix}1 & 2 & -2\\ 0 & 0 & 0\\ 0 & 0 & 0\end{pmatrix}$$

得同解方程组为 $x_1+2x_2-2x_3=0$. 令自由未知量 x_1,x_2 分别取

$$\begin{pmatrix}x_1\\ x_2\end{pmatrix}=\begin{pmatrix}1\\ 1\end{pmatrix},\begin{pmatrix}-1\\ 1\end{pmatrix},$$

可得方程组的一个基础解系：

$$\boldsymbol{\xi}_1=\begin{pmatrix}0\\ 1\\ 1\end{pmatrix},\quad \boldsymbol{\xi}_2=\begin{pmatrix}4\\ -1\\ 1\end{pmatrix},$$

$\boldsymbol{\xi}_1$ 与 $\boldsymbol{\xi}_2$ 已是正交的，再把它们单位化，则得属于二重特征值 $\lambda_1=\lambda_2=1$ 的正交化、单位化的

特征向量

$$\boldsymbol{\gamma}_1=\begin{pmatrix}0\\ \dfrac{\sqrt{2}}{2}\\ \dfrac{\sqrt{2}}{2}\end{pmatrix},\quad \boldsymbol{\gamma}_2=\begin{pmatrix}\dfrac{2\sqrt{2}}{3}\\ -\dfrac{\sqrt{2}}{6}\\ \dfrac{\sqrt{2}}{6}\end{pmatrix}.$$

对于 $\lambda_3=10$，解齐次线性方程组 $(10\boldsymbol{E}-\boldsymbol{A})\boldsymbol{X}=\boldsymbol{0}$，由

$$10\boldsymbol{E}-\boldsymbol{A}=\begin{pmatrix}8&-2&2\\-2&5&4\\2&4&5\end{pmatrix}\to\begin{pmatrix}1&0&\dfrac{1}{2}\\0&1&1\\0&0&0\end{pmatrix}$$

可得方程组的一个基础解系 $\boldsymbol{\xi}_3=(1,2,-2)^{\mathrm{T}}$，把 $\boldsymbol{\xi}_3$ 单位化，得属于 $\lambda_3=10$ 的单位特征向量

$$\boldsymbol{\gamma}_3=\left(\frac{1}{3},\frac{2}{3},-\frac{2}{3}\right)^{\mathrm{T}}.$$

所求的正交矩阵为

$$\boldsymbol{U}=(\boldsymbol{\gamma}_1,\boldsymbol{\gamma}_2,\boldsymbol{\gamma}_3)=\begin{pmatrix}0&\dfrac{2\sqrt{2}}{3}&\dfrac{1}{3}\\ \dfrac{\sqrt{2}}{2}&-\dfrac{\sqrt{2}}{6}&\dfrac{2}{3}\\ \dfrac{\sqrt{2}}{2}&\dfrac{\sqrt{2}}{6}&-\dfrac{2}{3}\end{pmatrix},$$

且有

$$\boldsymbol{U}^{-1}\boldsymbol{A}\boldsymbol{U}=\begin{pmatrix}1&0&0\\0&1&0\\0&0&10\end{pmatrix}.$$

在例 9 中，如果取属于特征值 $\lambda_1=\lambda_2=1$ 的特征向量为

$$\boldsymbol{\alpha}_1=\begin{pmatrix}-2\\1\\0\end{pmatrix},\quad \boldsymbol{\alpha}_2=\begin{pmatrix}2\\0\\1\end{pmatrix},$$

则 $\boldsymbol{\alpha}_1$ 与 $\boldsymbol{\alpha}_2$ 不正交，为了得到正交化的特征向量，就要利用施密特正交化方法将 $\boldsymbol{\alpha}_1,\boldsymbol{\alpha}_2$ 正交化，即令

$$\boldsymbol{\beta}_1=\boldsymbol{\alpha}_1=\begin{pmatrix}-2\\1\\0\end{pmatrix},$$

$$\boldsymbol{\beta}_2=\boldsymbol{\alpha}_2-\frac{(\boldsymbol{\alpha}_2,\boldsymbol{\beta}_1)}{(\boldsymbol{\beta}_1,\boldsymbol{\beta}_1)}\boldsymbol{\beta}_1=\begin{pmatrix}\frac{2}{5}\\ \frac{4}{5}\\ 1\end{pmatrix},$$

再将 $\boldsymbol{\beta}_1$ 与 $\boldsymbol{\beta}_2$ 单位化,就得到属于 $\lambda_1=\lambda_2=1$ 的正交化单位化的特征向量

$$\boldsymbol{\eta}_1=\begin{pmatrix}-\frac{2\sqrt{5}}{5}\\ \frac{\sqrt{5}}{5}\\ 0\end{pmatrix},\quad \boldsymbol{\eta}_2=\begin{pmatrix}\frac{2\sqrt{5}}{15}\\ \frac{4\sqrt{5}}{15}\\ \frac{\sqrt{5}}{3}\end{pmatrix}.$$

这时,求得的正交矩阵就是

$$\boldsymbol{U}=(\boldsymbol{\eta}_1,\boldsymbol{\eta}_2,\boldsymbol{\gamma}_3)=\begin{pmatrix}-\frac{2\sqrt{5}}{5} & \frac{2\sqrt{5}}{15} & \frac{1}{3}\\ \frac{\sqrt{5}}{5} & \frac{4\sqrt{5}}{15} & \frac{2}{3}\\ 0 & \frac{\sqrt{5}}{3} & -\frac{2}{3}\end{pmatrix}.$$

可见所求的正交矩阵不是唯一的. 另外从以上运算可见,如能在求方程组$(\lambda_i\boldsymbol{E}-\boldsymbol{A})\boldsymbol{X}=\boldsymbol{0}$ 的基础解系时,直接求到属于重特征值 λ_i 的正交的特征向量,就可免去施密特正交化过程,从而使运算量减少.

习　题　5

1. 求下列矩阵的特征值和特征向量:

(1) $\boldsymbol{A}=\begin{pmatrix}2 & -4\\ -3 & 3\end{pmatrix}$;　　(2) $\boldsymbol{A}=\begin{pmatrix}2 & 1 & 1\\ 0 & 2 & 0\\ 0 & -1 & 1\end{pmatrix}$;

(3) $\boldsymbol{A}=\begin{pmatrix}1 & -3 & 3\\ 3 & -5 & 3\\ 6 & -6 & 4\end{pmatrix}$;　　(4) $\boldsymbol{A}=\begin{pmatrix}0 & 0 & 1\\ 0 & 1 & 0\\ 1 & 0 & 0\end{pmatrix}$.

2. 求下列矩阵 $\boldsymbol{A}$ 的特征值和特征向量:

(1) $\boldsymbol{A}$ 是 n 阶零矩阵;

(2) $\boldsymbol{A}$ 是 n 阶数量矩阵.

3. 设三阶矩阵 $\boldsymbol{A}$ 的特征值为 $\lambda_1=-1$(二重),$\lambda_2=4$,试求 $\det\boldsymbol{A}$ 和 $\mathrm{tr}\boldsymbol{A}$.

4. 如果向量 $\boldsymbol{\alpha}=\begin{pmatrix}1\\k\end{pmatrix}$ 是矩阵 $\boldsymbol{A}=\begin{pmatrix}3&1\\5&-1\end{pmatrix}$ 的逆矩阵 $\boldsymbol{A}^{-1}$ 的特征向量,求常数 k 的值.

5. 设 λ_0 是 n 阶矩阵 $\boldsymbol{A}$ 的一个特征值,试证:

(1) $k\lambda_0$ 是 $k\boldsymbol{A}$ 的一个特征值(k 为常数);

(2) λ_0^m 是 $\boldsymbol{A}^m$ 的一个特征值(m 为正整数);

(3) 若 $\boldsymbol{A}$ 可逆,则 $\lambda_0\neq 0$ 且 $\dfrac{1}{\lambda_0}$ 是 $\boldsymbol{A}^{-1}$ 的一个特征值;

(4) 若 $\boldsymbol{A}$ 可逆,则 $\dfrac{\det\boldsymbol{A}}{\lambda_0}$ 是 $\boldsymbol{A}^*$ 的一个特征值;

(5) 对任意数 k,$k-\lambda_0$ 是矩阵 $k\boldsymbol{E}-\boldsymbol{A}$ 的一个特征值.

6. 设 n 阶矩阵 $\boldsymbol{A}$ 满足 $\boldsymbol{A}^2-3\boldsymbol{A}-10\boldsymbol{E}=\boldsymbol{0}$. 证明:5 和 -2 为 $\boldsymbol{A}$ 的特征值.

7. $\boldsymbol{A}$ 为三阶矩阵,$\boldsymbol{A}$ 的特征值为 1,3,5,试求行列式 $\det(\boldsymbol{A}^*-2\boldsymbol{E})$ 的值,其中 $\boldsymbol{A}^*$ 是 $\boldsymbol{A}$ 的伴随矩阵.

8. 试证相似矩阵的下述性质:

(1) 如果矩阵 $\boldsymbol{A}$ 与 $\boldsymbol{B}$ 相似,则 $\det\boldsymbol{A}=\det\boldsymbol{B}$;

(2) 如果矩阵 $\boldsymbol{A}$ 与 $\boldsymbol{B}$ 相似,则 $R(\boldsymbol{A})=R(\boldsymbol{B})$;

(3) 如果矩阵 $\boldsymbol{A}$ 与 $\boldsymbol{B}$ 相似,则 $\boldsymbol{A}^{\mathrm{T}}\sim\boldsymbol{B}^{\mathrm{T}}$;

(4) 如果矩阵 $\boldsymbol{A}$ 与 $\boldsymbol{B}$ 相似,且 $\boldsymbol{A}$ 与 $\boldsymbol{B}$ 都可逆,则 $\boldsymbol{A}^{-1}\sim\boldsymbol{B}^{-1}$.

9. 设 n 阶矩阵 $\boldsymbol{A}$ 与 $\boldsymbol{B}$ 相似,m 阶矩阵 $\boldsymbol{C}$ 与 $\boldsymbol{D}$ 相似. 证明:分块矩阵 $\begin{pmatrix}\boldsymbol{A}&\boldsymbol{O}\\\boldsymbol{O}&\boldsymbol{C}\end{pmatrix}$ 与 $\begin{pmatrix}\boldsymbol{B}&\boldsymbol{O}\\\boldsymbol{O}&\boldsymbol{D}\end{pmatrix}$ 相似.

10. 下列矩阵是否可对角化?若可对角化,试求可逆矩阵 $\boldsymbol{P}$,使 $\boldsymbol{P}^{-1}\boldsymbol{A}\boldsymbol{P}$ 为对角阵:

(1) $\boldsymbol{A}=\begin{pmatrix}1&1\\-1&3\end{pmatrix}$; (2) $\boldsymbol{A}=\begin{pmatrix}4&2&3\\2&1&2\\-1&-2&0\end{pmatrix}$; (3) $\boldsymbol{A}=\begin{pmatrix}1&-1&1\\2&4&-2\\-3&-3&5\end{pmatrix}$.

11. 已知 $\boldsymbol{\alpha}=(1,1,-1)^{\mathrm{T}}$ 是矩阵 $\boldsymbol{A}=\begin{pmatrix}2&-1&2\\5&a&3\\-1&b&-2\end{pmatrix}$ 的一个特征向量. 试确定 a,b 值和 $\boldsymbol{\alpha}$ 所对应的特征值,并判断 $\boldsymbol{A}$ 是否可对角化?

12. 已知矩阵 $\boldsymbol{A}=\begin{pmatrix}2&0&0\\0&0&1\\0&1&x\end{pmatrix}$ 与 $\boldsymbol{B}=\begin{pmatrix}2&0&0\\0&y&0\\0&0&-1\end{pmatrix}$ 相似,求:

(1) x,y 的值；

(2) 矩阵 $\boldsymbol{P}$，使得 $\boldsymbol{P}^{-1}\boldsymbol{AP}=\boldsymbol{B}$.

13. 设三阶矩阵 $\boldsymbol{A}=\begin{pmatrix}2&1&1\\0&2&0\\0&-1&1\end{pmatrix}$，求 $\boldsymbol{A}^n$（n 为正整数）.

14. 设三阶矩阵 $\boldsymbol{A}$ 的特征值为 1,2,3，对应的特征向量分别为 $\boldsymbol{\alpha}_1=(1,1,1)^{\mathrm{T}}$，$\boldsymbol{\alpha}_2=(1,0,1)^{\mathrm{T}}$，$\boldsymbol{\alpha}_3=(0,1,1)^{\mathrm{T}}$，求矩阵 $\boldsymbol{A}$ 和 $\boldsymbol{A}^3$.

15. 计算向量 $\boldsymbol{\alpha}$ 与 $\boldsymbol{\beta}$ 的内积，并判断它们是否正交：

(1) $\boldsymbol{\alpha}=(-1,0,3,5)^{\mathrm{T}}$，$\boldsymbol{\beta}=(4,-2,0,-1)^{\mathrm{T}}$；

(2) $\boldsymbol{\alpha}=\left(\frac{\sqrt{3}}{2},-\frac{1}{3},\frac{\sqrt{3}}{4},-1\right)^{\mathrm{T}}$，$\boldsymbol{\beta}=\left(-\frac{\sqrt{3}}{2},-2,\sqrt{3},\frac{2}{3}\right)^{\mathrm{T}}$.

16. 将下列向量单位化：

(1) $\boldsymbol{\alpha}=(1,-1,-1,1)^{\mathrm{T}}$；　　(2) $\boldsymbol{\beta}=\left(\frac{1}{2},-2,0,1\right)^{\mathrm{T}}$.

17. 如果向量 $\boldsymbol{\beta}$ 与向量组 $\boldsymbol{\alpha}_1,\boldsymbol{\alpha}_2,\cdots,\boldsymbol{\alpha}_s$ 的每个向量都正交. 证明：$\boldsymbol{\beta}$ 与 $\boldsymbol{\alpha}_1,\boldsymbol{\alpha}_2,\cdots,\boldsymbol{\alpha}_s$ 的任意线性组合也正交.

18. 利用施密特正交化方法，将下列各向量组化为正交的单位向量组：

(1) $\boldsymbol{\alpha}_1=(0,1,1)^{\mathrm{T}}$，$\boldsymbol{\alpha}_2=(1,1,0)^{\mathrm{T}}$，$\boldsymbol{\alpha}_3=(1,0,1)^{\mathrm{T}}$；

(2) $\boldsymbol{\alpha}_1=(1,-2,2)^{\mathrm{T}}$，$\boldsymbol{\alpha}_2=(-1,0,-1)^{\mathrm{T}}$，$\boldsymbol{\alpha}_3=(5,-3,-7)^{\mathrm{T}}$；

(3) $\boldsymbol{\alpha}_1=(1,1,1,1)^{\mathrm{T}}$，$\boldsymbol{\alpha}_2=(3,3,-1,-1)^{\mathrm{T}}$，$\boldsymbol{\alpha}_3=(-2,0,6,8)^{\mathrm{T}}$.

19. 证明：如果正交矩阵有实特征根，则该特征根只能是 1 和 -1.

20. 设 $\boldsymbol{A}$ 为正交矩阵. 证明：$\det\boldsymbol{A}=1$ 或 -1 .

21. 证明：如果 $\boldsymbol{A}$ 为 n 阶正交矩阵，则其逆矩阵 $\boldsymbol{A}^{-1}$ 与其伴随矩阵 $\boldsymbol{A}^*$ 也都是正交矩阵.

22. 如果 $\boldsymbol{A},\boldsymbol{B}$ 为 n 阶正交矩阵，试证 $\boldsymbol{AB}$ 也是正交矩阵.

23. 设 $\boldsymbol{A}$ 为 n 阶正交矩阵，$\boldsymbol{\alpha}\in\mathbf{R}^n$，试证 $\|\boldsymbol{A\alpha}\|=\|\boldsymbol{\alpha}\|$.

24. 对下列实对称矩阵 $\boldsymbol{A}$，求正交矩阵 $\boldsymbol{Q}$，使 $\boldsymbol{Q}^{-1}\boldsymbol{AQ}$ 为对角矩阵，并计算 $\boldsymbol{Q}^{-1}\boldsymbol{AQ}$：

(1) $\boldsymbol{A}=\begin{pmatrix}0&0&1\\0&0&0\\1&0&0\end{pmatrix}$；　　(2) $\boldsymbol{A}=\begin{pmatrix}1&1&1\\1&1&1\\1&1&1\end{pmatrix}$；　　(3) $\boldsymbol{A}=\begin{pmatrix}1&-2&0\\-2&2&-2\\0&-2&3\end{pmatrix}$.

25. 设三阶实对称矩阵 $\boldsymbol{A}$ 的特征值为 $\lambda_1=-1$，$\lambda_2=1$（二重），对应于 λ_1 的特征向量 $\boldsymbol{\alpha}_1=(0,1,1)^{\mathrm{T}}$.

(1) 求 $\boldsymbol{A}$ 对应于特征值 1 的特征向量；

(2) 求矩阵 $\boldsymbol{A}$.

26. 设 $\boldsymbol{A}=\begin{pmatrix}2&1&2\\1&2&2\\2&2&1\end{pmatrix}$,求 $f(\boldsymbol{A})=\boldsymbol{A}^{10}-6\boldsymbol{A}^9+5\boldsymbol{A}^8$.

自测题 5

一、填空题

1. 若 $\lambda=0$ 是方阵 $\boldsymbol{A}$ 的一个特征值,则 $\det\boldsymbol{A}=$________.

2. 若 $\lambda=2$ 是可逆方阵 $\boldsymbol{A}$ 的一个特征值,则方阵 $\left(\frac{1}{2}\boldsymbol{A}^2\right)^{-1}$ 必有一个特征值为________.

3. 设 $\boldsymbol{A}=\begin{pmatrix}1&-1&0\\2&x&0\\4&2&1\end{pmatrix}$,$\boldsymbol{A}$ 的特征值为 1,2,3,则 $x=$________.

4. 矩阵 $\boldsymbol{A}$ 满足 $\boldsymbol{A}^2+2\boldsymbol{A}+\boldsymbol{I}=0$,则 $\boldsymbol{A}$ 有特征值____________.

5. 若 $\boldsymbol{A}=\begin{pmatrix}2&0&0\\0&0&1\\0&1&x\end{pmatrix}$ 与 $\boldsymbol{B}=\begin{pmatrix}2&&\\&y&\\&&-1\end{pmatrix}$ 相似,则 $x=$________,$y=$________.

6. 设 $\boldsymbol{A}$ 为实对称矩阵,$\boldsymbol{\alpha}_1=(1,1,3)^{\mathrm{T}}$ 与 $\boldsymbol{\alpha}_2=(4,5,a)^{\mathrm{T}}$ 分别是属于 $\boldsymbol{A}$ 的相异特征值 λ_1 与 λ_2 的特征向量,则 $a=$________.

二、单项选择题

1. 设 $\boldsymbol{A}=\begin{pmatrix}1&1&0\\1&0&1\\0&1&1\end{pmatrix}$,则 $\boldsymbol{A}$ 的特征值为(　　).

A. 1,0,1;　　B. 1,1,2;　　C. −1,1,2;　　D. −1,1,1.

2. 已知 $\boldsymbol{\alpha}_1,\boldsymbol{\alpha}_2$ 为方程组 $(\lambda\boldsymbol{E}-\boldsymbol{A})\boldsymbol{X}=\boldsymbol{0}$ 的两个不同的解向量,则下列向量中必为 $\boldsymbol{A}$ 的属于 λ 的特征向量是(　　).

A. $\boldsymbol{\alpha}_1$;　　B. $\boldsymbol{\alpha}_2$;　　C. $\boldsymbol{\alpha}_1-\boldsymbol{\alpha}_2$;　　D. $\boldsymbol{\alpha}_1+\boldsymbol{\alpha}_2$.

3. 设 $\boldsymbol{A}$ 为 n 阶方阵,则(　　).

A. $\boldsymbol{A}$ 的特征值一定是实数;

B. $\boldsymbol{A}$ 必有 n 个线性无关的特征向量;

C. $\boldsymbol{A}$ 可能有 $n+1$ 个线性无关的特征向量;

D. $\boldsymbol{A}$ 最多有 n 个线性无关的特征向量.

4. n 阶方阵 $\boldsymbol{A}$ 有 n 个线性无关的特征向量是 $\boldsymbol{A}$ 与对角阵相似的(　　)

A. 充分必要条件;　　B. 充分非必要条件;

C. 必要非充分条件；　　　　D. 既非充分也非必要条件.

5. n 阶方阵 $\boldsymbol{A}$ 与某对角矩阵相似，则(　　).

A. $\boldsymbol{A}$ 的秩为 n；　　　　B. $\boldsymbol{A}$ 有 n 个不同的特征向量；

C. $\boldsymbol{A}$ 是实对称矩阵；　　　　D. $\boldsymbol{A}$ 有 n 个线性无关的特征向量.

6. 同阶方阵 $\boldsymbol{A}$ 与 $\boldsymbol{B}$ 相似的充分必要条件是(　　).

A. 存在两个可逆矩阵 $\boldsymbol{P}$ 与 $\boldsymbol{Q}$，使 $\boldsymbol{PAQ}=\boldsymbol{B}$；

B. 存在可逆矩阵 $\boldsymbol{P}$，使 $\boldsymbol{A}=\boldsymbol{P}^{-1}\boldsymbol{BP}$；

C. 存在可逆矩阵 $\boldsymbol{P}$，使 $\boldsymbol{P}^{\mathrm{T}}\boldsymbol{AP}=\boldsymbol{B}$；

D. $R(\boldsymbol{A})=R(\boldsymbol{B})$.

7. 如果方阵 $\boldsymbol{A}$ 与对角阵 $\boldsymbol{D}=\begin{pmatrix}1 & & \\ & 1 & \\ & & -1\end{pmatrix}$ 相似，则 $\boldsymbol{A}^{10}=$(　　)

A. $\boldsymbol{E}$；　　B. $\boldsymbol{A}$；　　C. $-\boldsymbol{E}$；　　D. $10\boldsymbol{E}$.

8. 下列矩阵不是正交矩阵的是(　　).

A. $\begin{pmatrix}0 & -1\\ 1 & 0\end{pmatrix}$；　　　　B. $\begin{pmatrix}\cos\theta & \sin\theta & 0\\ -\sin\theta & \cos\theta & 0\\ 0 & 0 & -1\end{pmatrix}$；

C. $\frac{1}{6}\begin{pmatrix}1 & 5 & \sqrt{10}\\ 5 & 1 & -\sqrt{10}\\ \sqrt{10} & -\sqrt{10} & 4\end{pmatrix}$；　　　　D. $\frac{1}{2}\begin{pmatrix}\sqrt{3}+1 & \sqrt{3}-1\\ \sqrt{3}-1 & -\sqrt{3}-1\end{pmatrix}$.

三、计算题

1. 求方阵 $\boldsymbol{A}=\begin{pmatrix}2 & -1 & 2\\ 5 & -3 & 3\\ -1 & 0 & -2\end{pmatrix}$ 的特征值与特征向量，并指出 $\boldsymbol{A}$ 能否相似于对角矩阵.

2. 设矩阵 $\boldsymbol{A}=\begin{pmatrix}2 & 1 & 1\\ 1 & 2 & 1\\ 1 & 1 & 2\end{pmatrix}$，$\boldsymbol{\alpha}=\begin{pmatrix}1\\ b\\ 1\end{pmatrix}$ 是 $\boldsymbol{A}^*$ 的属于非零特征值 λ 的特征向量，求 $\boldsymbol{\alpha}$，b，λ.

3. 设矩阵

$$\boldsymbol{A}=\begin{pmatrix}1 & 1 & 1\\ 1 & 1 & 1\\ 1 & 1 & 1\end{pmatrix},$$

求一个正交矩阵 $\boldsymbol{U}$,使 $\boldsymbol{U}^{-1}\boldsymbol{AU}$ 成为对角矩阵,并写出相应的对角矩阵.

4. 设二阶矩阵 $\boldsymbol{A}$ 的特征值为 $\lambda_1=-1,\lambda_2=2$,对应的特征向量分别为 $\boldsymbol{\xi}_1=(1,2)^{\mathrm{T}},\boldsymbol{\xi}_2=(2,5)^{\mathrm{T}}$,求方阵 $\boldsymbol{A}$.

四、证明题

1. 设三阶方阵 $\boldsymbol{A}$ 满足 $\boldsymbol{A}^3-5\boldsymbol{A}^2+6\boldsymbol{A}=\boldsymbol{O}$,且 $\mathrm{tr}(\boldsymbol{A})=5,|\boldsymbol{A}|=0$. 证明:$\boldsymbol{A}$ 与一个对角矩阵相似.

2. 设方阵 $\boldsymbol{A}$ 满足 $\boldsymbol{A}^2=\boldsymbol{E}$,且 $\boldsymbol{A}$ 与 $\boldsymbol{B}$ 相似. 证明:$\boldsymbol{B}^2=\boldsymbol{E}$.

第 6 章 二次型

二次型的问题起源于解析几何中的曲线的形状研究及曲线分类研究的需要,比如,在平面解析几何中,研究二次曲线 $x^2+xy+y^2=1$ 在平面上的形状是如何?一般要通过坐标的旋转变换,即

$$\begin{cases} x=x'\cos\dfrac{\pi}{4}-y'\sin\dfrac{\pi}{4}, \\ y=x'\sin\dfrac{\pi}{4}+y'\cos\dfrac{\pi}{4}. \end{cases}$$

将曲线方程化为

$$\frac{3}{2}x'^2+\frac{1}{2}y'^2=1.$$

由此可以判别曲线的类型为椭圆.此问题的实质就把此二次式化为只含平方向的二次式.

科学技术和经济管理领域中的许多数学模型也经常遇到类似的问题,这就是二次型研究的内容.本章主要内容为实二次型的定义及其和对称矩阵的关系,如何求实二次型的标准形和规范形以及二次型的分类.

§6.1 二次型的基本概念

一、二次型及其矩阵

定义 1 含有 n 个变量 $x_1,x_2,\cdots,x_n$ 且每一项次数均为 2 的多项式

$$\begin{aligned} f(x_1,x_2,\cdots,x_n)=&a_{11}x_1^2+2a_{12}x_1x_2+2a_{13}x_1x_3+\cdots+2a_{1n}x_1x_n \\ &+a_{22}x_2^2+2a_{23}x_2x_3+\cdots+2a_{2n}x_2x_n \\ &+\cdots+a_{nn}x_n^2 \end{aligned} \tag{6.1}$$

称为 n **元二次齐次多项式二次型**,简称为 n **元二次型**.

当(6.1)式中 $a_{ij}(i,j=1,2,\cdots,n)$ 为实数时,$f(x_1,x_2,\cdots,x_n)$ 称为**实二次型**;当 a_{ij} 为复数时,$f(x_1,x_2,\cdots,x_n)$ 称为**复二次型**.本章仅讨论实二次型.

例如,下面两个就是实二次型:

(1) $f(x_1,x_2,x_3)=x_1^2+2x_1x_2-x_2^2+x_1x_3+x_3^2$;

(2) $f(x_1,x_2,x_3)=2x_1^2+5x_2^2+5x_3^2+4x_1x_2-4x_1x_3-8x_2x_3$.

由于二次型中 $x_ix_j=x_jx_i$,再令 $a_{ij}=a_{ji}$,从而有

$$2a_{ij}x_ix_j=a_{ij}x_ix_j+a_{ji}x_jx_i.$$

因此二次型(6.1)可以写成

$$\begin{aligned}
f(x_1,x_2,\cdots,x_n)&=a_{11}x_1x_1+a_{12}x_1x_2+a_{13}x_1x_3+\cdots+a_{1n}x_1x_n\\
&\quad+a_{21}x_2x_1+a_{22}x_2x_2+a_{23}x_2x_3+\cdots+a_{2n}x_2x_n\\
&\quad+\cdots+a_{n1}x_nx_1+a_{n2}x_nx_2+a_{n3}x_nx_3+\cdots+a_{nn}x_nx_n\\
&=x_1(a_{11}x_1+a_{12}x_2+a_{13}x_3+\cdots+a_{1n}x_n)\\
&\quad+x_2(a_{21}x_1+a_{22}x_2+a_{23}x_3+\cdots+a_{2n}x_n)\\
&\quad+\cdots+x_n(a_{n1}x_1+a_{n2}x_2+a_{n3}x_3+\cdots+a_{nn}x_n)\\
&=(x_1,x_2,\cdots,x_n)\begin{pmatrix}a_{11}x_1+a_{12}x_2+\cdots+a_{1n}x_n\\ a_{21}x_1+a_{22}x_2+\cdots+a_{2n}x_n\\ \vdots\\ a_{n1}x_1+a_{n2}x_2+\cdots+a_{nn}x_n\end{pmatrix}\\
&=(x_1,x_2,\cdots,x_n)\begin{pmatrix}a_{11}&a_{12}&\cdots&a_{1n}\\ a_{21}&a_{22}&\cdots&a_{2n}\\ \vdots&\vdots&&\vdots\\ a_{n1}&a_{n2}&\cdots&a_{nn}\end{pmatrix}\begin{pmatrix}x_1\\ x_2\\ \vdots\\ x_n\end{pmatrix}.
\end{aligned}$$

如果记

$$\boldsymbol{A}=\begin{pmatrix}a_{11}&a_{12}&\cdots&a_{1n}\\ a_{21}&a_{22}&\cdots&a_{2n}\\ \vdots&\vdots&&\vdots\\ a_{n1}&a_{n2}&\cdots&a_{nn}\end{pmatrix},\quad \boldsymbol{X}=\begin{pmatrix}x_1\\ x_2\\ \vdots\\ x_n\end{pmatrix},$$

则二次型(6.1)可写成

$$f(x_1,x_2,\cdots,x_n)=\boldsymbol{X}^{\mathrm{T}}\boldsymbol{A}\boldsymbol{X}, \tag{6.2}$$

其中 $\boldsymbol{A}$ 为对称矩阵. (6.2)式是**二次型的矩阵形式**,对称矩阵 $\boldsymbol{A}$ 称为**二次型的矩阵**,矩阵 A 的秩 $R(A)$ 称为该**二次型的秩**.

由上面的分析过程可知,每一个二次型(6.1)都有唯一的 n 阶实对称矩阵 $\boldsymbol{A}$ 与之对应;反之,如果给定一个 n 阶实对称矩阵 $\boldsymbol{A}$,就可以唯一确定一个 n 元二次型 $\boldsymbol{X}^{\mathrm{T}}\boldsymbol{A}\boldsymbol{X}$,该二次型的矩阵就是 $\boldsymbol{A}$. 可见 n 元二次型与 n 阶实对称矩阵之间有一一对应的关系. 因此,对二次型的讨论就可以归结为对其矩阵进行讨论.

例 1 二次型

$$f(x_1,x_2,x_3)=2x_1^2+5x_2^2+5x_3^2+4x_1x_2-4x_1x_3-8x_2x_3$$

的矩阵为

$$\boldsymbol{A}=\begin{pmatrix}2&2&-2\\2&5&-4\\-2&-4&5\end{pmatrix}.$$

例 2 求以对称矩阵

$$\boldsymbol{A}=\begin{pmatrix}5&0&3\\0&0&-3\\3&-3&1\end{pmatrix}$$

为矩阵的二次型.

解 由(6.2)式可知

$$f(x_1,x_2,x_3)=\boldsymbol{X}^{\mathrm{T}}\boldsymbol{A}\boldsymbol{X}=(x_1,x_2,x_3)\begin{pmatrix}5&0&3\\0&0&-3\\3&-3&1\end{pmatrix}\begin{pmatrix}x_1\\x_2\\x_3\end{pmatrix}$$

$$=5x_1^2+6x_1x_3-6x_2x_3+x_3^2.$$

为了对 n 元二次型进行深入的研究,下面引入线性替换的概念.

二、线性替换

定义 2 设两组变量 $x_1,x_2,\cdots,x_n$ 与 $y_1,y_2,\cdots,y_n$,称关系式

$$\begin{cases}x_1=c_{11}y_1+c_{12}y_2+\cdots+c_{1n}y_n,\\x_2=c_{21}y_1+c_{22}y_2+\cdots+c_{2n}y_n,\\\cdots\cdots\cdots\cdots\\x_n=c_{n1}y_1+c_{n2}y_2+\cdots+c_{nn}y_n\end{cases}\tag{6.3}$$

为由变量 $x_1,x_2,\cdots,x_n$ 到变量 $y_1,y_2,\cdots,y_n$ 的一个**线性替换**.

如果记

$$\boldsymbol{C}=\begin{pmatrix}c_{11}&c_{12}&\cdots&c_{1n}\\c_{21}&c_{22}&\cdots&c_{2n}\\\vdots&\vdots&&\vdots\\c_{n1}&c_{n2}&\cdots&c_{nn}\end{pmatrix},\quad \boldsymbol{X}=\begin{pmatrix}x_1\\x_2\\\vdots\\x_n\end{pmatrix},\quad \boldsymbol{Y}=\begin{pmatrix}y_1\\y_2\\\vdots\\y_n\end{pmatrix},$$

则(6.3)式所表示的线性替换可写成矩阵形式

$$\boldsymbol{X}=\boldsymbol{C}\boldsymbol{Y}.\tag{6.4}$$

矩阵 $\boldsymbol{C}$ 称为线性替换(6.3)的矩阵. 当 $\det\boldsymbol{C}\neq0$ 时,称(6.3)式为非退化的线性替换,或可逆线性替换.

如果对二次型 $f(x_1,x_2,\cdots,x_n)=\boldsymbol{X}^{\mathrm{T}}\boldsymbol{AX}$(其中 $\boldsymbol{A}^{\mathrm{T}}=\boldsymbol{A}$)进行可逆线性替换 $\boldsymbol{X}=\boldsymbol{CY}$,则

$$f(x_1,x_2,\cdots,x_n)=\boldsymbol{X}^{\mathrm{T}}\boldsymbol{AX}=(\boldsymbol{CY})^{\mathrm{T}}\boldsymbol{A}(\boldsymbol{CY})=\boldsymbol{Y}^{\mathrm{T}}(\boldsymbol{C}^{\mathrm{T}}\boldsymbol{AC})\boldsymbol{Y}=\boldsymbol{Y}^{\mathrm{T}}\boldsymbol{BY}=g(y_1,y_2,\cdots,y_n),$$

其中 $\boldsymbol{B}=\boldsymbol{C}^{\mathrm{T}}\boldsymbol{AC}$. 且由

$$\boldsymbol{B}^{\mathrm{T}}=(\boldsymbol{C}^{\mathrm{T}}\boldsymbol{AC})^{\mathrm{T}}=\boldsymbol{C}^{\mathrm{T}}\boldsymbol{A}^{\mathrm{T}}(\boldsymbol{C}^{\mathrm{T}})^{\mathrm{T}}=\boldsymbol{C}^{\mathrm{T}}\boldsymbol{AC}=\boldsymbol{B}.$$

于是,$\boldsymbol{B}$ 仍为对称矩阵,从而 $\boldsymbol{Y}^{\mathrm{T}}\boldsymbol{BY}$ 是以 $\boldsymbol{B}$ 为矩阵的一个 n 元二次型.

定义 3 设 $\boldsymbol{A},\boldsymbol{B}$ 为两个 n 阶矩阵,如果存在可逆矩阵 $\boldsymbol{C}$,使得

$$\boldsymbol{B}=\boldsymbol{C}^{\mathrm{T}}\boldsymbol{AC},$$

则称矩阵 $\boldsymbol{A}$ 与 $\boldsymbol{B}$ 合同,记为 $\boldsymbol{A}\simeq\boldsymbol{B}$.

定理 1 二次型 $f(x_1,x_2,\cdots,x_n)=\boldsymbol{X}^{\mathrm{T}}\boldsymbol{AX}(\boldsymbol{A}^{\mathrm{T}}=\boldsymbol{A})$经过非退化线性替换 $\boldsymbol{X}=\boldsymbol{CY}$,得到二次型 $g(y_1,y_2,\cdots,y_n)=\boldsymbol{Y}^{\mathrm{T}}\boldsymbol{BY}$,其中 $\boldsymbol{B}=\boldsymbol{C}^{\mathrm{T}}\boldsymbol{AC},\boldsymbol{B}^{\mathrm{T}}=\boldsymbol{B}$,则 $\boldsymbol{A}$ 与 $\boldsymbol{B}$ 合同.

矩阵的合同关系具有下述性质:

(1) 反身性:对任意 n 阶矩阵 $\boldsymbol{A}$,有 $\boldsymbol{A}\simeq\boldsymbol{A}$.

这是因为 $\boldsymbol{E}^{\mathrm{T}}\boldsymbol{AE}=\boldsymbol{A}$.

(2) 对称性:如果 $\boldsymbol{A}\simeq\boldsymbol{B}$,则 $\boldsymbol{B}\simeq\boldsymbol{A}$.

这是因为 $\boldsymbol{B}=\boldsymbol{C}^{\mathrm{T}}\boldsymbol{AC}$,则

$$\boldsymbol{A}=(\boldsymbol{C}^{\mathrm{T}})^{-1}\boldsymbol{BC}^{-1}=(\boldsymbol{C}^{-1})^{\mathrm{T}}\boldsymbol{BC}^{-1}.$$

(3) 传递性:如果 $\boldsymbol{A}\simeq\boldsymbol{B},\boldsymbol{B}\simeq\boldsymbol{C}$,则 $\boldsymbol{A}\simeq\boldsymbol{C}$.

由于 $\boldsymbol{B}=\boldsymbol{C}_1^{\mathrm{T}}\boldsymbol{AC}_1,\boldsymbol{C}=\boldsymbol{C}_2^{\mathrm{T}}\boldsymbol{BC}_2$,有

$$\boldsymbol{C}=\boldsymbol{C}_2^{\mathrm{T}}\boldsymbol{C}_1^{\mathrm{T}}\boldsymbol{AC}_1\boldsymbol{C}_2=(\boldsymbol{C}_1\boldsymbol{C}_2)^{\mathrm{T}}\boldsymbol{AC}_1\boldsymbol{C}_2,$$

并且 $\det\boldsymbol{C}_1\boldsymbol{C}_2=\det\boldsymbol{C}_1\det\boldsymbol{C}_2\neq0$,所以 $\boldsymbol{A}\simeq\boldsymbol{C}$.

定理 2 如果矩阵 $\boldsymbol{A}$ 与矩阵 $\boldsymbol{B}$ 合同,那么 $R(\boldsymbol{A})=R(\boldsymbol{B})$

定理 3 经过可逆线性替换 $\boldsymbol{X}=\boldsymbol{CY}$,原二次型 $f(x_1,x_2,\cdots,x_n)=\boldsymbol{X}^{\mathrm{T}}\boldsymbol{AX}$ 的矩阵 $\boldsymbol{A}$ 与新二次型 $g(y_1,y_2,\cdots,y_n)=\boldsymbol{Y}^{\mathrm{T}}\boldsymbol{BY}$ 的矩阵 $\boldsymbol{B}$ 合同,这两个二次型的秩也相等.

最后指出,在变换二次型时,我们总是要求所做的线性替换是非退化的. 因为当 $\boldsymbol{X}=\boldsymbol{CY}$ 是非退化时,由 $\boldsymbol{X}=\boldsymbol{CY}$ 得 $\boldsymbol{Y}=\boldsymbol{C}^{-1}\boldsymbol{X}$ 也是一个非退化线性替换,它可以把二次型还原.

§6.2 二次型的标准形与规范形

一、二次型的标准形

如果二次型 $f(x_1,x_2,\cdots,x_n)=\boldsymbol{X}^{\mathrm{T}}\boldsymbol{AX}$(其中 $\boldsymbol{A}^{\mathrm{T}}=\boldsymbol{A}$)通过可逆线性替换 $\boldsymbol{X}=\boldsymbol{CY}$ 化成二次型 $\boldsymbol{Y}^{\mathrm{T}}\boldsymbol{BY}$,且 $\boldsymbol{Y}^{\mathrm{T}}\boldsymbol{BY}$ 仅含平方项,即

$$\boldsymbol{Y}^{\mathrm{T}}\boldsymbol{BY}=d_1y_1^2+d_2y_2^2+\cdots+d_ny_n^2\quad(r\leqslant n),\tag{6.5}$$

则二次型(6.5)称为二次型 $\boldsymbol{X}^{\mathrm{T}}\boldsymbol{AX}$ 的**标准形**.不难看出,二次型(6.5)的矩阵 $\boldsymbol{B}$ 为 n 阶对角矩阵

$$\begin{pmatrix} d_1 & 0 & \cdots & 0 \\ 0 & d_2 & \cdots & 0 \\ \vdots & \vdots & & \vdots \\ 0 & 0 & \cdots & d_n \end{pmatrix}.$$

定理 4 对于二次型 $f(x_1,x_2,\cdots,x_n)=\boldsymbol{X}^{\mathrm{T}}\boldsymbol{A}\boldsymbol{X}$（其中 $\boldsymbol{A}^{\mathrm{T}}=\boldsymbol{A}$）一定存在可逆线性替换 $\boldsymbol{X}=\boldsymbol{C}\boldsymbol{Y}(\det\boldsymbol{C}\neq 0)$将其化为标准形.

由定理 4 可知,一个二次型能否通过可逆的线性替换化为标准形,也就是看该二次型的矩阵 $\boldsymbol{A}$ 是否与一个对角矩阵合同,即能否求出一个可逆矩阵 $\boldsymbol{C}$,使得 $\boldsymbol{C}^{\mathrm{T}}\boldsymbol{A}\boldsymbol{C}$ 为对角矩阵.

定理 5 任意一个对称矩阵 $\boldsymbol{A}$,都存在一个非奇导矩阵 $\boldsymbol{C}$,使得 $\boldsymbol{C}^{\mathrm{T}}\boldsymbol{A}\boldsymbol{C}$ 为对角阵,即任意一个对称矩阵都与一个对角阵合同.

下面讨论二次型的基本问题,如何化一般的二次型为标准形,我们介绍三种方法.

二、用配方法化二次型为标准形

例 3 化二次型

$$f(x_1,x_2,x_3)=x_1^2+2x_2^2+5x_3^2+2x_1x_2+2x_1x_3+6x_2x_3$$

为标准形,并求出所用线性替换的矩阵.

解 由于 f 中含有变量 x_1 的平方项,故把含 x_1 的项归到一起来配方得

$$\begin{aligned} f(x_1,x_2,x_3) &= (x_1^2+2x_1x_2+2x_1x_3)+2x_2^2+5x_3^2+6x_2x_3 \\ &= (x_1+x_2+x_3)^2-x_2^2-x_3^2-2x_2x_3+2x_2^2+5x_3^2+6x_2x_3 \\ &= (x_1+x_2+x_3)^2+x_2^2+4x_3^2+4x_2x_3. \end{aligned}$$

此时,第一项括号外面已不再含 x_1,继续对 x_2 配方,得到

$$f(x_1,x_2,x_3)=(x_1+x_2+x_3)^2+(x_2+2x_3)^2.$$

令

$$\begin{cases} y_1=x_1+x_2+x_3, \\ y_2=x_2+2x_3, \\ y_3=x_3, \end{cases}$$

即

$$\begin{cases} x_1=y_1-y_2+y_3, \\ x_2=y_2-2y_3, \\ x_3=y_3, \end{cases}$$

代入原二次型,将原二次型化为标准型 $f(y_1,y_2,y_3)=y_1^2+y_2^2$. 所作的线性替换矩阵为

$$\boldsymbol{C}=\begin{pmatrix} 1 & -1 & 1 \\ 0 & 1 & -2 \\ 0 & 0 & 1 \end{pmatrix},$$

显然 $\boldsymbol{C}$ 是一个可逆矩阵.

例 4 化二次型

$$f(x_1,x_2,x_3)=2x_1x_2+2x_1x_3-6x_2x_3$$

为标准形,并指出所用的线性替换的矩阵.

解 该二次型中不含平方项,而含有 x_1x_2 项,故先令

$$\begin{cases}x_1=y_1+y_2,\\x_2=y_1-y_2,\\x_3=y_3,\end{cases}$$

代入原二次型可得

$$f=2y_1^2-2y_2^2-4y_1y_3+8y_2y_3,$$

再配方得

$$f=2(y_1-y_3)^2-2(y_2-2y_3)^2+6y_3^2.$$

令

$$\begin{cases}z_1=y_1-y_3,\\z_2=y_2-2y_3,\\z_3=y_3,\end{cases}$$

得到原二次型的标准形

$$f(z_1,z_2,z_3)=2z_1^2-2z_2^2+6z_3^2,$$

所用线性替换的矩阵

$$\boldsymbol{C}=\begin{pmatrix}1&1&0\\1&-1&0\\0&0&1\end{pmatrix}\begin{pmatrix}1&0&-1\\0&1&-2\\0&0&1\end{pmatrix}^{-1}=\begin{pmatrix}1&1&3\\1&-1&-1\\0&0&1\end{pmatrix}.$$

用配方法求二次型标准形的步骤:

(1) 若二次型含有某个变量的平方项,把所有含有此变量的项集中起来进行该项的配方,再对剩下的变量的平方项依次类推,全部配成平方项后,写出所做的线性替换即可.

(2) 如果二次型中不含有变量的平方项,即 $a_{ii}=0(i=1,\cdots,n)$,则必有某个 x_ix_j 项系数不为零,假设 $a_{12}\neq 0$,那么先将线性替换

$$\begin{cases}x_1=y_1-y_2,\\x_2=y_1+y_2,\\x_3=y_3,\\\cdots\cdots\\x_n=y_n,\end{cases}$$

化为含有平方项的二次型,而后按步骤(1)的方法进行.

三、用正交线性替换法化二次型为标准形

定理 6 对于二次型

$$f(x_1,x_2,\cdots,x_n)=\boldsymbol{X}^{\mathrm{T}}\boldsymbol{A}\boldsymbol{X},$$

其中 $\boldsymbol{A}^{\mathrm{T}}=\boldsymbol{A}$，一定存在 n 阶正交矩阵 $\boldsymbol{P}$，令

$$\boldsymbol{X}=\boldsymbol{P}\boldsymbol{Y}, \tag{6.6}$$

可以把 $\boldsymbol{X}^{\mathrm{T}}\boldsymbol{A}\boldsymbol{X}$ 化为标准形 $\lambda_1 y_1^2+\cdots+\lambda_n y_n^2$，其中 $\lambda_1,\cdots,\lambda_n$ 为 $\boldsymbol{A}$ 的特征值.

证 因为 $\boldsymbol{A}$ 是二次型 $f(x_1,x_2,\cdots,x_n)$ 的矩阵，有 $\boldsymbol{A}^{\mathrm{T}}=\boldsymbol{A}$. 则必存在正交矩阵 $\boldsymbol{P}$，使得

$$\boldsymbol{P}^{\mathrm{T}}\boldsymbol{A}\boldsymbol{P}=\mathrm{diag}(\lambda_1,\lambda_2,\cdots,\lambda_n)=\begin{pmatrix}\lambda_1 & 0 & \cdots & 0\\ 0 & \lambda_2 & \cdots & 0\\ \vdots & \vdots & & \vdots\\ 0 & 0 & \cdots & \lambda_n\end{pmatrix},$$

其中 $\lambda_1,\lambda_2,\cdots\lambda_n$ 是矩阵 $\boldsymbol{A}$ 的全部特征值. 令

$$\boldsymbol{X}=\boldsymbol{P}\boldsymbol{Y},$$

则

$$\boldsymbol{X}^{\mathrm{T}}\boldsymbol{A}\boldsymbol{X}=(\boldsymbol{P}\boldsymbol{Y})^{\mathrm{T}}\boldsymbol{A}(\boldsymbol{P}\boldsymbol{Y})=\boldsymbol{Y}^{\mathrm{T}}(\boldsymbol{P}^{\mathrm{T}}\boldsymbol{A}\boldsymbol{P})\boldsymbol{Y}=\lambda_1 y_1^2+\lambda_2 y_2^2+\cdots+\lambda_n y_n^2. \qquad \square$$

在线性替换(6.6)中，矩阵 $\boldsymbol{P}$ 为正交矩阵. 这样的线性替换称为正交线性替换. 定理 5 也可以叙述为：任一(实)二次型一定可以通过正交线性替换化为标准形.

例 5 设

$$f(x_1,x_2,x_3)=2x_1^2+5x_2^2+5x_3^2+4x_1x_2-4x_1x_3-8x_2x_3,$$

用正交替换化 $f(x_1,x_2,x_3)$ 为标准形.

解 f 的矩阵为

$$\boldsymbol{A}=\begin{pmatrix}2 & 2 & -2\\ 2 & 5 & -4\\ -2 & -4 & 5\end{pmatrix}.$$

$\boldsymbol{A}$ 的特征多项式为

$$\varphi(\lambda)=-(\lambda-1)^2(\lambda-10).$$

解得特征值为

$$\lambda_1=\lambda_2=1,\quad \lambda_3=10.$$

求得属于 $\lambda_1=\lambda_2=1$ 的两个正交的特征向量为

$$\boldsymbol{\alpha}_1=\begin{pmatrix}0\\1\\1\end{pmatrix},\quad \boldsymbol{\alpha}_2=\begin{pmatrix}4\\-1\\1\end{pmatrix},$$

属于 $\lambda_3=10$ 的特征向量为

$$\boldsymbol{\alpha}_3=\begin{pmatrix}1\\2\\-2\end{pmatrix}.$$

从而将以上每个向量正交单位化得

$$\boldsymbol{\xi}_1=\begin{pmatrix}0\\\frac{\sqrt{2}}{2}\\\frac{\sqrt{2}}{2}\end{pmatrix},\quad \boldsymbol{\xi}_2=\begin{pmatrix}\frac{2\sqrt{2}}{3}\\-\frac{\sqrt{2}}{6}\\\frac{\sqrt{2}}{6}\end{pmatrix},\quad \boldsymbol{\xi}_1=\begin{pmatrix}\frac{1}{3}\\\frac{2}{3}\\-\frac{2}{3}\end{pmatrix},$$

再将这三个向量组成一个正交矩阵

$$\boldsymbol{Q}=(\boldsymbol{\xi}_1,\boldsymbol{\xi}_2,\boldsymbol{\xi}_3)=\begin{pmatrix}0&\frac{2\sqrt{2}}{3}&\frac{1}{3}\\\frac{\sqrt{2}}{2}&-\frac{\sqrt{2}}{6}&\frac{2}{3}\\\frac{\sqrt{2}}{2}&\frac{\sqrt{2}}{6}&-\frac{2}{3}\end{pmatrix}.$$

令正交替换 $\boldsymbol{X}=\boldsymbol{QY}$ 得标准形 $f=y_1^2+y_2^2+10y_3^2$.

一般地,用正交线性替换将二次型 $f(x_1,x_2,\cdots,x_n)=\boldsymbol{X}^{\mathrm{T}}\boldsymbol{AX}$(其中 $\boldsymbol{A}^{\mathrm{T}}=\boldsymbol{A}$)化为标准形的步骤如下:

(1) 求出二次型矩阵 $\boldsymbol{A}$ 的全部特征值 $\lambda_1,\lambda_2,\cdots,\lambda_n$;

(2) 求出正交矩阵 $\boldsymbol{P}$,使 $\boldsymbol{P}^{\mathrm{T}}\boldsymbol{AP}=\mathrm{diag}(\lambda_1,\lambda_2,\cdots,\lambda_n)$;

(3) 做出正交线性替换 $\boldsymbol{X}=\boldsymbol{PY}$,其中 $\boldsymbol{Y}=(y_1,y_2,\cdots,y_n)^{\mathrm{T}}$,则二次型 $f(x_1,x_2,\cdots,x_n)$ 化为标准形

$$\lambda_1y_1^2+\lambda_2y_2^2+\cdots+\lambda_ny_n^2.$$

四、用初等变换法化二次型为标准形

根据定理 4 和定理 5,任意 $f(x_1,x_2,\cdots,x_n)=\boldsymbol{X}^{\mathrm{T}}\boldsymbol{AX}$,其中 $\boldsymbol{A}^{\mathrm{T}}=\boldsymbol{A}$,一定存在可逆线性替换 $\boldsymbol{X}=\boldsymbol{CY}$ 将其化为标准形. 即存在可逆矩阵 $\boldsymbol{C}$,使 $\boldsymbol{C}^{\mathrm{T}}\boldsymbol{AC}$ 为对角矩阵. 在第 2 章,我们知道:可逆矩阵可表示成若干个初等矩阵的乘积(定理 3 的推论 4),所以,存在初等矩阵 $\boldsymbol{P}_1$, $\boldsymbol{P}_2,\cdots,\boldsymbol{P}_s$,有

$$\boldsymbol{C}=\boldsymbol{P}_1\boldsymbol{P}_2\cdots\boldsymbol{P}_s.$$

对于任一初等矩阵 $\boldsymbol{P}_i(1\leqslant i\leqslant s)$, $\boldsymbol{P}_i^{\mathrm{T}}$ 仍为同种初等矩阵,从而

$$\boldsymbol{C}^{\mathrm{T}}\boldsymbol{AC}=\boldsymbol{P}_s^{\mathrm{T}}\cdots\boldsymbol{P}_2^{\mathrm{T}}\boldsymbol{P}_1^{\mathrm{T}}\boldsymbol{AP}_1\boldsymbol{P}_2\cdots\boldsymbol{P}_s$$

为对角矩阵.

上式说明：对于实对称矩阵 $\boldsymbol{A}$ 相继施以初等列变换，同时施以同种的初等行变换，矩阵 $\boldsymbol{A}$ 就化为一个对角矩阵 $\boldsymbol{C}^{\mathrm{T}}\boldsymbol{A}\boldsymbol{C}$. 并且由 $\boldsymbol{C}=\boldsymbol{E}\boldsymbol{P}_1\boldsymbol{P}_2\cdots\boldsymbol{P}_s$ 说明对 $\boldsymbol{E}$ 施以同样的初等列变换，将 $\boldsymbol{E}$ 化成了 $\boldsymbol{C}$.

由此得到将二次型标准化的初等变换法：

构造 $2n\times n$ 矩阵 $\begin{pmatrix}\boldsymbol{A}\\ \boldsymbol{E}\end{pmatrix}$，对 $\boldsymbol{A}$ 每施以一次初等行变换，就对 $\begin{pmatrix}\boldsymbol{A}\\ \boldsymbol{E}\end{pmatrix}$ 施行一次同种的初等列变换. 当矩阵 $\boldsymbol{A}$ 化为对角矩阵时，矩阵 $\boldsymbol{E}$ 将化为可逆矩阵 $\boldsymbol{C}$，即

$$\begin{pmatrix}\boldsymbol{A}\\ \boldsymbol{E}\end{pmatrix}\xrightarrow[\text{对}\boldsymbol{A}\text{施以一系列同种初等列变换}]{\text{对}\boldsymbol{A}\text{施以一系列初等行变换}}\begin{pmatrix}\boldsymbol{P}_s^{\mathrm{T}}\cdots\boldsymbol{P}_2^{\mathrm{T}}\boldsymbol{P}_1^{\mathrm{T}}\boldsymbol{A}\boldsymbol{P}_1\boldsymbol{P}_2\cdots\boldsymbol{P}_s\\ \boldsymbol{P}_1\boldsymbol{P}_2\cdots\boldsymbol{P}_s\end{pmatrix}=\begin{pmatrix}\boldsymbol{C}^{\mathrm{T}}\boldsymbol{A}\boldsymbol{C}\\ \boldsymbol{C}\end{pmatrix}.$$

由此得到对应的可逆线性替换 $\boldsymbol{X}=\boldsymbol{C}\boldsymbol{Y}$，将二次型 $f(x_1,x_2,\cdots,x_n)=\boldsymbol{X}^{\mathrm{T}}\boldsymbol{A}\boldsymbol{X}$ 化为标准形.

例 6 用初等变换法把 $f(x_1,x_2,x_3)=2x_1x_2+2x_1x_3-6x_2x_3$ 化为标准形.

解 由

$$\begin{pmatrix}\boldsymbol{A}\\ \hline \boldsymbol{E}\end{pmatrix}=\begin{pmatrix}0&1&1\\1&0&-3\\1&-3&0\\ \hdashline 1&0&0\\0&1&0\\0&0&1\end{pmatrix}\xrightarrow[c_1+c_2]{r_1+r_2}\begin{pmatrix}2&1&-2\\1&0&-3\\-2&-3&0\\ \hdashline 1&0&0\\1&1&0\\0&0&1\end{pmatrix}\xrightarrow[\substack{c_2+\left(-\frac{1}{2}\right)c_1\\ c_3+c_1}]{\substack{r_2+\left(-\frac{1}{2}\right)r_1\\ r_3+r_1}}\begin{pmatrix}2&0&0\\0&-1/2&-2\\0&-2&-2\\ \hdashline 1&-1/2&1\\1&1/2&1\\0&0&1\end{pmatrix}$$

$$\xrightarrow[c_3+(-4)c_2]{r_3+(-4)r_2}\begin{pmatrix}2&0&0\\0&-1/2&0\\0&0&6\\ \hdashline 1&-1/2&3\\1&1/2&-1\\0&0&1\end{pmatrix}$$

得可逆变换

$$\boldsymbol{X}=\boldsymbol{C}\boldsymbol{Y},\quad \boldsymbol{C}=\begin{pmatrix}1&-1/2&3\\1&1/2&-1\\0&0&1\end{pmatrix}.$$

所求的标准形为

$$f=2y_1^2-\frac{1}{2}y_2^2+6y_3^2.$$

通过上面的例子，我们可以总结用初等变换法求二次型的标准型的步骤：

(1) 求出二次型的矩阵；

(2) 构造矩阵$\begin{pmatrix} A \\ E \end{pmatrix}$;

(3) 对$\begin{pmatrix} A \\ E \end{pmatrix}$进行一系列的初等变换,将 A 化为对角阵$D=\begin{pmatrix} d_1 & & \\ & \ddots & \\ & & d_n \end{pmatrix}$,同时将 E 化为所作线性替换的矩阵 C;

(4) 令 $X=CY$,得到二次型的标准型 $d_1y_1^2+d_2y_2^2+\cdots+d_ny_n^2$.

五、二次型的规范形

由本节中的例 4 和例 6 可以看出,一个二次型的标准形未必相同,这与所做的可逆线性替换有关. 因此二次型的标准形不是唯一的. 但是,同一个二次型化为标准形后,标准形中所含的正、负平方项的个数却是相同的. 为了深入地讨论这一问题,需引入二次型的规范形的概念.

如果二次型 $f(x_1,x_2,\cdots,x_n)=X^{\mathrm{T}}AX$(其中 $A^{\mathrm{T}}=A$)通过可逆线性替换可以化为

$$y_1^2+\cdots+y_p^2-y_{p+1}^2-\cdots-y_r^2 \quad (p\leqslant r\leqslant n), \tag{6.7}$$

则(6.7)式称为该二次型的**规范形**.

定理 7(惯性定理) 任一二次型 $f(x_1,x_2,\cdots,x_n)=X^{\mathrm{T}}AX(A^{\mathrm{T}}=A)$,都可以通过可逆线性替换化为规范形,且规范形是唯一的.

证 根据定理 6,任一二次型通过可逆线性替换 $X=CY$ 可化为标准形

$$g(y_1,y_2,\cdots,y_n)=d_1y_1^2+d_2y_2^2+\cdots+d_ny_n^2.$$

如果二次型 $f(x_1,x_2,\cdots,x_n)$的秩为 r,那么 $g(y_1,y_2,\cdots,y_n)$的秩也为 r,所以 $d_1,d_2,\cdots,d_n$ 中有 r 个数非零,不妨设 $d_1,d_2,\cdots,d_r\neq0$,且其中 $d_1,\cdots,d_p>0,d_{p+1},\cdots,d_r<0$,则

$$g(y_1,y_2,\cdots,y_n)=d_1y_1^2+\cdots+d_py_p^2-(-d_{p+1})y_{p+1}^2-\cdots-(-d_r)y_r^2.$$

再令 $c_1=d_1,\cdots,c_p=d_p,c_{p+1}=-d_{p+1},\cdots,c_r=-d_r$,则

$$g(y_1,y_2,\cdots,y_n)=c_1y_1^2+\cdots+c_py_p^2-c_{p+1}y_{p+1}^2-\cdots-c_ry_r^2,$$

其中 $c_i>0(i=1,2,\cdots,r)$,r 为二次型 $f(x_1,x_2,\cdots,x_n)$的秩.

作可逆线性替换

$$\begin{cases} y_1=\dfrac{1}{\sqrt{c_1}}z_1, \\ \cdots \\ y_r=\dfrac{1}{\sqrt{c_r}}z_r, \\ y_{r+1}=z_{r+1}, \\ \cdots \\ y_n=z_n, \end{cases}$$

则二次型化为规范形：

$$z_1^2+\cdots+z_p^2-z_{p+1}^2-\cdots-z_r^2. \qquad \square$$

可以证明此规范形是唯一的(证明略).

定义 4 在二次型的规范形(6.7)中,正平方项的个数 p 称为二次型的**正惯性指数**;负平方项的个数 $r-p$ 称为二次型的**负惯性指数**;它们的差,即 $p-(r-p)=2p-r$ 称为二次型的**符号差**.

推论 1 任意实对称矩阵 $\boldsymbol{A}$ 合同于对角矩阵

$$\begin{pmatrix}\boldsymbol{E}_p & & \\ & -\boldsymbol{E}_{r-p} & \\ & & \boldsymbol{O}\end{pmatrix}.$$

推论 2 两个实对称矩阵合同的充分必要条件是它们具有相同的正惯性指数和秩.

在例 6 中,我们得到二次型的标准形为

$$f=2y_1^2-\frac{1}{2}y_2^2+6y_3^2,$$

再令

$$y_1=\sqrt{2}z_1,\quad y_2=\frac{\sqrt{2}}{2}z_2,\quad y_3=\sqrt{6}z_3,$$

得到二次型的规范形为 $f=z_1^2-z_2^2+z_3^2$,则可知二次形的正惯性指数为 2,负惯性指数为 1,符号差为 1.

§6.3 二次型和对称矩阵的正定性

根据二次型的标准形和规范形对二次型进行分类在理论和应用上具有重要意义. 本节将讨论正定二次型及有关的性质.

一、正定二次型和正定矩阵

定义 5 设实二次型

$$f(x_1,x_2,\cdots,x_n)=\boldsymbol{X}^{\mathrm{T}}\boldsymbol{A}\boldsymbol{X}\quad(\boldsymbol{A}^{\mathrm{T}}=\boldsymbol{A}).$$

如果对于任意的 $\boldsymbol{X}=(x_1,x_2,\cdots x_n)^{\mathrm{T}}\neq\boldsymbol{0}$,有

$$f(x_1,x_2,\cdots,x_n)=\boldsymbol{X}^{\mathrm{T}}\boldsymbol{A}\boldsymbol{X}>0,$$

则称该二次型为**正定二次型**. 如果一个对称矩阵 $\boldsymbol{A}$ 所对应的二次型为正定二次型,则称此矩阵为**正定矩阵**.

例 7 二次型 $f(x_1,x_2,\cdots,x_n)=x_1^2+x_2^2+\cdots+x_n^2$ 是正定二次型.

因为对任意的 $\boldsymbol{X}=(x_1,x_2,\cdots,x_n)^{\mathrm{T}}\neq 0$,有

$$f(x_1,x_2,\cdots,x_n)=x_1^2+x_2^2+\cdots+x_n^2>0.$$

而二次型 $f(x_1,x_2,\cdots,x_n)=x_1^2+x_2^2+\cdots+x_r^2(r<n)$ 不是正定二次型，因为对于 $X=(0,\cdots 0,x_{r+1},\cdots x_n)\neq 0$，有

$$f(x_1,x_2,\cdots,x_n)=0.$$

定理 8 可逆线性替换不改变二次型的正定性.

证 设二次型 $f(x_1,x_2,\cdots,x_n)=\boldsymbol{X}^{\mathrm{T}}\boldsymbol{AX}$ 为正定二次型. 经可逆线性替换 $\boldsymbol{X}=\boldsymbol{CY}$，有

$$f(x_1,x_2,\cdots,x_n)=\boldsymbol{X}^{\mathrm{T}}\boldsymbol{AX}=(\boldsymbol{CY})^{\mathrm{T}}\boldsymbol{A}(\boldsymbol{CY})=\boldsymbol{Y}^{\mathrm{T}}(\boldsymbol{C}^{\mathrm{T}}\boldsymbol{AC})\boldsymbol{Y}=\boldsymbol{Y}^{\mathrm{T}}\boldsymbol{BY}$$

对任意的 $\boldsymbol{Y}=(y_1,y_2,\cdots y_n)^{\mathrm{T}}\neq 0$，由 $\boldsymbol{C}$ 可逆可得 $\boldsymbol{X}=\boldsymbol{CY}\neq\boldsymbol{O}$，因此，

$$\boldsymbol{Y}^{\mathrm{T}}\boldsymbol{BY}=\boldsymbol{Y}^{\mathrm{T}}(\boldsymbol{C}^{\mathrm{T}}\boldsymbol{AC})\boldsymbol{Y}=(\boldsymbol{CY})^{\mathrm{T}}\boldsymbol{A}(\boldsymbol{CY})=\boldsymbol{X}^{\mathrm{T}}\boldsymbol{AX}>0,$$

即二次型 $\boldsymbol{Y}^{\mathrm{T}}\boldsymbol{BY}$ 仍为正定二次型. □

由定理 4，任一实二次型都可以通过可逆线性替换化为标准形，由此可得：

定理 9 二次型 $f(x_1,x_2,\cdots,x_n)=\boldsymbol{X}^{\mathrm{T}}\boldsymbol{AX}$ 的标准形为

$$d_1y_1^2+d_2y_2^2+\cdots+d_ny_n^2,$$

则此二次型为正定二次型的充分必要条件是 $d_i>0(i=1,2,\cdots,n)$.

利用上述定理 9，可以立刻得到如下推论：

推论 对角矩阵 $\mathrm{diag}(d_1,d_2,\cdots,d_n)$ 为正定矩阵的充分必要条件为

$$d_i>0\quad(i=1,2,\cdots,n).$$

定理 10 二次型 $f(x_1,x_2,\cdots,x_n)=\boldsymbol{X}^{\mathrm{T}}\boldsymbol{AX}$ 为正定二次型的充分必要条件是它的正惯性指数等于 n.

证 *必要性* 设二次型

$$f(x_1,x_2,\cdots,x_n)=\boldsymbol{X}^{\mathrm{T}}\boldsymbol{AX}\quad(\boldsymbol{A}^{\mathrm{T}}=\boldsymbol{A})$$

正定. 根据定理 8，通过可逆线性替换 $\boldsymbol{X}=\boldsymbol{CY}$ 化成的标准形

$$d_1y_1^2+d_2y_2^2+\cdots+d_ny_n^2$$

也正定，则必有 $d_i>0(i=1,2,\cdots,n)$. 由此可知二次型的正惯性指数 $p=n$.

充分性 设二次型 $f(x_1,x_2,\cdots,x_n)$ 的正惯性指数为 n，则此二次型通过可逆线性替换可化为规范形

$$z_1^2+z_2^2+\cdots+z_n^2.$$

这是一个正定二次型. 根据定理 8，原二次型 $f(x_1,x_2,\cdots,x_n)$ 也是正定二次型. □

推论 1 实对称矩阵 $\boldsymbol{A}$ 为正定矩阵的充分必要条件是 $\boldsymbol{A}$ 合同于单位矩阵 $\boldsymbol{E}$，即存在可逆矩阵 $\boldsymbol{C}$，有 $\boldsymbol{A}=\boldsymbol{C}^{\mathrm{T}}\boldsymbol{EC}=\boldsymbol{C}^{\mathrm{T}}\boldsymbol{C}$.

推论 2 如果实对称矩阵 $\boldsymbol{A}$ 为正定矩阵，则 $\boldsymbol{A}$ 的行列式大于零.

实际上，由 $\boldsymbol{A}$ 为正定矩阵，则存在可逆矩阵 $\boldsymbol{C}$，有

$$\boldsymbol{A}=\boldsymbol{C}^{\mathrm{T}}\boldsymbol{C},$$

所以

$$\det\boldsymbol{A}=\det(\boldsymbol{C}^{\mathrm{T}}\boldsymbol{C})=\det\boldsymbol{C}^{\mathrm{T}}\det\boldsymbol{C}=(\det\boldsymbol{C})^2>0.$$

定理 11 实对称矩阵 $\boldsymbol{A}$ 为正定矩阵的充分必要条件是 $\boldsymbol{A}$ 的所有特征值均为正数.

证 对于实对称矩阵 $\boldsymbol{A}$,必存在正交矩阵 $\boldsymbol{P}$,使得

$$\boldsymbol{P}^{\mathrm{T}}\boldsymbol{A}\boldsymbol{P}=\mathrm{diag}(\lambda_1,\lambda_2,\cdots,\lambda_n),$$

其中 $\lambda_1,\lambda_2,\cdots,\lambda_n$ 为 $\boldsymbol{A}$ 的 n 个特征值.

必要性 若 A 正定,则由定理 9 知 $\mathrm{diag}(\lambda_1,\lambda_2,\cdots,\lambda_n)$ 正定,由定理 9 推论知 $\lambda_i>0,i=1,\cdots,n$.

充分性.若 A 的特征值 $\lambda_i>0(i=1\cdots n)$,那么 $\mathrm{diag}(\lambda_1\lambda_2\cdots\lambda_n)$ 为正定矩阵. 从而 $\boldsymbol{A}$ 为正定矩阵. □

例 8 如果实对称矩阵 $\boldsymbol{A}$ 为正定矩阵,则 $\boldsymbol{A}^{-1}$ 也是正定矩阵.

证一 由 $\boldsymbol{A}^{\mathrm{T}}=\boldsymbol{A}$,有 $(\boldsymbol{A}^{-1})^{\mathrm{T}}=(\boldsymbol{A}^{\mathrm{T}})^{-1}=\boldsymbol{A}^{-1}$,即 $\boldsymbol{A}^{-1}$ 也是对称矩阵.

又由于 $\boldsymbol{A}$ 为正定矩阵,所以存在可逆矩阵 $\boldsymbol{C}$,有 $\boldsymbol{A}=\boldsymbol{C}^{\mathrm{T}}\boldsymbol{C}$,于是

$$\boldsymbol{A}^{-1}=(\boldsymbol{C}^{\mathrm{T}}\boldsymbol{C})^{-1}=\boldsymbol{C}^{-1}(\boldsymbol{C}^{-1})^{\mathrm{T}},$$

记 $\boldsymbol{B}=\boldsymbol{C}^{-1}$,则 $\boldsymbol{A}^{-1}=\boldsymbol{C}^{-1}(\boldsymbol{C}^{-1})^{\mathrm{T}}=\boldsymbol{B}\boldsymbol{B}^{\mathrm{T}}$,所以 $\boldsymbol{A}^{-1}$ 也是正定矩阵.

证二 如果 $\boldsymbol{A}$ 为正定矩阵,其特征值为 $\lambda_1,\lambda_2,\cdots,\lambda_n$,则 $\lambda_i>0(i=1,2,\cdots,n)$. 而矩阵 $\boldsymbol{A}^{-1}$ 的特征值为 $\dfrac{1}{\lambda_i}$ 且 $\dfrac{1}{\lambda_i}>0(i=1,2,\cdots,n)$. 所以 $\boldsymbol{A}^{-1}$ 为正定矩阵.

定理 10 的推论 2 给出了实对称矩阵 $\boldsymbol{A}$ 为正定矩阵的必要条件,即 $\det\boldsymbol{A}>0$. 为了利用行列式给出 $\boldsymbol{A}$ 为正定矩阵的充分必要条件,先引入下面的定义:

定义 6 设 n 阶矩阵 $\boldsymbol{A}=(a_{ij})$,$\boldsymbol{A}$ 的前 k 行 k 列 $(k=1,2,\cdots,n)$ 元素组成的子式

$$\begin{vmatrix} a_{11} & a_{12} & \cdots & a_{1k} \\ a_{21} & a_{22} & \cdots & a_{2k} \\ \vdots & \vdots & & \vdots \\ a_{k1} & a_{k2} & \cdots & a_{kk} \end{vmatrix}$$

称为矩阵 $\boldsymbol{A}$ 的 k 阶顺序主子式,记为 $\det\boldsymbol{A}_k$.

定理 12 实对称矩阵 $\boldsymbol{A}$ 为正定矩阵的充分必要条件是 $\boldsymbol{A}$ 的所有顺序主子式都大于零,即

$$\det\boldsymbol{A}_1=|a_{11}|>0,\quad \det\boldsymbol{A}_2=\begin{vmatrix} a_{11} & a_{12} \\ a_{21} & a_{22} \end{vmatrix}>0,\quad \cdots,\quad \det\boldsymbol{A}_n=\det\boldsymbol{A}>0.$$

证 必要性 设实对称矩阵 $\boldsymbol{A}$ 为正定矩阵,则对应的 n 元二次型

$$f(x_1,x_2,\cdots,x_n)=\boldsymbol{X}^{\mathrm{T}}\boldsymbol{A}\boldsymbol{X}$$

为正定二次型.即对任意的 $\boldsymbol{X}=(x_1,x_2,\cdots x_n)^{\mathrm{T}}\neq\boldsymbol{0}$,有 $\boldsymbol{X}^{\mathrm{T}}\boldsymbol{A}\boldsymbol{X}>0$.

因此,对任意的 $\boldsymbol{X}_k=(x_1,x_2,\cdots x_k)^{\mathrm{T}}\neq\boldsymbol{0}$,令

$$\boldsymbol{X}=(x_1,x_2,\cdots x_k,0,\cdots,0)^{\mathrm{T}}=\begin{pmatrix}\boldsymbol{X}_k\\ \boldsymbol{0}\end{pmatrix}, \tag{6.8}$$

则也有 $\boldsymbol{X}^{\mathrm{T}}\boldsymbol{AX}>0$. 此时将矩阵 $\boldsymbol{A}$ 相应分块为 $\begin{pmatrix}\boldsymbol{A}_k & * \\ * & *\end{pmatrix}$，则

$$\boldsymbol{X}^{\mathrm{T}}\boldsymbol{AX}=(\boldsymbol{X}_k,\boldsymbol{0})^{\mathrm{T}}\begin{pmatrix}\boldsymbol{A}_k & * \\ * & *\end{pmatrix}\begin{pmatrix}\boldsymbol{X}_k \\ \boldsymbol{0}\end{pmatrix}=\boldsymbol{X}_k^{\mathrm{T}}\boldsymbol{A}_k\boldsymbol{X}_k>0.$$

由此可知，k 元二次型 $\boldsymbol{X}_k^{\mathrm{T}}\boldsymbol{A}_k\boldsymbol{X}_k$ 为 k 元正定二次型，于是 $\boldsymbol{A}_k$ 为正定矩阵，由定理 8 的推论，有 $\det\boldsymbol{A}_k>0$. 由 k 的任意性知，$\boldsymbol{A}$ 的各顺序主子式 $\det\boldsymbol{A}_k>0(k=1,2,\cdots,n)$.

充分性 设 A 的各顺序主子式 $\det\boldsymbol{A}_k>0(k=1,2,\cdots,n)$，下证矩阵 $\boldsymbol{A}$ 为正定矩阵.

对 $\boldsymbol{A}$ 的阶数 n 作数学归纳法：当 $n=1$ 时，$\boldsymbol{A}=\det\boldsymbol{A}_1=|a_{11}|>0$，对应的二次型显然是正定二次型，结论成立.

假设对 $n-1$ 阶矩阵命题成立，则对于 n 阶实对称矩阵 $\boldsymbol{A}$，可将 $\boldsymbol{A}$ 分块为

$$\boldsymbol{A}=\begin{pmatrix}\boldsymbol{A}_{n-1} & \boldsymbol{\alpha} \\ \boldsymbol{\alpha}^{\mathrm{T}} & a_{nn}\end{pmatrix},$$

其中 $\boldsymbol{\alpha}=(a_{1n},a_{2n},\cdots,a_{n-1,n})^{\mathrm{T}}$. 由于 $\boldsymbol{A}$ 的各顺序主子式的行列式

$$\det\boldsymbol{A}_k>0\quad(k=1,2,\cdots,n),$$

根据归纳假设，A_{n-1} 为正定矩阵. 所以，存在 $n-1$ 阶可逆矩阵 $\boldsymbol{D}$，使得

$$\boldsymbol{D}^{\mathrm{T}}\boldsymbol{A}_{n-1}\boldsymbol{D}=\boldsymbol{E}_{n-1}.$$

令

$$\boldsymbol{C}_1=\begin{pmatrix}\boldsymbol{D} & -\boldsymbol{A}_{n-1}^{-1}\boldsymbol{\alpha} \\ \boldsymbol{0} & 1\end{pmatrix},$$

则

$$\begin{aligned}\boldsymbol{C}_1^{\mathrm{T}}\boldsymbol{AC}_1&=\begin{pmatrix}\boldsymbol{D}^{\mathrm{T}} & \boldsymbol{0} \\ -\boldsymbol{\alpha}^{\mathrm{T}}\boldsymbol{A}_{n-1}^{-1} & 1\end{pmatrix}\begin{pmatrix}\boldsymbol{A}_{n-1} & \boldsymbol{\alpha} \\ \boldsymbol{\alpha}^{\mathrm{T}} & a_{nn}\end{pmatrix}\begin{pmatrix}\boldsymbol{D} & -\boldsymbol{A}_{n-1}^{-1}\boldsymbol{\alpha} \\ \boldsymbol{0} & 1\end{pmatrix}\\&=\begin{pmatrix}\boldsymbol{D}^{\mathrm{T}}\boldsymbol{A}_{n-1}\boldsymbol{D} & \boldsymbol{0} \\ \boldsymbol{0} & a_{nn}-\boldsymbol{\alpha}^{\mathrm{T}}\boldsymbol{A}_{n-1}^{-1}\boldsymbol{\alpha}\end{pmatrix}\\&=\begin{pmatrix}\boldsymbol{E}_{n-1} & \boldsymbol{0} \\ \boldsymbol{0} & a_{nn}-\boldsymbol{\alpha}^{\mathrm{T}}\boldsymbol{A}_{n-1}^{-1}\boldsymbol{\alpha}\end{pmatrix}.\end{aligned}$$

于是，由 $\det\boldsymbol{A}_n=\det\boldsymbol{A}>0$，得

$$\det(\boldsymbol{C}_1^{\mathrm{T}}\boldsymbol{AC}_1)=(\det\boldsymbol{C}_1)^2\det\boldsymbol{A}=a_{nn}-\boldsymbol{\alpha}^{\mathrm{T}}\boldsymbol{A}_{n-1}^{-1}\boldsymbol{\alpha}>0,$$

记 $d=a_{nn}-\boldsymbol{\alpha}^{\mathrm{T}}\boldsymbol{A}_{n-1}^{-1}\boldsymbol{\alpha}$，令

$$\boldsymbol{C}_2=\begin{pmatrix}\boldsymbol{E}_{n-1} & \boldsymbol{0} \\ \boldsymbol{0} & d^{-\frac{1}{2}}\end{pmatrix}.$$

易知 $\det\boldsymbol{C}_2=d^{-\frac{1}{2}}\neq0$，再令 $\boldsymbol{C}=\boldsymbol{C}_1\boldsymbol{C}_2$，由于

$$\det\boldsymbol{C}=\det\boldsymbol{C}_1\cdot\det\boldsymbol{C}_2=\det\boldsymbol{D}\cdot d^{-\frac{1}{2}}\neq0,$$

所以 $\boldsymbol{C}$ 可逆，且

$$\boldsymbol{C}^{\mathrm{T}}\boldsymbol{A}\boldsymbol{C}=\boldsymbol{C}_2^{\mathrm{T}}(\boldsymbol{C}_1^{\mathrm{T}}\boldsymbol{A}\boldsymbol{C}_1)\boldsymbol{C}_2=\begin{pmatrix}\boldsymbol{E}_{n-1} & \boldsymbol{0}\\ \boldsymbol{0} & d^{-\frac{1}{2}}\end{pmatrix}\begin{pmatrix}\boldsymbol{E}_{n-1} & \boldsymbol{0}\\ \boldsymbol{0} & d\end{pmatrix}\begin{pmatrix}\boldsymbol{E}_{n-1} & \boldsymbol{0}\\ \boldsymbol{0} & d^{-\frac{1}{2}}\end{pmatrix}=\boldsymbol{E}_n,$$

即 $\boldsymbol{A}$ 与单位矩阵合同. 根据定理 10 的推论，$\boldsymbol{A}$ 是正定矩阵. 由归纳法原理，充分性得证. □

例 9 判断二次型

$$f(x_1,x_2,x_3)=6x_1^2+x_2^2+5x_3^2+4x_1x_2-8x_1x_3-4x_2x_3$$

的正定性.

解 二次型 $f(x_1,x_2,x_3)$ 的矩阵为

$$\boldsymbol{A}=\begin{pmatrix}6 & 2 & -4\\ 2 & 1 & -2\\ -4 & -2 & 5\end{pmatrix},$$

则各阶顺序主子式为

$$\det\boldsymbol{A}_1=|6|=6>0,\quad \det\boldsymbol{A}_2=\begin{vmatrix}6 & 2\\ 2 & 1\end{vmatrix}=2>0,\quad \det\boldsymbol{A}_3=\begin{vmatrix}6 & 2 & -4\\ 2 & 1 & -2\\ -4 & -2 & 5\end{vmatrix}=2>0,$$

所以 $f(x_1,x_2,x_3)$ 为正定二次型.

二、二次型的定性

对于不是正定的二次型，还可以进一步分类.

定义 7 设二次型 $f(x_1,x_2,\cdots,x_n)=\boldsymbol{X}^{\mathrm{T}}\boldsymbol{A}\boldsymbol{X}(\boldsymbol{A}^{\mathrm{T}}=\boldsymbol{A})$.

(1) 如果对任意的 $\boldsymbol{X}=(x_1,x_2,\cdots,x_n)^{\mathrm{T}}\neq\boldsymbol{0}$，有

$$\boldsymbol{X}^{\mathrm{T}}\boldsymbol{A}\boldsymbol{X}<0, \tag{6.9}$$

则称该二次型为**负定**的，实对称矩阵 $\boldsymbol{A}$ 称为**负定矩阵**.

(2) 如果对任意的 $\boldsymbol{X}=(x_1,x_2,\cdots x_n)^{\mathrm{T}}$，有

$$\boldsymbol{X}^{\mathrm{T}}\boldsymbol{A}\boldsymbol{X}\geqslant 0(\leqslant 0), \tag{6.10}$$

且存在 $\boldsymbol{X}_0=(x_1^0,x_2^0,\cdots,x_n^0)^{\mathrm{T}}\neq\boldsymbol{0}$，使 $\boldsymbol{X}^{\mathrm{T}}\boldsymbol{A}\boldsymbol{X}=0$，则称该二次型为**半正定**(**半负定**)的，实对称矩阵 $\boldsymbol{A}$ 称为**半正定矩阵**(**半负定矩阵**).

(3) 如果对某些 $\boldsymbol{X}=(x_1,x_2,\cdots x_n)^{\mathrm{T}}$，有 $\boldsymbol{X}^{\mathrm{T}}\boldsymbol{A}\boldsymbol{X}>0$；而对另一些 $\boldsymbol{X}=(x_1,x_2,\cdots x_n)^{\mathrm{T}}$，又有 $\boldsymbol{X}^{\mathrm{T}}\boldsymbol{A}\boldsymbol{X}<0$，则该二次型称为**不定**的，其矩阵 $\boldsymbol{A}$ 也称为**不定**的.

根据定义 7，二次型 $f(x_1,x_2,\cdots,x_n)=\boldsymbol{X}^{\mathrm{T}}\boldsymbol{A}\boldsymbol{X}$ 为负定二次型，当且仅当 $-\boldsymbol{X}^{\mathrm{T}}\boldsymbol{A}\boldsymbol{X}=\boldsymbol{X}^{\mathrm{T}}(-\boldsymbol{A})\boldsymbol{X}$ 为正定二次型. 因此对于负定二次型的讨论，可类似于正定性进行，此处直接列出有关结论.

定理 13 设二次型 $f(x_1,x_2,\cdots,x_n)=\boldsymbol{X}^{\mathrm{T}}\boldsymbol{A}\boldsymbol{X}(\boldsymbol{A}^{\mathrm{T}}=\boldsymbol{A})$，则下列各条件等价：

(1) $f(x_1,x_2,\cdots,x_n)$ 为负定二次型；

(2) $f(x_1,x_2,\cdots,x_n)$的负惯性指数为 n；

(3) 实对称矩阵 $\boldsymbol{A}$ 合同于$-\boldsymbol{E}$；

(4) 实对称矩阵 $\boldsymbol{A}$ 的特征值均小于零；

(5) 实对称矩阵 $\boldsymbol{A}$ 的奇数阶顺序主子式小于零，偶数阶顺序主子式大于零.

定理 14　设二次型 $f(x_1,x_2,\cdots,x_n)=\boldsymbol{X}^{\mathrm{T}}\boldsymbol{AX}(\boldsymbol{A}^{\mathrm{T}}=\boldsymbol{A})$，则下列各条件等价：

(1) $f(x_1,x_2,\cdots,x_n)$为半正定二次型；

(2) $f(x_1,x_2,\cdots,x_n)$的标准形为

$$d_1y_1^2+d_2y_2^2+\cdots+d_ry_r^2 \quad (d_i>0,i=1,\cdots,r;r<n);$$

(3) $f(x_1,x_2,\cdots,x_n)$的正惯性指数 $p=r<n$；

(4) 实对称矩阵 $\boldsymbol{A}$ 合同于$\begin{pmatrix}\boldsymbol{E}_r & \boldsymbol{O}\\ \boldsymbol{O} & \boldsymbol{O}\end{pmatrix}$，且 $r<n$；

(5) 实对称矩阵 $\boldsymbol{A}$ 的所有特征值大于或等于零，且至少存在一个特征值等于零.

应注意，如果实对称矩阵 $\boldsymbol{A}$ 的顺序主子式大于或等于零时，$\boldsymbol{A}$ 不一定是半正定. 例如，矩阵

$$\boldsymbol{A}=\begin{pmatrix}1 & 1 & 0\\ 1 & 1 & 0\\ 0 & 0 & -1\end{pmatrix}.$$

虽然 $\boldsymbol{A}$ 的顺序主子式

$$\det\boldsymbol{A}_1=1>0,\quad \det\boldsymbol{A}_2=\begin{vmatrix}1 & 1\\ 1 & 1\end{vmatrix}=0,\quad \det\boldsymbol{A}_3=\det\boldsymbol{A}=0,$$

但 $\boldsymbol{A}$ 并不是半正定矩阵，实际上，矩阵 $\boldsymbol{A}$ 对应的二次型为

$$\begin{aligned}f(x_1,x_2,x_3)&=x_1^2+x_2^2-x_3^2+2x_1x_2\\&=(x_1+x_2)^2-x_3^2.\end{aligned}$$

当 $x_1=1,x_2=1,x_3=1$ 时，$f(1,1,1)=3>0$. 当 $x_1=1,x_2=-1,x_3=1$ 时，

$$f(1,-1,1)=-1<0,$$

由此看出，二次型 $f(x_1,x_2,x_3)$是不定的，矩阵 $\boldsymbol{A}$ 也是不定的.

习　题　6

1. 写出下列二次型的矩阵：

(1) $f(x_1,x_2,x_3)=2x_1^2-x_2^2+4x_1x_3-2x_2x_3$；

(2) $f(x_1,x_2,x_3,x_4)=2x_1x_2+2x_1x_3+2x_1x_4+2x_3x_4$.

2. 写出下列对称矩阵所对应的二次型：

(1) $\begin{pmatrix} 1 & -\frac{1}{2} & \frac{1}{2} \\ -\frac{1}{2} & 0 & -2 \\ \frac{1}{2} & -2 & 2 \end{pmatrix}$;　　(2) $\begin{pmatrix} 0 & \frac{1}{2} & -1 & 0 \\ \frac{1}{2} & -1 & \frac{1}{2} & \frac{1}{2} \\ -1 & \frac{1}{2} & 0 & \frac{1}{2} \\ 0 & \frac{1}{2} & \frac{1}{2} & 1 \end{pmatrix}$.

3. 用配方法将下列二次型化为标准形：

(1) $f(x_1,x_2,x_3)=x_1^2+2x_2^2+5x_3^2+2x_1x_2+2x_1x_3+6x_2x_3$;

(2) $f(x_1,x_2,x_3)=2x_1x_2+4x_1x_3$;

(3) $f(x_1,x_2,x_3)=-4x_1x_2+2x_1x_3+2x_2x_3$.

4. 用正交替换法将下列二次型化为标准形,并写出所做的线性替换：

(1) $f(x_1,x_2,x_3)=2x_1^2+x_2^2-4x_1x_2-4x_2x_3$;

(2) $f(x_1,x_2,x_3)=2x_1x_2-2x_2x_3$;

(3) $f(x_1,x_2,x_3)=x_1^2+2x_2^2+3x_3^2-4x_1x_2-4x_2x_3$.

5. 用初等变换法将下列二次型化为标准形：

(1) $f(x_1,x_2,x_3)=x_1^2+2x_2^2+4x_3^2+2x_1x_2+4x_2x_3$;

(2) $f(x_1,x_2,x_3)=x_1^2-3x_2^2+x_3^2-2x_1x_2+2x_1x_3+6x_2x_3$;

(3) $f(x_1,x_2,x_3)=4x_1x_2+2x_1x_3+6x_2x_3$.

6. 已知二次型

$$f(x_1,x_2,x_3)=5x_1^2+5x_2^2+cx_3^2-2x_1x_2+6x_1x_3-6x_2x_3$$

的秩为 2,求参数 c 的值,并将此二次型化为标准形.

7. 已知 $2n$ 元二次型

$$f(x_1,x_2,\cdots,x_{2n})=x_1x_{2n}+x_2x_{2n-1}+\cdots+x_nx_{n+1},$$

试用可逆线性替换法将其化为标准形.

8. 已知二次型

$$f(x_1,x_2,x_3)=2x_1^2+3x_2^2+3x_3^2+2ax_2x_3\quad(a>0)$$

通过正交替换可化为标准型 $f=y_1^2+2y_2^2+5y_3^2$,求 a 的值及所做的正交替换矩阵.

9. 判别下列二次型是否为正定二次型：

(1) $f(x_1,x_2,x_3)=5x_1^2+6x_2^2+4x_3^2-4x_1x_2-4x_2x_3$;

(2) $f(x_1,x_2,x_3)=10x_1^2+2x_2^2+x_3^2+8x_1x_2+24x_1x_3-28x_2x_3$;

(3) $f(x_1,x_2,x_3,x_4)=x_1^2+x_2^2+4x_3^2+7x_4^2+6x_1x_3+4x_1x_4-4x_2x_3+2x_2x_4+4x_3x_4$.

10. 当 t 为何值时，下列二次型为正定二次型？

(1) $f(x_1,x_2,x_3)=x_1^2+4x_2^2+x_3^2+2tx_1x_2+10x_1x_3+6x_2x_3$；

(2) $f(x_1,x_2,x_3)=x_1^2+x_2^2+5x_3^2+2tx_1x_2-2x_1x_3+4x_2x_3$；

(3) $f(x_1,x_2,x_3)=2x_1^2+x_2^2+x_3^2+2x_1x_2+tx_2x_3$.

11. 设 $\boldsymbol{A},\boldsymbol{B}$ 为 n 阶正定矩阵. 证明：$\boldsymbol{BAB}$ 也是正定矩阵.

12. 设 $\boldsymbol{A}$ 是可逆矩阵. 证明：$\boldsymbol{A}^{\mathrm{T}}\boldsymbol{A}$ 为正定矩阵.

13. 如果 $\boldsymbol{A},\boldsymbol{B}$ 为 n 阶正定矩阵. 证明：$\boldsymbol{A}+\boldsymbol{B}$ 也为正定矩阵.

14. 设 $\boldsymbol{A}$ 为正定矩阵. 证明：$\boldsymbol{A}^{-1}$ 和 $\boldsymbol{A}^*$ 也是正定矩阵，其中 $\boldsymbol{A}^*$ 为 $\boldsymbol{A}$ 的伴随矩阵.

15. 证明：正定矩阵主对角线上的元素都是正的.

16. 设 $\boldsymbol{A}$ 为 n 阶正定矩阵. 证明：$\boldsymbol{A}+\boldsymbol{E}$ 的行列式大于 1.

自 测 题 6

一、填空题

1. 二次型 $f(x_1,x_2,x_3)=x_1^2-2x_2^2+3x_3^2-4x_1x_2-x_1x_3+4x_2x_3$ 的矩阵为________.

2. 线性替换

$$\begin{cases} x_1=y_1+y_2-2y_3, \\ x_2=y_1-y_2, \\ x_3=y_3 \end{cases}$$

可用矩阵形式表示为________.

3. 二次型 $f(x_1,x_2,x_3)=x_1x_2+x_1x_3+x_2x_3$ 的秩等于________.

4. 若对称矩阵 $\boldsymbol{A}$ 与矩阵 $\begin{pmatrix} -1 & 0 \\ 0 & 2 \end{pmatrix}$ 合同，则二次型 $\boldsymbol{X}^{\mathrm{T}}\boldsymbol{AX}$ 的标准形是________.

5. 矩阵 $\boldsymbol{A}=\begin{pmatrix} 1 & 1 & 0 \\ 1 & k & 0 \\ 0 & 0 & k-2 \end{pmatrix}$ 是正定矩阵，则 k 满足条件________.

6. 设 n 阶实对称矩阵 $\boldsymbol{A}$ 的特征值中有 r 个为正值，有 $n-r$ 为负值，则 $\boldsymbol{A}$ 的正惯性指数和负惯性指数分别是________和________.

二、单项选择题

1. 若矩阵 $\boldsymbol{C}$ 可逆，使 $\boldsymbol{C}^{\mathrm{T}}\boldsymbol{AC}=\boldsymbol{B}$，则(　　)必成立.

A. $\boldsymbol{A}$ 与 $\boldsymbol{B}$ 有相同特征值；

B. $\boldsymbol{A}$ 与 $\boldsymbol{B}$ 相似；

C. 当 $\boldsymbol{B}^{\mathrm{T}}=\boldsymbol{B}$ 时，二次型 $\boldsymbol{X}^{\mathrm{T}}\boldsymbol{AX}$ 与 $\boldsymbol{X}^{\mathrm{T}}\boldsymbol{BX}$ 有相同的标准形；

D. 当 $\boldsymbol{B}^{\mathrm{T}}=\boldsymbol{B}$ 时，有 $\boldsymbol{A}^{\mathrm{T}}=\boldsymbol{A}^{-1}$.

2. 二次型 $f=\boldsymbol{X}^{\mathrm{T}}\boldsymbol{A}\boldsymbol{X}$($\boldsymbol{A}$ 为实对称矩阵)正定的一个充分必要条件是(　　)

A. $\det\boldsymbol{A}=0$;

B. 存在可逆矩阵 $\boldsymbol{C}$,使得 $\boldsymbol{C}^{\mathrm{T}}\boldsymbol{A}\boldsymbol{C}$ 成为对角矩阵;

C. $\boldsymbol{A}$ 可逆;

D. 存在可逆矩阵 $\boldsymbol{M}$,使得 $\boldsymbol{A}=\boldsymbol{M}^{\mathrm{T}}\boldsymbol{M}$.

3. 二次型 $f(x_1,x_2,x_3)=x_1^2+x_2^2+x_3^2+2x_1x_2+2x_1x_3+2x_2x_3$(　　).

A. 是正定的;　　B. 是负定的;　　C. 其秩等于 1;　　D. 其秩等于 2.

4. 二次型 $f(x_1,x_2,x_3)=2x_1^2+x_2^2-4x_3^2-4x_1x_2-2x_2x_3$ 的标准形是(　　).

A. $2y_1^2-y_2^2-3y_3^2$;　　B. $-2y_1^2$;

C. $2y_1^2-y_2^2$;　　D. $2y_1^2+y_2^2+3y_3^2$.

5. 任何一个 n 阶可逆矩阵必定与 n 阶单位矩阵 $\boldsymbol{E}$(　　).

A. 合同;　　B. 相似;

C. 等价;　　D. 以上都不对.

三、计算题

1. 设二次型 $f(x_1,x_2,x_3)=x_1^2+x_2^2+2x_3^2+4x_1x_2+2x_1x_3+2x_2x_3$,

(1) 求一个正交替换将二次型化为标准形;

(2) 用配方法将二次型化成标准形,并写出所用的可逆的线性替换;

(3) 用初等变换的方法将二次型化成标准形,并写出所用的可逆的线性替换.

2. 已知二次型 $f(x_1,x_2,x_3)=2x_1^2+3x_2^2+3x_3^2+2\lambda x_2x_3(\lambda>0)$通过正交变换化为标准形 $y_1^2+2y_2^2+5y_3^2$,求参数 λ 及所用的正交替换.

3. 设矩阵 $\boldsymbol{A}=\begin{pmatrix}1&-10&10\\0&-2&8\\0&0&3\end{pmatrix}$,试判别二次型 $\boldsymbol{X}^{\mathrm{T}}(\boldsymbol{A}^{\mathrm{T}}\boldsymbol{A})\boldsymbol{X}$ 是否正定?

四、证明题

1. 证明:平面曲线 $-\frac{5}{2}x^2-13xy--\frac{5}{2}y^2=36$ 是双曲线.

2. 设 $\boldsymbol{A}$ 是正定矩阵,证明:$\boldsymbol{A}^2$ 也是正定矩阵.

3. 证明:正定矩阵的主对角线上的元素都大于零.

习题参考答案和提示

第 1 章

习 题 1

1. (1) 1; (2) -4; (3) $3abc-a^3-b^3-c^3$; (4) $(a-b)(b-c)(c-a)$.

2. (1) $-2,1$; (2) $2,1$.

3. (1) 2; (2) 8; (3) $\frac{n(n-1)}{2}$; (4) $n(n-1)$.

4. $i=6$, $j=2$.

5. $-a_{11}a_{23}a_{32}a_{44}$, $a_{11}a_{23}a_{34}a_{42}$.

6. (1) 256; (2) $acfh-adeh+b\deg-bcfg$; (3) $10!$; (4) 2.

7. (1) -200; (2) -8; (3) $4abcdef$; (4) 48.

8. 略.

9. (1) $[x+(n-2)a](x-2a)^{n-1}$; (2) $\left(a_0-\frac{1}{a_1}-\frac{1}{a_2}-\cdots-\frac{1}{a_n}\right)a_1a_2\cdots a_n$;

(3) $(-1)^{n-1}na_1a_2\cdots a_{n-1}$; (4) $\frac{n(n+1)}{2}+(-1)^{n-1}(n-1)!$.

10. (1) $\frac{a^{n+1}-b^{n+1}}{a-b}$; (2) $\prod_{i=1}^{n}(a_id_i-b_ic_i)$.

11. 0

12. (1) $x_1=\frac{1}{2}, x_2=-\frac{1}{12}, x_3=\frac{1}{12}$; (2) $x_1=x_2=x_3=\frac{1}{2a+b}$.

自 测 题 1

一、填空题

1. 4. **2.** 负. **3.** $1,-1$. **4.** $a+b+c=0$. **5.** $6k$.

二、选择题

1. C. **2.** D. **3.** B. **4.** D. **5.** A.

三、解答题

1. $b_1a_2a_3a_4+b_2a_1a_3a_4+b_3a_2a_1a_4+b_4a_2a_3a_1$.

2. $x^n+a_1x^{n-1}+\cdots+a_{n-1}x+a_n$.

3. a^n-a^{n-2}.

4. $1-x_2^2-x_3^2-\cdots-x_n^2$.

四、$x=0, y=0$.

五、$\lambda\neq 0, -3$.

第 2 章

习 题 2

1. $\begin{pmatrix}1&1&1\\1&2&3\end{pmatrix}$, $\begin{pmatrix}3&-1&-3\\5&0&-7\end{pmatrix}$, $\begin{pmatrix}7&-3&-8\\12&-1&-19\end{pmatrix}$.

2. $\boldsymbol{X}=\begin{pmatrix}2&-2\\-2&2\end{pmatrix}$.

3. (1) $\begin{pmatrix}4&6\\7&-1\end{pmatrix}$; (2) $\begin{pmatrix}0&5\\0&0\end{pmatrix}$; (3) $\begin{pmatrix}0&0\\0&0\end{pmatrix}$; (4) $\begin{pmatrix}1&2&3\\2&4&6\\3&6&9\end{pmatrix}$; (5) 14.

4. $\begin{cases}x_1=-6z_1+z_2+3z_3,\\x_2=12z_1-4z_2+9z_3,\\x_3=-10z_1-z_2+16z_3.\end{cases}$

5. 略. **6.** 略.

7、(1) $\begin{pmatrix}0&0\\0&0\end{pmatrix}$; (2) $\begin{pmatrix}1&3n\\0&1\end{pmatrix}$; (3) $\begin{pmatrix}1&3&6&10\\0&1&3&6\\0&0&1&3\\0&0&0&1\end{pmatrix}$; (4) $\begin{pmatrix}a^n&0&0\\0&b^n&0\\0&0&c^n\end{pmatrix}$.

8. $3^{n-1}\begin{pmatrix}1&\frac{1}{2}&\frac{1}{3}\\2&1&\frac{2}{3}\\3&\frac{3}{2}&1\end{pmatrix}$.

9. $\sum_{j=1}^{n}a_{kj}a_{jl}$, $\sum_{j=1}^{n}a_{kj}a_{lj}$, $\sum_{i=1}^{n}a_{ik}a_{il}$.

10. (1) $\begin{pmatrix}0&0\\0&0\end{pmatrix}$; (2) $\begin{pmatrix}7&1&3\\8&2&3\\-2&1&0\end{pmatrix}$.

11—13. 略.

14. $\boldsymbol{A}^{-1}=\frac{1}{2}(\boldsymbol{A}-3\boldsymbol{E})$.

15. 略. **16.** 略.

17. (1) 可逆, $\begin{pmatrix}-1&2\\\frac{3}{2}&-\frac{5}{2}\end{pmatrix}$; (2) 不可逆;

(3) 不可逆； (4)可逆，$\begin{pmatrix} 1 & 0 & 0 \\ -\frac{1}{2} & \frac{1}{2} & 0 \\ 0 & -\frac{1}{3} & \frac{1}{3} \end{pmatrix}$.

18. $-\frac{16}{27}$.

19. 略.

20. (1) $\begin{pmatrix} -2 & 2 & 1 \\ -1 & -1 & 2 \\ 0 & 4 & 3 \end{pmatrix}$； (2) $\begin{pmatrix} 12 & -15 & 21 & 0 & 0 \\ -3 & 6 & 18 & 0 & 0 \\ -9 & 3 & 24 & 0 & 0 \\ 0 & 0 & 0 & -2 & 6 \\ 0 & 0 & 0 & 18 & 6 \end{pmatrix}$.

21. (1) $\begin{pmatrix} 1 & -1 & 1 & -2 \\ -1 & 2 & -1 & 2 \\ 0 & 0 & 3 & -5 \\ 0 & 0 & -1 & 2 \end{pmatrix}$； (2) $\begin{pmatrix} 1 & 0 & 0 & 0 & 0 \\ 0 & 1 & -1 & 0 & 0 \\ 0 & -1 & 2 & 0 & 0 \\ 0 & 0 & 0 & -1 & 0 \\ 0 & 0 & 0 & 9 & 1 \end{pmatrix}$.

22. (1) 4； (2) 6.

23. (1) $\begin{pmatrix} 1 & 0 & 0 \\ -\frac{1}{2} & \frac{1}{2} & 0 \\ 0 & -\frac{1}{3} & \frac{1}{3} \end{pmatrix}$； (2) $\begin{pmatrix} 1 & -4 & -3 \\ 1 & -5 & -3 \\ -1 & 6 & 4 \end{pmatrix}$.

24. (1) $\begin{pmatrix} -7 & -2 & 9 \\ 5 & 1 & -5 \end{pmatrix}$； (2) $\begin{pmatrix} 0 & 1 & 0 \\ -1 & 2 & -1 \end{pmatrix}$； (3) $\begin{pmatrix} 3 & -1 \\ 2 & 0 \\ 1 & -1 \end{pmatrix}$.

25. (1) 3 ； (2) 3；

自测题 2

一、填空题

1. $\begin{pmatrix} 1 & 14 & 12 \\ 3 & 10 & -1 \\ -14 & 27 & 4 \end{pmatrix}$. **2.** $\begin{pmatrix} 4a_2+5a_3 & 2a_1-2a_3 & 3a_1-a_2 \\ 4b_2+5b_3 & 2b_1-2b_3 & 3b_1-b_2 \end{pmatrix}$.

3. $\begin{pmatrix} 0 & 0 & \frac{1}{4} \\ \frac{1}{2} & 0 & 0 \\ 0 & \frac{1}{3} & 0 \end{pmatrix}$. **4.** $\frac{1}{3}$,9,81.

二、选择题

1. B.　**2.** A.　**3.** C.　**4.** C.　**5.** C.　**6.** A.　**7.** A.　**8.** D.

三、计算题

1. $\begin{pmatrix} 2 & 0 & 3 \\ 5 & 0 & 4 \end{pmatrix}$.　**2.** 72.　**3.** $\begin{pmatrix} -2 & 3 & 1 \\ 0 & 3 & -1 \end{pmatrix}$.　**4.** 4.　**5.** $\boldsymbol{X}=\frac{1}{4}\begin{pmatrix} 1 & 1 & 0 \\ 0 & 1 & 1 \\ 1 & 0 & 1 \end{pmatrix}$.

四、证明题

略.

第 3 章

习 题 3

1. (1) $x_1=\frac{10}{7}, x_2=-\frac{1}{7}, x_3=-\frac{2}{7}$；　(2) 方程组无解；

2. (1) $\begin{cases} x_1=4x_4, \\ x_2=-5x_4, \\ x_3=0, \\ x_4=x_4 \end{cases}$ （x_4 为自由未知量）；　(2) $\begin{cases} x_1=0, \\ x_2=0, \\ x_3=0. \end{cases}$

3. (1) 无解；　(2) $\begin{cases} x_1=1-x_2+x_3, \\ x_4=0 \end{cases}$ （x_2, x_3 为自由未知量）.

4. $k=-3$ 时，方程组有非零解，解为 $\begin{cases} x_1=-c, \\ x_2=c, \\ x_3=c \end{cases}$ （c 为任意常数）.

5. $\lambda=1$ 或 $\mu=0$.

6. 当 $a=-3$ 时，方程组无解；

当 $a\neq-3$ 且 $a\neq 2$ 时，方程组有唯一解，解为 $\begin{cases} x_1=1, \\ x_2=\frac{1}{3+a}, \\ x_3=\frac{1}{3+a}; \end{cases}$

当 $a=2$ 时，方程组有无穷多解，通解为 $\begin{cases} x_1=5c, \\ x_2=1-4c, \\ x_3=c \end{cases}$ （c 为任意常数）.

7. 当 $\lambda=1$ 时有无穷多解，通解为 $x_1=1-2x_2+2x_3$，其中 x_2, x_3 为自由未知量；

当 $\lambda=10$ 时无解；

当 $\lambda\neq 1, \lambda\neq 10$ 时有唯一解.

自测题 3

一、填空题

1. 系数行列式值等于 0,或系数矩阵$\leqslant n$.

2. $|\boldsymbol{A}|\neq 0$ 或者 $R(\boldsymbol{A})=n$.

3. $\lambda=-1$.

4. $a_1+a_2+a_3=0$.

二、选择题

1. D.　**2.** D.　**3.** D.　**4.** C.　**5.** B.

三、解答题

1. $\lambda=1$ 时有无穷多解,通解为 $x_1=1-x_2-x_3$,其中 x_2,x_3 为自由未知量;

当 $\lambda=2$ 时无解;

当 $\lambda\neq 1,\lambda\neq 2$ 时有唯一解.

2. $\begin{cases} x_1=5+3x_3, \\ x_2=-1-x_3 \end{cases}$ (x_3 为自由未知量).

四、证明题

略.

第 4 章

习 题 4

1. $\begin{pmatrix} 1 \\ -1 \\ -3 \end{pmatrix},\begin{pmatrix} 0 \\ 2 \\ 7 \end{pmatrix}$.

2. $\boldsymbol{\alpha}=\begin{pmatrix} -7 \\ 4 \\ 7 \\ -1 \end{pmatrix},\boldsymbol{\beta}=\begin{pmatrix} 10 \\ -5 \\ -9 \\ 2 \end{pmatrix}$.

3. (1) $\boldsymbol{\beta}=2\boldsymbol{\alpha}_1+3\boldsymbol{\alpha}_2+4\boldsymbol{\alpha}_3$;　(2) $\boldsymbol{\beta}$ 不能表示为 $\boldsymbol{\alpha}_1,\boldsymbol{\alpha}_2,\boldsymbol{\alpha}_3$ 的线性组合;

(3) $\boldsymbol{\beta}=\dfrac{1}{2}\boldsymbol{\alpha}_1+\left(\dfrac{1}{2}+c\right)\boldsymbol{\alpha}_2+c\boldsymbol{\alpha}_3$($c$ 为任意常数),所以表示方法不唯一.

4. (1) 当 $\lambda=-3$ 时,$\boldsymbol{\beta}$ 不能由 $\boldsymbol{\alpha}_1,\boldsymbol{\alpha}_2,\boldsymbol{\alpha}_3$ 的线性表出;

(2) 当 $\lambda\neq 0$ 且 $\lambda\neq -3$ 时,$\boldsymbol{\beta}$ 可由 $\boldsymbol{\alpha}_1,\boldsymbol{\alpha}_2,\boldsymbol{\alpha}_3$ 的线性表出,并且表示方法唯一;

(3) 当 $\lambda=0$ 时,$\boldsymbol{\beta}$ 可由 $\boldsymbol{\alpha}_1,\boldsymbol{\alpha}_2,\boldsymbol{\alpha}_3$ 的线性表出,并且表示方法不唯一.

5. (1) $\boldsymbol{\alpha}_1,\boldsymbol{\alpha}_2$ 线性无关;　(2) $\boldsymbol{\alpha}_1,\boldsymbol{\alpha}_2,\boldsymbol{\alpha}_3$ 线性相关;　(3) $\boldsymbol{\alpha}_1,\boldsymbol{\alpha}_2,\boldsymbol{\alpha}_3$ 线性无关.

6. $a=-2$ 或 3.

7—9. 略.

10. (1) 两个向量组等价；　(2) 两个向量组不等价.

11—19. 略.

20. 2.

21. (1) $\boldsymbol{\alpha}_1,\boldsymbol{\alpha}_2$ 就是该向量组的一个极大无关向量组，且 $\boldsymbol{\alpha}_3=-3\boldsymbol{\alpha}_1+2\boldsymbol{\alpha}_2$.

(2) $\boldsymbol{\alpha}_1,\boldsymbol{\alpha}_2,\boldsymbol{\alpha}_3$ 就是该向量组的一个极大无关向量组，且 $\boldsymbol{\alpha}_4=2\boldsymbol{\alpha}_1+\boldsymbol{\alpha}_2-\boldsymbol{\alpha}_3$.

(3) $\boldsymbol{\alpha}_1,\boldsymbol{\alpha}_2,\boldsymbol{\alpha}_3$ 本身线性无关，$\boldsymbol{\alpha}_1,\boldsymbol{\alpha}_2,\boldsymbol{\alpha}_3$ 即为一个极大无关组.

22. (1) $\boldsymbol{\eta}_1=\begin{pmatrix}-\frac{1}{2}\\ \frac{3}{2}\\ 1\\ 0\end{pmatrix},\boldsymbol{\eta}_2=\begin{pmatrix}0\\ -1\\ 0\\ 1\end{pmatrix}$，通解为 $\boldsymbol{\eta}=c_1\boldsymbol{\eta}_1+c_2\boldsymbol{\eta}_2$（$c_1,c_2$ 为任意常数）；

(2) $\boldsymbol{\eta}_1=\begin{pmatrix}2\\ 1\\ 0\\ 0\end{pmatrix},\boldsymbol{\eta}_2=\begin{pmatrix}\frac{2}{7}\\ 0\\ -\frac{5}{7}\\ 1\end{pmatrix}$，通解为 $\boldsymbol{\eta}=c_1\boldsymbol{\eta}_1+c_2\boldsymbol{\eta}_2$（$c_1,c_2$ 为任意常数）；

(3) $\boldsymbol{\eta}_1=\begin{pmatrix}0\\ 1\\ 1\\ 0\\ 0\end{pmatrix},\boldsymbol{\eta}_2=\begin{pmatrix}0\\ 1\\ 0\\ 1\\ 0\end{pmatrix}$，通解为 $\boldsymbol{\eta}=c_1\boldsymbol{\eta}_1+c_2\boldsymbol{\eta}_2$（$c_1,c_2$ 为任意常数）.

23. (1) 方程组无解；

(2) 方程组的通解为 $\boldsymbol{\gamma}=\begin{pmatrix}3\\ -8\\ 0\\ 6\end{pmatrix}+c\begin{pmatrix}-1\\ 2\\ 1\\ 0\end{pmatrix}$（$c$ 为任意常数）；

(3) 方程组的通解为 $\boldsymbol{\gamma}=\begin{pmatrix}-3\\ 2\\ 0\\ 0\\ 0\end{pmatrix}+c_1\begin{pmatrix}1\\ -2\\ 1\\ 0\\ 0\end{pmatrix}+c_2\begin{pmatrix}1\\ -2\\ 0\\ 1\\ 0\end{pmatrix}+c_3\begin{pmatrix}5\\ -6\\ 0\\ 0\\ 1\end{pmatrix}$（$c_1,c_2,c_3$ 为任意常数）；

(4) $\begin{cases}x_1=-3,\\ x_2=3,\\ x_3=5,\\ x_4=0.\end{cases}$

24. 方程组的通解：$\boldsymbol{\eta}_1+k\begin{pmatrix}3\\4\\5\\6\end{pmatrix}$.

25. 略

自 测 题 4

一、判断题

1. √.　**2.** ×.　**3.** √.　**4.** ×.　**5.** ×.

二、填空题

1. $\boldsymbol{\alpha}\neq\mathbf{0}$.　**2.** 2.　**3.** $\leqslant$.　**4.** 3.　**5.** 1.　**6.** $\boldsymbol{\alpha}_1,2\boldsymbol{\alpha}_2$.　**7.** $\mathbf{0}$.　**8.** n_2-n_3.

三、单项选择题

1. A.　**2.** A.　**3.** B.　**4.** A.　**5.** D.　**6.** D.　**7.** A.　**8.** C.

四、计算题

1. $\begin{cases}k_1=-k_3,\\k_2=-2k_3\end{cases}$ (k_3 为任意数).

2. 3；线性无关.

3. 极大线性无关组：$\boldsymbol{\alpha}_1,\boldsymbol{\alpha}_2,\boldsymbol{\alpha}_3$(不唯一)；$\boldsymbol{\alpha}_4=\dfrac{1}{2}\boldsymbol{\alpha}_1+\dfrac{1}{2}\boldsymbol{\alpha}_2+0\boldsymbol{\alpha}_3$.

4. $\lambda=1$；1 个解向量.

5. $a=0,b\neq0$ 时无解；

$a\neq0,b$ 为任意数时解唯一；

$a=0,b=0$ 时有无数个解，通解为 $\boldsymbol{\xi}=\boldsymbol{\eta}_0+k\boldsymbol{\gamma}$($k$ 为任意的数)，其中 $\boldsymbol{\eta}_0=\begin{pmatrix}-1\\-1\\1\end{pmatrix}$，$\boldsymbol{\gamma}=\begin{pmatrix}2\\-1\\0\end{pmatrix}$.

五、证明题

略.

第 5 章

习 题 5

1. (1) $\lambda_1=6,\lambda_2=-1$；$\boldsymbol{\alpha}_1=(-1,1)^{\mathrm{T}},\boldsymbol{\alpha}_2=(4,3)^{\mathrm{T}}$；

(2) $\lambda_1=\lambda_2=2,\lambda_3=1$；$\boldsymbol{\alpha}_1=(1,0,0)^{\mathrm{T}},\boldsymbol{\alpha}_2=(0,-1,1)^{\mathrm{T}}$；$\boldsymbol{\alpha}_3=(-1,0,1)^{\mathrm{T}}$；

(3) $\lambda_1=\lambda_2=-2,\lambda_3=4$；$\boldsymbol{\alpha}_1=(1,1,0)^{\mathrm{T}},\boldsymbol{\alpha}_2=(0,1,1)^{\mathrm{T}}$；$\boldsymbol{\alpha}_3=(1,1,2)^{\mathrm{T}}$；

(4) $\lambda_1=\lambda_2=1,\lambda_3=-1$；$\boldsymbol{\alpha}_1=(0,1,0)^{\mathrm{T}},\boldsymbol{\alpha}_2=(1,0,1)^{\mathrm{T}}$；$\boldsymbol{\alpha}_3=(-1,0,1)^{\mathrm{T}}$.

2. (1) $\lambda_1=\lambda_2=\cdots\lambda_n=0$；$\boldsymbol{\varepsilon}_1=(1,0,\cdots,0)^{\mathrm{T}},\boldsymbol{\varepsilon}_2=(0,1,0,\cdots,0)^{\mathrm{T}},\cdots,\boldsymbol{\varepsilon}_n=(0,0,\cdots,1)^{\mathrm{T}}$；

(2) $\lambda_1=\lambda_2=\cdots\lambda_n=k$；$\boldsymbol{\varepsilon}_1=(1,0,\cdots,0)^{\mathrm{T}},\boldsymbol{\varepsilon}_2=(0,1,0,\cdots,0)^{\mathrm{T}},\cdots,\boldsymbol{\varepsilon}_n=(0,0,\cdots,1)^{\mathrm{T}}$.

3. $\det\boldsymbol{A}=\lambda_1\lambda_1\lambda_2=4$，$\mathrm{tr}\boldsymbol{A}=2\lambda_1+\lambda_2=2$.

4. $k=1$ 或 -5.

5. 略.　　**6.** 略.

7. 39.

8. 略.　　**9.** 略.

10. (1) $\boldsymbol{A}$ 不可对角化；(2) $\boldsymbol{A}$ 不可对角化；

(3) $\boldsymbol{A}$ 可对角化；$\boldsymbol{P}=(\boldsymbol{\alpha}_1,\boldsymbol{\alpha}_2,\boldsymbol{\alpha}_3)=\begin{pmatrix}1&1&1\\-1&0&-2\\0&1&3\end{pmatrix}$，则 $\boldsymbol{P}^{-1}\boldsymbol{AP}=\begin{pmatrix}2&0&0\\0&2&0\\0&0&6\end{pmatrix}$.

11. $\lambda=-1,a=-3,b=0$；$\boldsymbol{A}$ 不能对角化.

12. (1) $x=0,y=-1$；　　(2) $\boldsymbol{P}=(\boldsymbol{\alpha}_1,\boldsymbol{\alpha}_2,\boldsymbol{\alpha}_3)=\begin{pmatrix}1&0&0\\0&1&1\\0&0&-1\end{pmatrix}$.

13. $$\boldsymbol{A}^n=\boldsymbol{P}\begin{pmatrix}2^n&0&0\\0&2^n&0\\0&0&1\end{pmatrix}P^{-1}=\begin{pmatrix}1&0&-1\\0&-1&0\\0&0&1\end{pmatrix}\begin{pmatrix}2^n&0&0\\0&2^n&0\\0&0&1\end{pmatrix}\begin{pmatrix}1&1&1\\0&-1&0\\0&1&-1\end{pmatrix}^{-1}$$
$$=\begin{pmatrix}2^n&2^n-1&2^n-1\\0&2^n&0\\0&1-2^n&1\end{pmatrix}.$$

14. $$\boldsymbol{A}=\begin{pmatrix}1&1&0\\1&0&1\\1&1&1\end{pmatrix}\begin{pmatrix}1&0&0\\0&2&0\\0&0&3\end{pmatrix}\begin{pmatrix}1&1&0\\1&0&1\\1&1&1\end{pmatrix}^{-1}=\begin{pmatrix}1&-1&1\\-2&1&2\\-2&-1&4\end{pmatrix},$$
$$\boldsymbol{A}^3=\begin{pmatrix}1&1&0\\1&0&1\\1&1&1\end{pmatrix}\begin{pmatrix}1&0&0\\0&2&0\\0&0&3\end{pmatrix}^3\begin{pmatrix}1&1&0\\1&0&1\\1&1&1\end{pmatrix}^{-1}=\begin{pmatrix}1&-7&7\\-26&1&26\\-26&-7&34\end{pmatrix}.$$

15. (1) $\boldsymbol{\alpha}$ 与 $\boldsymbol{\beta}$ 不正交；　　(2) $\boldsymbol{\alpha}$ 与 $\boldsymbol{\beta}$ 正交.

16. (1) $\boldsymbol{\alpha}'=\frac{1}{2}(1,-1,-1,1)^{\mathrm{T}}$；　　(2) $\boldsymbol{\beta}'=\frac{2}{\sqrt{21}}\left(\frac{1}{2},-2,0,1\right)^{\mathrm{T}}$.

17. 略.

18. (1) $\boldsymbol{\gamma}_1=\left(0,\frac{\sqrt{2}}{2},\frac{\sqrt{2}}{2}\right)^{\mathrm{T}}$，　$\boldsymbol{\gamma}_2=\left(\frac{\sqrt{6}}{3},\frac{\sqrt{6}}{6},-\frac{\sqrt{6}}{6}\right)^{\mathrm{T}}$，　$\boldsymbol{\gamma}_3=\left(\frac{\sqrt{3}}{3},-\frac{\sqrt{3}}{3},\frac{\sqrt{3}}{3}\right)^{\mathrm{T}}$；

(2) $\boldsymbol{\gamma}_1=\left(\frac{1}{3},-\frac{2}{3},\frac{2}{3}\right)^{\mathrm{T}}$，　$\boldsymbol{\gamma}_2=\left(-\frac{2}{3},-\frac{2}{3},-\frac{1}{3}\right)^{\mathrm{T}}$，　$\boldsymbol{\gamma}_3=\left(\frac{2}{3},-\frac{1}{3},-\frac{2}{3}\right)^{\mathrm{T}}$；

(3) $\boldsymbol{\gamma}_1=\left(\frac{1}{2},\frac{1}{2},\frac{1}{2},\frac{1}{2}\right)^{\mathrm{T}}$，　$\boldsymbol{\gamma}_2=\left(\frac{1}{2},\frac{1}{2},-\frac{1}{2},-\frac{1}{2}\right)^{\mathrm{T}}$，　$\boldsymbol{\gamma}_3=\left(-\frac{1}{2},\frac{1}{2},-\frac{1}{2},\frac{1}{2}\right)^{\mathrm{T}}$.

19—23. 略.

24. (1) $\boldsymbol{Q}=(\gamma_1,\gamma_2,\gamma_3)=\begin{pmatrix}0 & \frac{1}{\sqrt{2}} & -\frac{1}{\sqrt{2}}\\ 1 & 0 & 0\\ 0 & \frac{1}{\sqrt{2}} & \frac{1}{\sqrt{2}}\end{pmatrix}$, $\boldsymbol{Q}^{-1}\boldsymbol{AQ}=\begin{pmatrix}0&0&0\\0&1&0\\0&0&-1\end{pmatrix}$;

(2) $\boldsymbol{Q}=(\gamma_1,\gamma_2,\gamma_3)=\begin{pmatrix}\frac{1}{\sqrt{2}} & \frac{1}{\sqrt{6}} & \frac{1}{\sqrt{3}}\\ -\frac{1}{\sqrt{2}} & \frac{1}{\sqrt{6}} & \frac{1}{\sqrt{3}}\\ 0 & -\frac{2}{\sqrt{6}} & \frac{1}{\sqrt{3}}\end{pmatrix}$, $\boldsymbol{Q}^{-1}\boldsymbol{AQ}=\begin{pmatrix}0&0&0\\0&0&0\\0&0&3\end{pmatrix}$;

(3) $\boldsymbol{Q}=(\gamma_1,\gamma_2,\gamma_3)=\begin{pmatrix}\frac{2}{3} & \frac{2}{3} & \frac{1}{3}\\ \frac{2}{3} & -\frac{1}{3} & -\frac{2}{3}\\ \frac{1}{3} & \frac{2}{3} & \frac{2}{3}\end{pmatrix}$, $\boldsymbol{Q}^{-1}\boldsymbol{AQ}=\begin{pmatrix}-1&0&0\\0&2&0\\0&0&5\end{pmatrix}$;

25. (1) $\boldsymbol{A}$ 的对应于$\lambda_2=1$(二重)的特征向量应有两个为 $\boldsymbol{\alpha}_2=(1,0,0)^{\mathrm{T}}$, $\boldsymbol{\alpha}_3=(0,1,-1)^{\mathrm{T}}$;

(2) $\boldsymbol{A}=\begin{pmatrix}0&1&0\\1&0&1\\1&0&-1\end{pmatrix}\begin{pmatrix}-1&0&0\\0&1&0\\0&0&1\end{pmatrix}\begin{pmatrix}0&1&0\\1&0&1\\1&0&-1\end{pmatrix}^{-1}=\begin{pmatrix}1&0&0\\0&0&-1\\0&-1&0\end{pmatrix}$.

26. $2\begin{pmatrix}1&1&-2\\1&1&-2\\-2&-2&4\end{pmatrix}$.

自 测 题 5

一、填空题

1. 0.　**2.** $\frac{1}{2}$.　**3.** 4.　**4.** -1.　**5.** 0,1.　**6.** -3.

二、单项选择题

1. D.　**2.** C.　**3.** D.　**4.** A.　**5.** D.　**6.** B.　**7.** A.　**8.** D.

三、计算题

1. $\lambda=-1$(三重);特征向量:$k\begin{pmatrix}-1\\-1\\1\end{pmatrix}$($k$ 为任意的数);不能与一个对角矩阵相似.

2. $b=1,\lambda=4,\boldsymbol{\alpha}=\begin{pmatrix}1\\1\\1\end{pmatrix}$或 $b=-2,\lambda=1,\boldsymbol{\alpha}=\begin{pmatrix}1\\-2\\1\end{pmatrix}$.

3. $U=\begin{pmatrix} -\frac{\sqrt{2}}{2} & -\frac{\sqrt{6}}{6} & \frac{\sqrt{3}}{3} \\ \frac{\sqrt{2}}{2} & -\frac{\sqrt{6}}{6} & \frac{\sqrt{3}}{3} \\ 0 & \frac{2\sqrt{6}}{6} & \frac{\sqrt{3}}{3} \end{pmatrix}$；$\begin{pmatrix} 0 & & \\ & 0 & \\ & & -3 \end{pmatrix}$.

4. $\begin{pmatrix} -13 & 6 \\ -30 & 14 \end{pmatrix}$.

四、证明题

略.

第 6 章

习 题 6

1. (1) $\begin{pmatrix} 2 & 0 & 2 \\ 0 & -1 & -1 \\ 2 & -1 & 0 \end{pmatrix}$； (2) $\begin{pmatrix} 0 & 1 & 1 & 1 \\ 1 & 0 & 0 & 0 \\ 1 & 0 & 0 & 1 \\ 1 & 0 & 1 & 0 \end{pmatrix}$.

2. (1) $x_1^2+2x_3^2-x_1x_2+x_1x_3-4x_2x_3$；

   (2) $-x_2^2+x_4^2+x_1x_2-2x_1x_3+x_2x_3+x_2x_4+x_3x_4$.

3. (1) $P=\begin{pmatrix} \frac{1}{3} & \frac{2}{3} & \frac{2}{3} \\ \frac{2}{3} & \frac{1}{3} & -\frac{2}{3} \\ \frac{2}{3} & -\frac{2}{3} & \frac{1}{3} \end{pmatrix}$，$-2y_1^2+y_2^2+4y_3^2$；(2) $P=\begin{pmatrix} \frac{1}{\sqrt{2}} & -\frac{1}{2} & -\frac{1}{2} \\ 0 & -\frac{1}{\sqrt{2}} & \frac{1}{\sqrt{2}} \\ \frac{1}{\sqrt{2}} & \frac{1}{2} & \frac{1}{2} \end{pmatrix}$，$\sqrt{2}y_2^2-\sqrt{2}y_3^2$；

   (3) $P=\begin{pmatrix} \frac{2}{3} & \frac{1}{3} & \frac{2}{3} \\ -\frac{1}{3} & -\frac{2}{3} & \frac{2}{3} \\ -\frac{2}{3} & \frac{2}{3} & \frac{1}{3} \end{pmatrix}$，$2y_1^2+5y_2^2-y_3^2$.

4. (1) $y_1^2+y_2^2$； (2) $2z_1^2-2z_2^2$； (3) $-4z_1^2+4z_2^2+z_3^2$.

5. (1) $y_1^2+y_2^2$； (2) $y_1^2-4y_2^2+y_3^2$；(3) $2y_1^2-\frac{1}{2}y_2^2-6y_3^2$.

6. $c=3$，$4y_2^2+9y_3^2$. 7. $y_1^2+\cdots+y_n^2-y_{n+1}^2-\cdots-y_{2n}^2$.

8. $a=2, \boldsymbol{P}=\begin{pmatrix} 0 & 1 & 0 \\ \frac{1}{\sqrt{2}} & 0 & \frac{1}{\sqrt{2}} \\ \frac{1}{\sqrt{2}} & 0 & -\frac{1}{\sqrt{2}} \end{pmatrix}$.

9. (1) 正定;(2) 不正定;(3) 不正定.

10. (1) 不论 t 取何值,此二次型都不是正定的;

(2) $-\frac{4}{5}<t<0$;

(3) $-\sqrt{2}<t<\sqrt{2}$.

自测题 6

一、填空题

1. $\begin{pmatrix} 1 & -2 & -\frac{1}{2} \\ -2 & -2 & 2 \\ -\frac{1}{2} & 2 & 3 \end{pmatrix}$.

2. $\begin{pmatrix} x_1 \\ x_2 \\ x_3 \end{pmatrix}=\begin{pmatrix} 1 & 1 & -2 \\ 1 & -1 & 0 \\ 0 & 0 & 1 \end{pmatrix}\begin{pmatrix} y_1 \\ y_2 \\ y_3 \end{pmatrix}$.

3. 3.

4. $f=-y_1+2y_2$.

5. $k>2$.

6. $r, n-r$.

二、单项选择题

1. C. **2.** D. **3.** C. **4.** A. **5.** C.

三、计算题

1. 略.

2. $\lambda=2, \boldsymbol{U}=\begin{pmatrix} 1 & 0 & 0 \\ 0 & -\frac{\sqrt{2}}{2} & \frac{\sqrt{2}}{2} \\ 0 & \frac{\sqrt{2}}{2} & \frac{\sqrt{2}}{2} \end{pmatrix}$.

3. 正定.

四、证明题

略.